普通高等教育实验实训系列教材

电力技术类

220kV变电站仿真运行

主　编　索春梅
副主编　李　俊
编　写　杨成民　文秀慧
主　审　贾建夫

中国电力出版社
CHINA ELECTRIC POWER PRESS

内 容 提 要

本书从变电站运行的角度，讲解了220kV变电站的日常巡视、运行维护、倒闸操作和事故处理。在220kV变电站日常巡视和运行维护中，本书用文字和图片相结合的方法阐述了设备在运行中可能出现的各种异常现象及处理方法，倒闸操作部分讲解了操作票的填写及变电站典型倒闸操作的主要步骤，并在书后附有典型操作票；事故处理部分也列举了变电站常见典型事故，图文并茂地讲述事故处理过程。

本书可作为高职高专院校电力技术类发电厂及电力系统、供用电技术和电力系统继电保护与自动化专业的实训教材，也可作为变电运行人员的现场培训教材。

图书在版编目（CIP）数据

220kV变电站仿真运行/索春梅主编. —北京：中国电力出版社，2012.8（2023.2重印）

普通高等教育实验实训规划教材. 电力技术类

ISBN 978-7-5123-3348-2

Ⅰ. ①2… Ⅱ. ①索… Ⅲ. ①变电所-仿真系统-电力系统运行-高等学校-教材 Ⅳ. ①TM63

中国版本图书馆CIP数据核字（2012）第170313号

中国电力出版社出版、发行

（北京市东城区北京站西街19号 100005 http：//www.cepp.sgcc.com.cn）

三河市万龙印装有限公司印刷

各地新华书店经售

*

2012年8月第一版 2023年2月北京第六次印刷

787毫米×1092毫米 16开本 14印张 341千字

定价47.00元

前　言

高职高专院校电力技术类专业学生的职业技能训练和电力系统职工的培训受现场安全和实际问题的制约，使得电力设备巡视、异常处理、倒闸操作和事故处理等教学内容单凭口授是无法清晰透彻地被掌握的，所以很多院校和培训机构采用仿真系统来解决这些问题。本书就是为变电站仿真运行编写的实训教材。220kV 变电站在我国电网结构中分布较广，本书中仿真变电站的接线形式也具有典型性。为了更直观、更接近现场环境，本系统采用的是3D 技术，真实地模拟了现场设备的异常、操作和事故现象。通过本仿真系统的学习，学生能最大限度地掌握变电站系统、设备巡视、倒闸操作和事故处理的技能，满足电力安全生产的岗位要求。

全书共 7 章：第一章主要介绍仿真变电站运行方式、主要设备参数及保护配置；第二章为仿真系统操作讲解，包括异常、故障的设置和操作票系统，图文并茂；第三章主要讲授变电站所配置的常用安全工器具，并配以实物图；第四章和第五章讲的是变电站设备的巡视、异常和处理方法；第六章为倒闸操作，分别讲述了断路器和隔离开关的操作、线路停送电、母线停送电、变压器停送电等典型操作，列出了一般操作步骤，并在书后附录中讲述操作的典型操作票；第七章主要讲事故处理，分别以线路故障、母线故障、变压器故障和越级跳闸为例，配以图片和微机保护报文，详细讲述了事故时各类信号、光字牌、保护动作情况及处理过程。

本书编写人员均为哈尔滨电力职业技术学院教师。第一、二章由李俊编写，第三、四章由杨成民编写，第七章由文秀慧编写，第五、六章由索春梅编写并负责本书的统稿工作。

编者在变电运行的工作岗位工作多年，并在省内及全国的电力专业技术比赛中取得过名次，本书是多年来编者现场工作经验和集多门电专业理论知识的结晶，希望对广大电专业学生和现场工作人员有所帮助。

感谢吉林省电力有限公司培训中心贾建夫在百忙之中为本书担任主审，并提出宝贵意见，在此表示衷心的感谢！

本书在编写过程中，得到了有关变电站技术人员的大力支持，在此一并表示感谢！编写本书时参考了部分相关书籍，在此对这些书籍的作者表示深深的感谢！

对于编者父母及家人一直以来的关怀和支持，在此表示衷心的感谢！

由于编写时间仓促，书中若有疏漏和不足之处，敬请读者提出宝贵意见，使之不断完善。

索春梅

于龙年六月书

目　录

第一章　仿真变电站概况

本仿真系统模拟的是一座 220kV 变电站，具有典型的接线形式。220kV 变电站在我国分布较广，是我国电网结构中非常重要的环节，主要为城市及周边供电。

第一节　仿真变电站运行方式

一、变电站一次系统

仿真变电站一次设备共分为两个电压等级，分别为 220kV 和 66kV。220、66kV 采用双母线带旁路接线方式，共有 2 台主变压器，容量均为 120 000kVA，两台主变压器并列运行。

这两个电压等级的正常运行方式如下

（1）220kV。1 号主变压器中性点直接接地，2 号主变压器中性点间隙接地，东西母线并列运行，220kV 母联 2800 断路器在合位。春二甲线 2801 断路器、哈长线 2803 断路器、1 号主变压器一次侧 2811 断路器、西长甲线 2805 断路器、春平甲线 2807 断路器、春东甲线 2813 断路器运行于 220kV 东母线，春二乙线 2802 断路器、春公线 2804 断路器、2 号主变压器一次侧 2812 断路器、西长乙线 2806 断路器、春平乙线 2808 断路器、春东乙线 2814 断路器运行于 220kV 西母线。220kV 旁路 2810 断路器冷备用。

（2）66kV。东西母线并列运行，66kV 母联 1700 断路器在合位，联络线 1731 断路器、长东甲线 1733 断路器、长关甲线 1735 断路器、长泉甲线 1737 断路器、一号主变压器二次侧 1726 断路器、长南甲线 1739 断路器、长热甲线 1741 断路器、长公甲线 1743 断路器、长双甲线 1745 断路器、1 号电容器 1747 断路器运行于 66kV 东母线，长乐线 1732 断路器、长东乙线 1734 断路器、长关乙线 1736 断路器、长泉乙线 1738 断路器、二号主变压器二次侧 1724 断路器、长南乙线 1740 断路器、长热乙线 1742 断路器、长公乙线 1744 断路器、长双乙线 1746 断路器、2 号电容器 1747 断路器运行于 66kV 西母线，66kV 旁路 1730 断路器冷备用。站内电源由长双乙线所带的所内变压器提供，站外电源由浦东变电站 10kVⅠ段母线所代线路宏声线提供。

二、站外电网

仿真变电站 220kV 线路共 10 回，春东甲、乙线与 220kV 东郊变电站联网，哈长线与吉林 220kV 哈达湾变电站联网，春公线与 220kV 公主岭变电站联网，春二甲乙与长春二热厂联网，春平甲、乙线送至 220kV 平泉变电站。

66kV 线路 共 16 回，联络线送至 220kV 九台变电站，长东甲乙线送至 220kV 东郊变电站，长关甲乙线送至南关变电站，长泉甲乙线送至 220kV 平泉变电站，长南甲乙线送至南岭变电站，长公甲乙线送至 220kV 公主岭变电站，长热甲乙线送至汽车厂热电厂，长双甲乙线送至 220kV 双阳变电站，长乐线送至乐山变电站。

三、调度管辖范围的划分

1. 省调管辖范围

1 号、2 号主变压器、220kV 东母线、西母线、旁路母线及其连接的一次设备；220kV

线路保护及重合闸；220kV母差保护及失灵保护；220kV母联、旁路保护及重合闸；220kV远跳装置；220kV主变压器瓦斯保护、有载调压瓦斯保护、差动保护、中性点保护，220kV系统故障录波器。

2. 地调管辖范围

66kV输电线路；主变压器二次主设备及以下设备（不包括站内变压器）；主变压器高、低压侧后备保护；主变压器保护定值；66kV线路、旁路、母联保护及重合闸；66kV母差保护；66kV备用电源自动投入装置。

四、站用电系统

正常运行时所带负荷如下。

（1）Ⅰ段交流所用电屏负荷有主控楼后台机、收发室、主楼西楼照明、新楼照明及供热、新硅整流、办公楼照明、新楼事故照明、仿真室照明、66kV动力2号箱、2号主变压器二次主机构、新主控楼照明、1号主变压器风冷一段、2号主变压器风冷一段、春二甲乙线电源箱。

（2）Ⅱ段交流所用电屏负荷有220kV场地总照明、66kV场地总照明、1号主变压器风冷二段、2号主变压器风冷二段、保护打印机电源、电缆室照明、载波室照明、在线监测、调相机电源、主控台、淋浴间、锅炉房、220kV场地动力1号箱、硅整流一段、西长甲乙线电源箱、春平甲乙线电源箱。

站内外电源应经常处于可靠运行状态，互为备用。并能自动进行切换。

五、直流系统

正常运行时所带负荷为220kV控制直流、220kV信号直流、保护控制直流、66kV控制直流、66kV信号直流、事故照明、省调计费、远动电源、集控站DC。

第二节　仿真变电站主要设备参数

一、220kV仿真变电站1号、2号主变压器参数

1号、2号主变压器的形式的参数见表1-1。

表1-1　　1号、2号变压器参数

型号	SFPZ4-120000/220	额定容量（kVA）	120 000
额定电压（kV）	（220±8×1.5%）/69	额定频率（Hz）	50
冷却方式	ODAF	连接组别	YNd11
额定电流（A）一次/二次	314.9/1004	负载损耗（kW）	433
相数	三相	使用条件	户外
阻抗电压	15.2%	空载损耗（kW）	122.76.
绝缘水平	2Z950AC390-LZ400AC200/LZ325AC140		
空载电流	0.4%	油质量（t）	53.3
总质量（t）	209.78	产品序号	67165-1
冷却器型号	YF-120/380		

变压器一次侧接于电力系统，由于系统电压的波动，会使二次侧电压发生变化，而影响用电设备的正常运行，因此必须根据系统电压的变化进行调压。一般变压器一次侧改变分接开关位置，就是改变绕组的匝数，即改变变压器的电压变化，从而起到调压作用。

1、2号主变压器分接开关位置及对应电压、电流值见表1-2

表1-2　1、2号主变压器分接开关位置及对应电压、电流值

分接头位置	电压（kV）	一次侧电流（A）	分接头位置	电压（kV）	一次侧电流（A）
1	246.4	281.2	11	220	314.9
2	243.1	285	12	216.7	319.7
3	239.8	288.9	13	213.4	324.7
4	236.5	292.9	14	210.1	329.8
5	233.2	297.1	15	206.8	335
6	229.9	301.4	16	203.5	340.5
7	226.6	305.7	17	200.2	340.5
8	223.3	310.3	18	196.9	340.5
9	220	314.9	19	193.6	340.5
10	220	314.9			

二、220kV高压断路器

1. LW10B-252型断路器及其操动机构配置情况

仿真变电站220kV春二甲线2801断路器、春二乙线2802断路器、西长甲线2805断路器、西长乙线2806断路器、春东甲线2813断路器、春东乙线2814断路器型号为LW10B-252，并配置LW10B-252型液压操动机构。控制电源为DC220V，操动机构电机电源为AC 220V。LW10B-252型断路器的主要技术数据见表1-3。

表1-3　LW10B-252型断路器的主要技术数据

电压等级	断路器型号	额定电压（kV）	额定电流（A）	额定开断电流（kA）	操动机构方式	灭弧介质
252kV	LW10B-252	252	3150	40	液压	SF_6
252kV	LW10B-252（H）	252	4000	50	液压	SF_6

2. LW6型断路器及其操动机构配置情况

仿真变电站220kV母联2800断路器、220kV旁路2810断路器、1号主变压器一次侧2811断路器、2号主变压器二次侧2812断路器、哈长线2803断路器、春公线2804断路器、春平甲线2807断路器、春平乙线2808断路器配置LW6型断路器，配置LW6型液压操动机构，控制电源为DC 220V，操动机构电机电源为AC 220V。LW6型断路器的主要技术参数见表1-4。

表1-4　LW6型断路器的主要技术参数

电压等级	断路器型号	额定电压（kV）	额定电流（A）	额定开断电流（kA）	操动机构方式	灭弧介质
220kV	LW6	220	3150	31.5	液压	SF_6

三、66kV 高压断路器

1. LW9 型断路器及其操动机构配置情况

仿真变电站 66kV 母联 1700 断路器、联络线 1731 断路器、长东甲线 1733 断路器、长关甲线 1735 断路器、长泉甲线 1737 断路器、一号主变压器二次侧 1726 断路器、长南甲线 1739 断路器、长热甲线 1741 断路器、长公甲线 1743 断路器、长双甲线 1745 断路器、1 号电容器 1747 断路器、长乐线 1732 断路器、长东乙线 1734 断路器、长关乙线 1736 断路器、二号主变压器二次侧 1724 断路器、长南乙线 1740 断路器、长热乙线 1742 断路器、长公乙线 1744 断路器、长双乙线 1746 断路器、2 号电容器 1748 断路器，66kV 旁路 1730 断路器配置 LW9 型断路器，配置 CT－15 型弹簧操动机构，控制电源为 DC 220V，操动机构电机电源为 AC 220V。LW9 型断路器的主要技术参数见表 1－5。

表 1－5　LW9 型断路器的主要技术参数

电压等级	断路器型号	额定电压（kV）	额定电流（A）	额定开断电流（kA）	操动机构方式	灭弧介质
66kV	LW9	66	2500	31.5	弹簧	SF_6

2. HGF－309 型断路器及其操动机构配置情况

仿真变电站长泉甲线 1737 断路器和长泉乙线 1738 断路器配置 HGF－309 型断路器，配置 FKF1－2 型电动机储能式弹簧操动机构，控制电源为 DC 220V，操动机构电机电源为 AC 220V。HGF－309 型断路器的主要技术参数见表 1－6。

表 1－6　HGF－309 型断路器的主要技术参数

电压等级	断路器型号	额定电压（kV）	额定电流（A）	额定开断电流（kA）	操动机构方式	灭弧介质
66kV	HGF－309	≤72.5	2000	≤31.5	弹簧	SF_6

四、高压隔离开关

隔离开关及其操动机构的配置情况见表 1－7。

表 1－7　隔离开关及其操动机构的主要技术参数

名称	型号	额定电压（kV）	额定电流（A）	操动机构型号
220kV 隔离开关	GW16－220/2500	220	2500	CJ7A
	GW6－220G	220	1000	CJ2－G
	GW7－220D	220	1000	CS－G2
	GW16－220/2500	220	2500	CJ7A
	GW7－220D	220	1250	CS－G2
	GW20－220W	220	2000	CJ－XG
	GW7－252DW	252	2000	CJ－XG
	GW7－220D	220	1000	CS17－Ⅱ
66kV 隔离开关	GW5－60GD	66	1500	CS－GD

续表

名称	型号	额定电压（kV）	额定电流（A）	操动机构型号
66kV 隔离开关	GW5G－66D2W	66	1600	CS17－G
	GW5－60Ⅱ	66	1250	CS17－G
	GW5－60ⅡDW	63	1600	CS17－G
	GW5－60ⅡD	66	1000	CS17－G

五、站用变压器

站用变压器的主要技术参数见表 1－8。

表 1－8　站用变压器的主要技术参数

型号	SJL－630/66	额定容量（kVA）	630
额定电压（kV）	66/0.4	额定频率（Hz）	50
冷却方式	油浸自冷	连接组别	Yyn0
额定电流（A）	5.77/909	短路损耗（kW）	341
相数	三相	使用条件	户外
阻抗电压	9.6%	空载损耗	56.9kW
空载电流	0.472%	出厂日期	1974 年 12 月
投运日期	1976 年 1 月 28 日	生产厂家	沈阳变压器厂

第三节　仿真变电站设备保护配置

一、仿真变电站主要设备和线路所配备的保护装置

1. 主变压器

1 号主变压器保护采用 CST200B 型微机保护。

2 号主变压器保护采用 PRS－778/789 型微机保护。

2. 220kV 线路

哈长线、春东甲乙线和旁路采用 CSC101B 型和 CSC103B 型微机保护。

西长甲乙线、春平甲乙线和春公线采用 CSL－101B 型和 CSL－102B 型微机保护。

春二甲乙线采用 CSL101B 型和 CSL103B 型微机保护。

3. 母线

220kV 母差保护采用 BP－2B 型微机保护。

66kV 母差保护采用 RCS－915F 型微机保护。

4. 66kV 线路

长东甲乙线、长关甲乙线和 66kV 旁路采用 CSL166B 型微机保护。

长乐线采用 CSC166A 型微机保护。

长南甲乙线、长泉甲乙线、联络线、长公甲乙线、长双甲乙线和长热甲乙线保护采用 CSL166C 型微机保护。

5. 电容器

1号和2号电容器保护均采用CSP212A型电容器保护。

二、1号主变压器保护（CST200B型）

1. 基本配置

1号主变压器保护选用的是CST200B型变压器成套微机保护装置。分别配有CST221B型和CST223B型两套独立的主保护和后备保护，且两套主保护和后备保护具有独立的交、直流回路，保护和操作回路按两面屏布置，分别为保护Ⅰ屏和保护Ⅱ屏。

2. 运行规定

(1) 主变压器中性点直接接地、零序电流Ⅰ、Ⅱ段启动连接片、主变压器中性点间隙接地、零序电流保护启动连接片及零序电压启动连接片均按《吉林省地区调度220kV电力系统继电保护及安全自动装置调度运行规程》执行。

(2) 启动高压失灵连接片（Ⅰ、Ⅱ屏）投入，失灵总连接片（Ⅰ屏）投入。

(3) 220、66kV电压切换把手应在本侧位置。

(4) 保护的投入应先投保护连接片，后投入出口连接片；退出时应先退出口连接片，后退出保护连接片。

3. 正常运行方式下主变压器保护电源开关、连接片配置及保护使用（见表1-9）

表1-9　主变压器保护、连接片配置及保护正常使用情况

设备名称	保护配置	保护使用
1号主变压器	重瓦斯Ⅱ号屏	重瓦斯（包括调载）启动连接片投入跳闸按调度命令执行； 重瓦斯跳高压侧正电源连接片投本侧； 重瓦斯跳高压侧断路器连接片投跳本侧； 重瓦斯跳低压侧正电源连接片投本侧； 重瓦斯跳低压侧连接片投跳本侧
	轻瓦斯	无连接片
	差动保护Ⅰ、Ⅱ号屏	差动启动连接片投入； 差动跳高压侧正电源连接片投本侧； 差动跳高压侧断路器连接片投跳本侧； 差动跳低压侧正电源连接片投本侧； 差动跳低压侧断路器连接片投跳本侧
	后备保护Ⅰ、Ⅱ号屏	高压方向复流Ⅰ段连接片投入； 低压方向复流Ⅰ段连接片投入； 低压方向复流Ⅱ段连接片断开； 后备跳高压侧正电源连接片投本侧； 后备跳高压侧连接片投入； 后备跳低压侧正电源连接片投本侧； 后备跳低压侧连接片投入； 跳220kV母联连接片按吉林省地区调度令； 跳66kV母联连接片投入
	低压母充保护Ⅰ、Ⅱ号屏	只在手合主变压器二次侧主断路器短时投入，正常运行时断开

三、220kV 母差保护（BP－2B 型）

220kV 母差保护屏上电源开关、切换开关、保护连接片及间隔编号的设置情况见表 1－10。

表 1－10　220kV 母差保护屏正常运行情况

序号	名称	备注	序号	名称	备注
1	保护直流电源Ⅰ	投入	17	西长甲线 2805 失灵启动	投入
2	保护直流电源Ⅱ	投入	18	西长乙线 2806 失灵启动	投入
3	一母电压小断路器	投入	19	春平甲线 2807 失灵启动	投入
4	二母电压小断路器	投入	20	春平乙线 2808 失灵启动	投入
5	220kV 母联 2800 跳闸Ⅰ	投入	21	220kV 母联 2800 失灵启动	投入
6	一号主变压器 2811 跳闸Ⅰ	投入	22	220kV 旁路 2810 失灵启动	退出
7	二号主变压器 2812 跳闸Ⅰ	投入	23	1 号主变压器失灵启动	投入
8	春二甲线 2801 跳闸Ⅰ	投入	24	2 号主变压器失灵启动	投入
9	春二乙线 2802 跳闸Ⅰ	投入	25	春二甲线 2801 失灵启动	投入
10	哈长线 2803 跳闸Ⅰ	投入	26	春二乙线 2802 失灵启动	投入
11	春公线 2804 跳闸Ⅰ	投入	27	哈长线 2803 失灵启动	投入
12	220kV 旁路 2810 跳闸Ⅰ	退出	28	春公线 2804 失灵启动	投入
13	西长甲线 2805 跳闸Ⅰ	投入	29	双母分列运行	母联检修投入
14	西长乙线 2806 跳闸Ⅰ	投入	30	双母互联运行	单母运行投入
15	春平甲线 2807 跳闸Ⅰ	投入	31	母联充电保护投入	母线充电时投入
16	春平乙线 2808 跳闸Ⅰ	投入	32	母联过电流保护投入	转代线路时投入

注　1. 母差保护及连接片停、启用应根据保护定值单及调度令的要求执行。

2. 母联短充电保护的停、启用由现场值班员负责。母联过电流保护的停、启用根据调度员命令执行。

四、220kV 线路保护（哈长线、春东甲乙线和旁路 CSC101B 型和 CSC103B 型）

1. 基本配置

（1）CSC101B 保护构成：由纵联方向距离保护、纵联零序方向元件及负序方向元件、三段式距离保护、四段式零序保护和综合重合闸构成。

（2）CSC103B 保护构成：由相电流差动保护、后备保护为三段式距离保护、四段式零序电流保护和综合重合闸等构成。

（3）屏上的切换开关可以实现四种重合闸方式。

1）单重合闸方式：单相故障单跳单合，多相故障进行三跳不重合。

2）三重合闸方式：任何故障三跳三合。

3）综合重合闸方式：单相故障单跳单合，多相故障进行三跳三合。

4）停用方式：重合闸退出，重合闸长期不用时，应设置于该方式。

2. 运行规定

重合闸的重合功能必须在“充电”完成后才能投入，这样才能避免多次重合闸。充电时间为 15s，当装置充电完成后，面板液晶上将显示“已充满”字样。若充电未满时，面板液晶显示“充电中”。保护的投入应先投保护连接片，后投出口连接片。退出时应先退出口连接片，后退保护连接片。

3. 正常运行方式下的保护连接片投退情况

正常运行方式下，哈长线Ⅰ、Ⅱ屏保护连接片投退情况见表1－11和表1－12；春东甲、乙线Ⅰ、Ⅱ屏保护连接片投退情况见表1－13和表1－14。

表1－11　哈长线Ⅰ屏保护连接片投退表

序号	名称	备注	序号	名称	备注
1	A相跳闸1出口	投入	8	启动重合闸	投入
2	B相跳闸1出口	投入	9	高频保护投入距离Ⅰ段投入	投入
3	C相跳闸1出口	投入	10	距离Ⅱ、Ⅲ段投入	投入
4	三相跳闸1出口	投入	11	零序Ⅰ段投入	投入
5	永跳1出口	投入	12	零序其他段投入	投入
6	重合闸出口	投入	13	重合闸时间	短延时
7	启动失灵保护	投入			

表1－12　哈长线Ⅱ屏保护连接片投退表

序号	名称	备注	序号	名称	备注
1	跳闸出口公共端	投入	11	差动保护投入	投入
2	A相跳闸1出口	投入	12	距离Ⅰ段投入	投入
3	B相跳闸1出口	投入	13	距离Ⅱ、Ⅲ段投入	投入
4	C相跳闸1出口	投入	14	零序Ⅰ段投入	投入
5	三相跳闸连接片投入	投入	15	零序其他段投入操作屏	投入
6	永跳1出口	投入	16	三相启动失灵Ⅰ	投入
7	重合闸公共端	投入	17	失灵正电源	投入
8	重合闸出口	投入	18	检修状态连接片	检修时投入
9	本线启动失灵	投入	19	重合闸长延时控制连接片	按调度令投退
10	旁路启动失灵	投入	20	零序反时限投入连接片	按调度令投退

表1－13　春东甲、乙线Ⅰ屏保护连接片投退表

序号	名称	备注	序号	名称	备注
1	A相跳闸2出口	投入	11	距离Ⅱ、Ⅲ段投入	投入
2	B相跳闸2出口	投入	12	零序Ⅰ段投入	投入
3	C相跳闸2出口	投入	13	零序其他段投入	投入
4	三相跳闸2出口	投入	14	重合闸时间	短延时
5	永跳2出口	投入	15	跳闸公共端2	投入
6	重合闸出口	投入	16	启动旁路失灵	退出
7	启动本线失灵保护	投入	17	重合闸出口公共端	退出
8	启动重合闸出口	退出	18	检修状态	退出
9	差动保护	投入	19	重合闸把手	三相
10	距离Ⅰ段投入	投入			

表 1-14 春东甲、乙线Ⅱ屏保护连接片投退表

序号	名称	备注	序号	名称	备注
1	重合闸把手	三重	13	距离Ⅱ、Ⅲ段投入	投入
2	A相跳闸1出口	投入	14	零序Ⅰ段投入	投入
3	B相跳闸1出口	投入	15	零序其他段	投入
4	C相跳闸1出口	投入	16	A相启动失灵Ⅰ	投入
5	三相跳闸1投入	投入	17	失灵总电源	投入
6	永跳1出口	投入	18	检修状态压板	退出
7	A相跳闸2出口	投入	19	重合闸长延时控制连接片	短延时
8	B相跳闸2出口	投入	20	B相启动失灵Ⅰ	投入
9	C相跳闸2出口	投入	21	C相启动失灵Ⅰ	投入
10	三相跳闸2投入	投入	22	重合闸出口	投入
11	永跳2出口	投入	23	差动保护	投入
12	距离Ⅰ段投入	投入			

五、220kV线路保护

220kV线路保护，如春平甲乙线、春公线、西长甲乙线为CSL-101B型和CSL-102B型。

1. 基本配置

(1) 220kV西长甲乙线、春平甲乙线、春公线线路保护采用CSL-100型线路保护，为双微机保护配置。

(2) CSL-101B型与CSL-102B型线路保护。

1) 101型保护构成：高频距离保护以及高频距离拒动时自动投入的高频零序保护。

2) 102型保护构成：高频突变量方向保护。

(3) 距离保护。相间距离Ⅰ、Ⅱ、Ⅲ段，接地距离Ⅰ、Ⅱ、Ⅲ段。

(4) 零序电流保护。零序电流Ⅰ、Ⅱ、Ⅲ、Ⅳ段，零序不灵敏Ⅰ、Ⅱ段。

(5) 综合重合闸。重合闸把手位置有“单重”、“三重”、“综合”、“停用”四个位置。

2. 运行规定

对线路（含旁路代）有两套重合闸的，两套重合闸把手和重合闸时间连接片位置必须一致，只投一套重合闸的合闸连接片（要求投有高频保护的那套装置），若两套均有高频保护，则可投任一套。正常运行时西长甲乙线、春平甲乙线、春公线使用Ⅱ屏重合闸，当旁路代西长甲乙线（或代春平甲乙线运行或代春公线运行时）使用Ⅱ屏重合闸。重合闸充电时间为15s，充电完成后，面板液晶上将显示“CHZ：READY”字样，若充电未满时，面板液晶上只有时间显示。

3. 春平甲、乙线、春公线的操作屏启动失灵保护正常运行方式下投入

正常运行方式下，春平甲、乙线B相微机保护屏连接片投退情况见表1-15，春平甲、乙线C相见表1-16，春平甲、乙线远方跳闸屏见表1-17，春公线B相见表1-18，春公线C相见表1-19，西长甲、乙线B相见表1-20，西长甲、乙线C相见表1-21。

表 1-15　　春平甲、乙线 B 相保护连接片投退表

序号	名称	备注	序号	名称	备注
1	跳闸正电源	投入	10	其他保护正电源	投入
2	A 相跳闸出口	投入	11	距离Ⅰ端投入	投入
3	B 相跳闸出口	投入	12	距离Ⅱ、Ⅲ段	投入
4	C 相跳闸出口	投入	13	零序Ⅰ段投入	投入
5	三相跳闸出口	投入	14	重合闸时间控制	短延时
6	合闸正电源	退出	15	重合闸把手	三相
7	重合闸出口	退出	16	零序其他段投入	投入
8	永跳出口	投入	17	启动旁路失灵	退出
9	启动线路失灵	投入	18	其他保护	投入

表 1-16　　春平甲、乙线 C 相保护连接片投退表

序号	名称	备注	序号	名称	备注
1	A 相跳闸出口	投入	8	启动失灵	投入
2	B 相跳闸出口	投入	9	距离Ⅰ端投入	投入
3	C 相跳闸出口	投入	10	距离Ⅱ、Ⅲ段	投入
4	三相跳闸出口	投入	11	零序Ⅰ段投入	投入
5	至其他保护	投入	12	重合闸时间控制	短延时
6	重合闸把手	三相	13	重合闸出口	投入
7	永跳出口	投入	14	零序其他段投入	投入

表 1-17　　春平甲、乙线远方跳闸屏

序号	名称	备注	序号	名称	备注
1	春平甲线跳闸正电源 1	投入	8	春平乙线跳闸正电源 1	投入
2	春平甲线跳闸正电源 2	投入	9	春平乙线跳闸正电源 2	投入
3	春平甲线跳闸线圈 1	投入	10	春平乙线跳闸线圈 1	投入
4	春平甲线跳闸线圈 2	投入	11	春平乙线跳闸线圈 2	投入
5	春平甲线出口 1	投入	12	春平乙线出口 1	投入
6	春平甲线出口 2	投入	13	春平乙线出口 2	投入
7	春平甲线跳旁路	投入	14	春平乙线跳旁路	投入

表 1-18　　春公线 B 相保护连接片投退表

序号	名称	备注	序号	名称	备注
1	跳闸正电源	投入	6	永跳出口	投入
2	A 相跳闸出口	投入	7	启动线路失灵	投入
3	B 相跳闸出口	投入	8	高频保护	投入
4	C 相跳闸出口	投入	9	距离Ⅰ端投入	投入
5	三相跳闸出口	投入	10	距离Ⅱ、Ⅲ段	投入

续表

序号	名称	备注	序号	名称	备注
11	零序Ⅰ段投入	投入	14	重合闸出口	退出
12	零序其他段投入	投入	15	启动重合闸公共端	退出
13	启动旁路失灵	退出	16	重合闸时间	短延时

表 1-19　　春公线 C 相保护连接片投退表

序号	名称	备注	序号	名称	备注
1	A 相跳闸出口	投入	8	距离Ⅰ段投入	投入
2	B 相跳闸出口	投入	9	距离Ⅱ、Ⅲ段	投入
3	C 相跳闸出口	投入	10	零序Ⅰ段投入	投入
4	三相跳闸出口	投入	11	零序其他段投入	投入
5	永跳出口	投入	12	重合闸出口	退出
6	启动线路失灵	投入	13	重合闸时间	短延时
7	高频保护	投入			

表 1-20　　西长甲、乙线 B 相保护连接片投退表

序号	名称	备注	序号	名称	备注
1	跳闸正电源	投入	9	距离Ⅰ段投入	投入
2	A 相跳闸出口	投入	10	距离Ⅱ、Ⅲ段	投入
3	B 相跳闸出口	投入	11	零序Ⅰ段投入	投入
4	C 相跳闸出口	投入	12	零序其他段投入	投入
5	三相跳闸出口	投入	13	启动旁路失灵	退出
6	重合闸把手	三相	14	重合闸出口	退出
7	启动线路失灵	投入	15	合闸正电源	退出
8	高频保护	投入	16	重合闸时间	短延时

表 1-21　　西长甲、乙线 C 相保护连接片投退表

序号	名称	备注	序号	名称	备注
1	A 相跳闸出口	投入	8	距离Ⅰ段投入	投入
2	B 相跳闸出口	投入	9	距离Ⅱ、Ⅲ段	投入
3	C 相跳闸出口	投入	10	零序Ⅰ段投入	投入
4	三相跳闸出口	投入	11	零序其他段投入	投入
5	重合闸出口	投入	12	重合闸时间	短延时
6	启动线路失灵	投入	13	重合闸把手	三相
7	高频保护	投入			

六、220kV 线路保护（春二甲乙线 CSL101B 型与 CSL103B 型）

1. 基本配置

（1）本站 220kV 春二甲乙线线路保护采用 CSL101B 型与 CSL103B 型线路保护，为双微机保护配置。

(2) CSL101B型与CSL103B型线路保护。

1) CSL101B型保护构成：由高频距离保护、高频负序方向、高频零序方向、高频突变量方向保护构成的全线速动的高频保护，三段相间和接地距离保护，四段零序方向过电流保护构成的完整的后备保护。

2) CSL103B保护构成：分相电流差动保护、距离保护和零序方向保护为后备保护，并具有分布式录波功能。

(3) 屏上的切换开关可以实现四种重合闸方式。

1) 单重合闸方式：单相故障单跳单合，多相故障进行三跳不重合。

2) 三重合闸方式：任何故障三跳三合。

3) 综合重合闸方式：单相故障单跳单合，多相故障进行三跳三合。

4) 停用方式：重合闸退出，重合闸长期不用时，应设置于该方式。

2. 运行规定

重合闸的重合功能必须在“充电”完成后才能投入，这样才能避免多次重合闸。充电时间为15s，当装置充电完成后，面板液晶上将显示“CHZ：READY”字样。若充电未满时，面板液晶上只有时间显示。

3. 正常运行下的连接片投退情况及差动屏

正常运行方式下，春二甲、乙线B相微机保护屏连接片投退情况见表1-22，春二甲、乙线纵联差动屏见表1-23。

表1-22 春二甲、乙线B相保护连接片投退表

序号	名称	备注	序号	名称	备注
1	跳闸正电源	投入	10	高频保护投入	投入
2	A相跳闸出口	投入	11	距离Ⅰ段投入	投入
3	B相跳闸出口	投入	12	距离Ⅱ、Ⅲ段	投入
4	C相跳闸出口	投入	13	零序Ⅰ段投入	投入
5	三相跳闸出口	投入	14	重合闸时间控制	短延时
6	启动重合闸公共端	退出	15	重合闸	退出
7	重合闸把手	单相	16	零序其他段投入	投入
8	永跳出口	投入	17	启动旁路失灵	退出
9	启动线路失灵	投入			

表1-23 春二甲、乙线纵联差动保护连接片投退表

序号	名称	备注	序号	名称	备注
1	A相跳闸	投入	6	重合闸时间	短延时
2	B相跳闸	投入	7	重合闸出口	投入
3	C相跳闸	投入	8	启动失灵	投入
4	三相跳闸	投入	9	永跳出口	投入
5	重合闸把手	单相	10	纵联差动保护投入	投入

续表

序号	名称	备注	序号	名称	备注
11	距离Ⅰ段投入	投入	13	零序Ⅰ段投入	投入
12	距离Ⅱ、Ⅲ段投入	投入	14	零序其他段投入操作屏	投入

七、66kV 母差保护（RCS－915F 型母线微机保护）

1. 基本配置

本站 66kV 母线微机保护采用 RCS－915F 型母线保护装置，为双微机保护配置。

2. 保护配置

RCS－915F 型微机母线保护装置设有母线差动保护、母联充电保护、母联死区保护、母联失灵保护以及母联过电流保护等功能。

3. 正常运行方式

正常运行方式下，春二甲、乙线 B 相微机保护屏连接片投退情况（见表 1－24）。

表 1－24　　66kV 母线微机保护连接片投退表

66kV 母差保护	投母差保护连接片	投入
	跳母联保护	投入
	跳长双乙线保护	投入
	跳长双甲线保护	投入
	跳长公乙线保护	投入
	跳长公甲线保护	投入
	跳长热乙线保护	投入
	跳长热甲线保护	投入
	跳 1 号主变压器二次侧保护	投入
	跳长南乙线保护	投入
	跳长南甲线保护	投入
	跳 1 号电容器保护	投入
	跳 2 号电容器保护	投入
	跳长泉乙线保护	投入
	跳长泉甲线保护	投入
	跳 2 号主变压器二次侧保护	投入
	跳长关乙线保护	投入
	跳长关甲线保护	投入
	跳长东乙线保护	投入
	跳长东甲线保护	投入
	跳长乐线保护	投入
	跳联络线保护	投入
	投单母保护	退出
	投充电保护	退出
	投过电流保护	退出
	投检修状态	退出
	跳旁路保护	退出

八、66kV 线路保护（长乐线 CSC166A 型）

1. 面板信号灯说明

正常运行时面板上“运行”灯亮；运行中系统发生故障时，若保护动作跳闸，则面板上相应的跳闸信号灯亮；若重合闸动作合闸，则“重合闸动作”信号灯亮。应打印保护动作总报告、分报告和分散录波报告，并详细记录信号。无特殊情况，严禁断开直流电源，以免丢失历史报告，否则部分保护动作信息将丢失。装置的告警分为告警Ⅰ和告警Ⅱ，告警Ⅰ为严重告警。有告警Ⅰ时，装置面板告警灯闪亮；有告警Ⅱ时，装置面板告警灯常亮。有告警Ⅰ时，装置闭锁保护出口电源。

2. 运行规定

保护的投入应先投保护连接片，后投出口连接片；退出时应先退出口连接片，后退保护连接片。

3. 正常运行方式

正常运行方式长乐线 CSC166A 型微机保护屏连接片和把手的投退（见表 1-25）。

表 1-25 长乐线 CSC166A 型微机保护屏连接片和把手投退表

长乐线保护	保护跳闸连接片	投入
	合闸出口	投入
	距离保护连接片	投入
	低周减载保护	投入
	过电压保护连接片	投入
	过电流保护连接片	投入
	重合闸把手	三重

九、66kV 线路保护

66kV 线路保护，如长东甲乙线、长关甲乙线和 66kV 旁路为 CSL166B 型。

1. 基本配置

本站 66kV 长东甲乙线、长关甲乙线和 66kV 旁路保护采用 CSL166B 型线路保护。

2. 面板信号灯说明

(1) 保护装置投入运行时，先投入直流控制电源，此时 CSL-166B 型微机保护箱的“运行监视灯”亮，三相操作箱“运行”指示灯亮，其余指示灯均灭。

(2) 检查电压切换箱的指示灯应与所在 66kV 母线相对应（东、西母线）。

(3) 按调度命令投入或退出重合闸控制开关。控制开关投入时，三相重合闸控制开关指示灯均亮，控制开关退出时，三相重合闸控制开关指示灯灭，在进行上述操作改变重合闸控制开关位置时，液晶屏幕将显示 DI-CHG? P-RST（开入量变位，请用面板复位按钮确认），值班员可按微机保护箱的信号复归键进行确认，液晶屏幕显示 DIN 17 ON-OFF（重合闸退出）或 DIN 17 OFF-ON（重合闸投入）。

3. 正常运行方式

正常运行方式下，长东甲乙线、长关甲乙线和 66kV 旁路微机保护连接片和把手的投退（见表 1-26）。

表 1-26 长东甲乙线、长关甲乙线和 66kV 旁路微机保护连接片和把手投退表

长关甲乙线 长东甲乙线 66kV 旁路	重合闸把手	投入
	保护跳闸连接片	投入
	重合闸连接片	投入
	距离保护连接片	投入
	过电流保护连接片	投入

十、66kV 线路保护

66kV 线路保护，如长南甲乙线、长泉甲乙线、联络线、长公甲乙线、长双甲乙线、长热甲乙线为 CSL166C 型。

1. 基本配置

本站 66kV 长南甲乙线、长泉甲乙线、联络线、长公甲乙线、长双甲乙线、长热甲乙线保护采用 CSL166C 型数字式线路保护装置。

2. 装置的投入

(1) 接入直流控制电源，此时 CSL166 型微机保护箱的“运行监视灯”亮，三相操作箱“运行”指示灯亮，合位指示灯亮，其余指示灯均灭。

(2) 按调度命令投入或退出重合闸控制开关。在进行上述操作改变重合闸控制开关位置时，液晶屏幕将显示重合闸投入（开入量变位，请用面板复位按钮确认），可按微机保护箱的信号复归按钮进行确认，重合闸控制开关由投到退时，液晶屏幕没有显示。以上确认均以打印机打印结果为准。

(3) 检查打印机电源开关在“ON”位置。

(4) 投入保护屏上的跳闸连接片及重合闸连接片。

(5) 保护的投入应先投保护连接片，后投出口连接片。退出时应先退出口连接片，后退保护连接片。

3. 正常运行方式

正常运行方式下长南甲乙线、长泉甲乙线、联络线、长公甲乙线、长双甲乙线、长热甲乙线保护连接片和把手的投退（见表 1-27）。

表 1-27 长南甲乙线、长泉甲乙线、联络线、长公甲乙线、长双甲乙线、长热甲乙线微机保护连接片和把手投退表

长南甲乙线 长泉甲乙线 联络线 长公甲乙线 长双甲乙线 长热甲乙线	重合闸把手	三重
	保护跳闸连接片	投入
	重合闸连接片	投入
	距离保护连接片	投入
	过电流保护连接片	投入

十一、66kV 电容器保护（CSP212A 型数字式电容器保护）

1. 基本配置

本站 66kV 1 号和 2 号电容器保护采用 CSP212A 型数字式电容器保护。

2. 保护配置

两段式相间过电流保护、过电压保护、失电压保护、不平衡电流保护，以上保护在电容器正常运行时均投入。

第二章　仿　真　系　统

本仿真系统由服务端与客户端两组程序组成。服务端需要 SCT3000 平台的支持并与 SCT3000 在同一台计算机上运行。在运行前必须先启动服务端的 SCT3000 程序而后运行客户端的启动程序。客户端运行在装有 3D 加速卡的任意一台可与服务端计算机联网的计算机上。

服务端的主要任务为协调后台 SCT3000 程序与客户端的数据交换、与部分功能的计算，还具有仿真控制、故障及异常设置和系统维护等功能。客户端为三维图形部分，主要负责场景内设备的展现。在三维空间里的操作需要使用鼠标与键盘的配合，在漫游中可让使用者对现场进行充分熟悉，并有身临其境的真实感，再配合部分一次设备的操作，以达到人机交互的目的。

第一节　服　务　器

一、服务端程序的启动和退出

在仿真机服务器上运行启动程序，左键双击 SCT3000 目录下的 pssstartup. exe，进入如图 2－1 所示的用户登录界面。

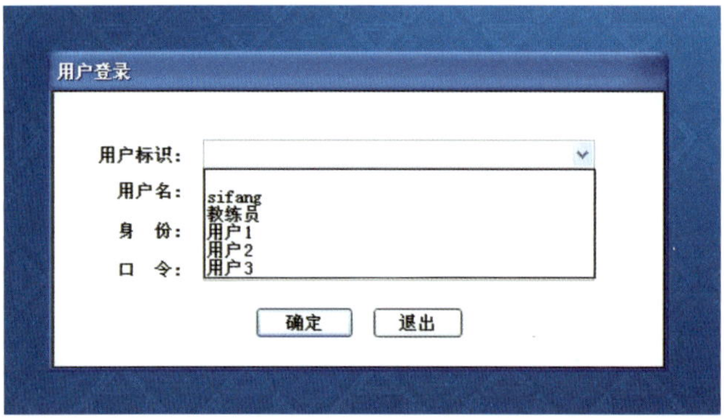

图 2－1　用户登录界面

3D 系统在服务器端启动 3D 服务端 Powerserver. exe，程序执行后会在 WINDOWS 右下任务栏上产生一个图标，右键会弹出一个菜单

，点击【启动服务】即可。启动后的图标

。

用户标识共有三种，即 sifang 维护工程师、教员和一般学员。每种用户标识的身份不同，权限也不同。sifang 维护工程师的权限最高，可以运行考核系统，能编辑试题和管理用户。教员的权限次之，可以运行考核系统，可以对工况进行修改，不能编辑试题，不能管理用户。一般学员的权限最低，只能运行仿真系统及查看保护动作后的动作情况。

用户 1、用户 2、用户 3 为一般学员，选择学员用户，点击进入输入口令后，此时在屏幕上方隐藏了平台的工具条，把鼠标移向屏幕上方工具条就会显示出来，画面如下。

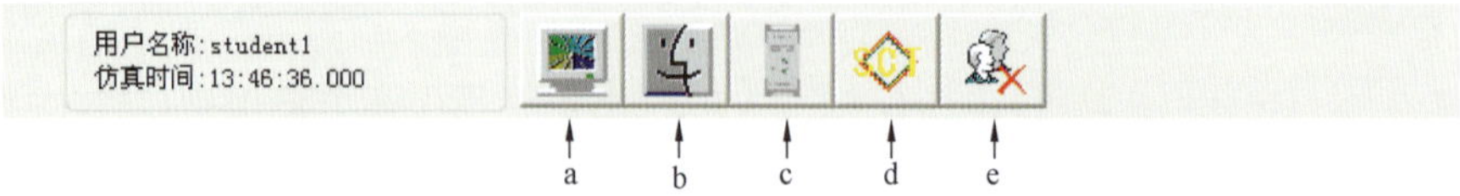

如要退出 SCT3000，点击图标 e 可退出。

在用户登录界面上可以选择用户标识，若选择的用户标识的身份为“教员”或“维护工程师”时，输入口令后按“确定”，系统将出现如下界面。

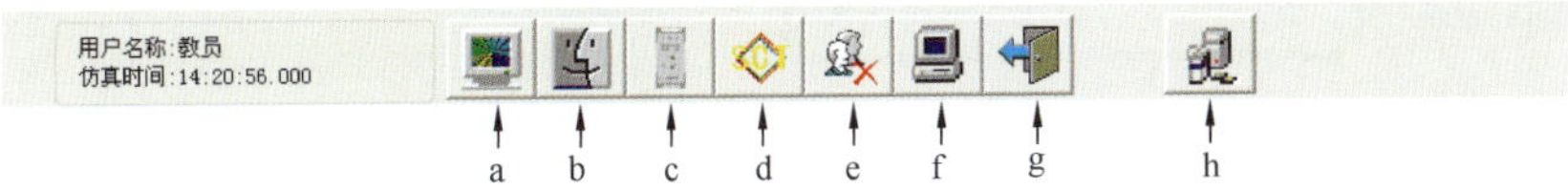

以上用户界面上的图标有如下功能。

图标 a：

会弹出本站的主接线潮流图。

图标 b：

进入户外设备多媒体系统。

图标 c：

会弹出本站的“保护室”“控制屏”“高压室”选择界面，可以进入相应的图形界面。

图标 d：考核系统客户端。

图标 e：注销用户。

图标 f：

进入通用仿真支撑平台教员系统，则界面如下。

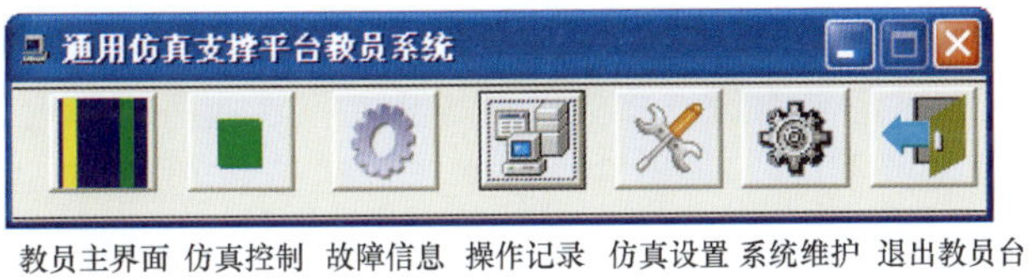

图标 g：退出仿真系统。

图标 h：培训考核系统。

二、教员系统功能

点击教员系统的“仿真控制”，再点“启动仿真”，出现如下界面。

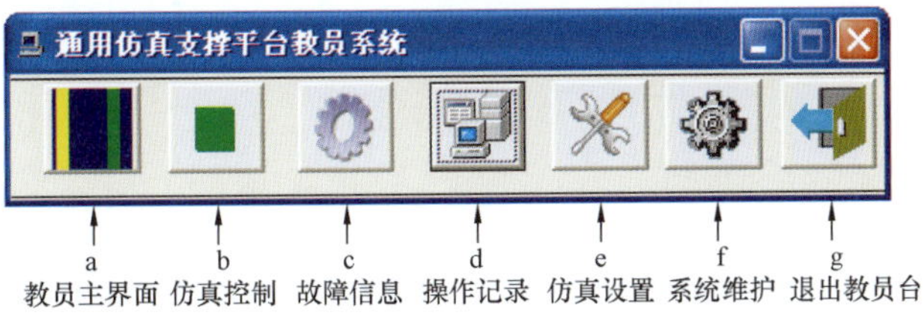

(1) 点击图标 a 进入教员系统主界面。

(2) 仿真控制。点击 b 图标就会弹出下拉菜单，如图 2－2 所示。

如图 2－2 所示，该菜单可以进行启动仿真，停止仿真，初始条件（装工况），抽点回退、重发 IO 状态、生成教案、选择教案、清除教案等功能，下面分别详细介绍各功能。

1) 初始条件。点击初始条件，弹出初始条件对话框如图 2－3 所示。

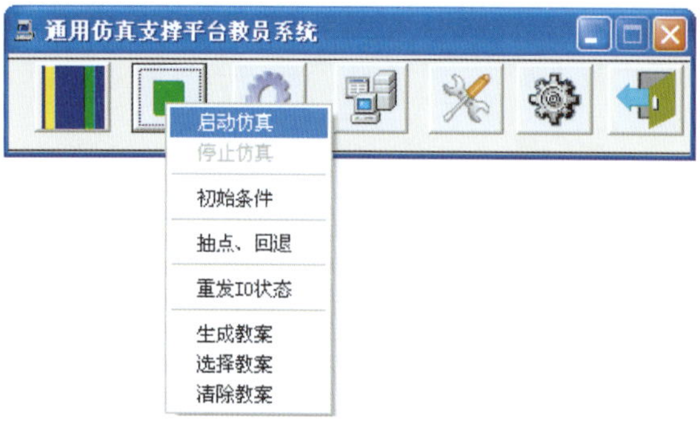

图2-2 仿真控制

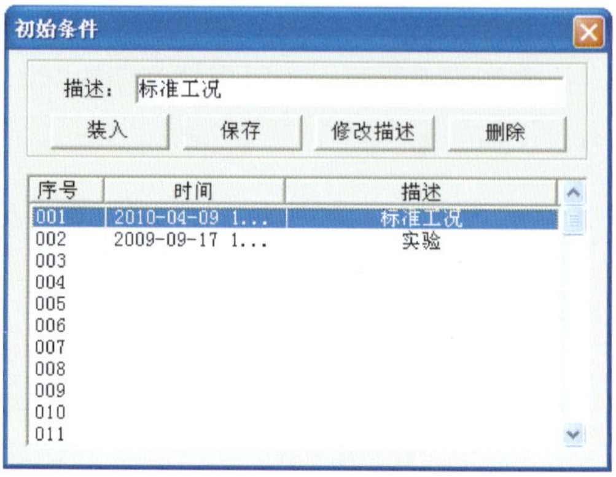

图2-3 初始条件对话框

装工况时点击下方的序号，根据描述调入想要的工况。存工况时也是先点击下方的序号，然后在上方的描述栏里填写工况的描述，然后点击保存即可。

2）抽点、回退。系统支持手动抽点、自动抽点两种抽点方式。自动抽点方式的投入/退出可由教练员人为控制。系统预设6种自动抽点间隔，即1、3、5、10、20、30min，用户可用鼠标选取，其单位为min。

抽点按二进制元模型初始条件格式保存在仿真系统的data目录下。抽点文件命名规则为:??? .SS，其中“???”为从1起算的抽点序号。抽点文件由系统管理，用户不得人为干预。所有抽点均被记录于列表框中，手动抽点带有“手动”标志。抽点数量没有上限。回退操作类似于装入模型初始条件。

3）重发IO状态。向软盘台系统、多媒体系统重新发送所有模型变量的状态。

4）生成教案。新建一个教案，要求输入教案名称以及教案描述，并且把当前系统运行工况作为该教案的初始工况。可以在图形系统的主接线图上，将一次系统故障事件加入到该教案，在二次故障设置界面中加入二次故障，在异常设置中加入异常信息。

5）选择教案。从教案库中选择一个教案装入到仿真系统中，在启动仿真时，系统将依据该教案进行仿真。

6）清除教案。清除已装入仿真系统中的教案。

（3）故障和异常设置。点击c图标就会弹出下拉菜单，包括清除一次故障和故障设置两项内容。

1）清除一次故障。当要清除系统当前所设的故障，点击“清除一次故障”。

2）故障设置。点击“故障设置”后，弹出故障异常信息列表，如图2-4所示。

在此画面，可以查询一次故障列表、二次故障列表、异常信息列表、直流系统故障列表和站用电系统列表，同时可以设置列表中的所有故障。方法为直接双击故障列表中的故障信息，如双击故障号1，则弹出如图2-4所示画面。

此时点击一次故障清单可以显示异常故障的详细信息。而一次设备的故障设置不在故障列表里设置，而是直接到主接线图中设置。详细的设置方法在本章第三节介绍。

（4）操作记录。点击d图标，点击操作记录，弹出操作记录对话框，如图2-5所示。

从操作记录中可以得到操作人的详细操作记录。在此对话框可进行删除、打印操作记录。注意：操作记录打开时不能自动刷新；如果要看新的操作记录，则关闭后再打开。

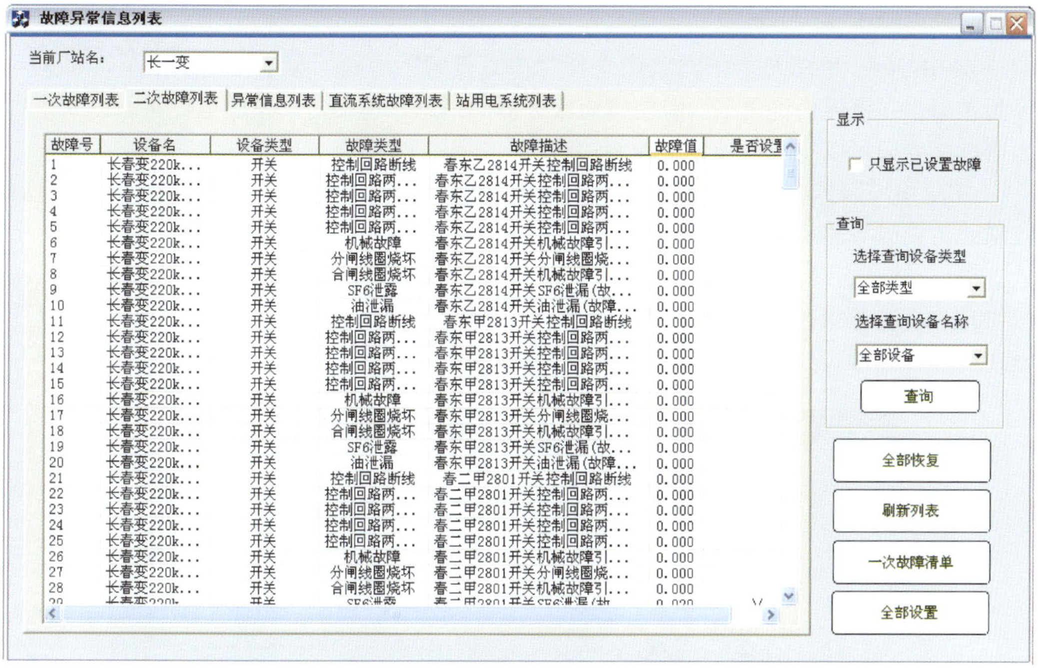

图 2-4　故障异常信息列表

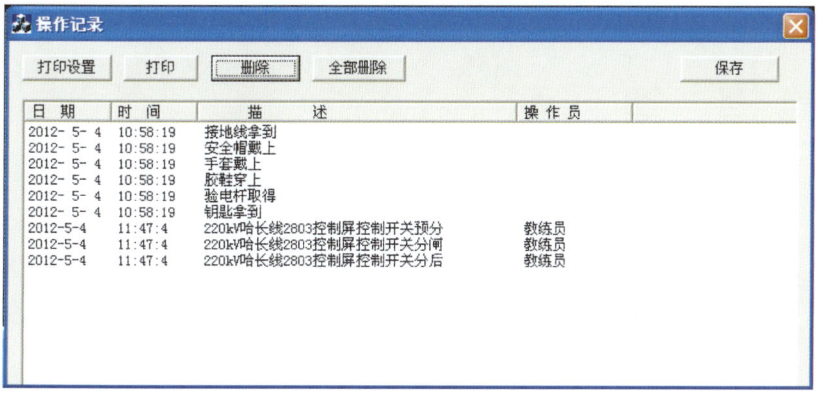

图 2-5　操作记录

（5）仿真设置。

1）点击 e 所指图标，进入仿真设置和集中控制菜单。

① 仿真速度设置。需要设置实际 1s 对应的仿真时间为多少。正常时，实际 1s 对应的仿真时间为 1000ms，当对应的仿真时间为 500ms 时表示仿真减速一倍，当对应的仿真时间为 2000ms 时表示仿真加速一倍，依次类推。仿真速度设置如图 2-6 所示。

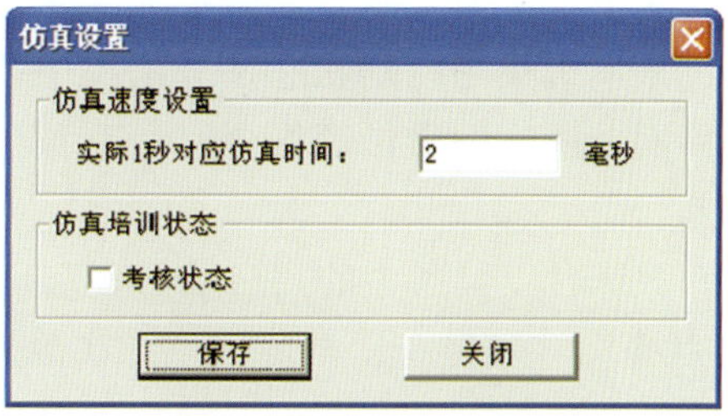

图 2-6　仿真速度设置

② 仿真状态设置。当设置为考核状态时，学员登录综自监控界面、保护及控制盘界面以及户

外设备区界面时将弹出考核界面，并且在户外设备区上进行设备巡视时没有任何提示。

2）集中控制。在教员台工具条中选择“仿真设置”中的“集中控制”菜单，将进入集中控制界面。在该界面将显示所有仿真组服务器的信息，包括仿真系统运行状态以及仿真状态。通过该界面可以实现各种集中控制功能。

① 在集中控制界面中实现集中控制。在集中控制界面中，从仿真服务器列表中选择所要控制的仿真服务器后（可按 ctrl 键实现多项选择，或按“全选”按钮实现对所有仿真服务器的选择），按“启动仿真”、“暂停仿真”、“停止仿真”、“发送工况”或“发送教案”等功能按钮时，将会对所选择的仿真服务器同时进行启动仿真、暂停仿真、停止仿真、发送工况或发送教案等操作，如图 2－7 所示。

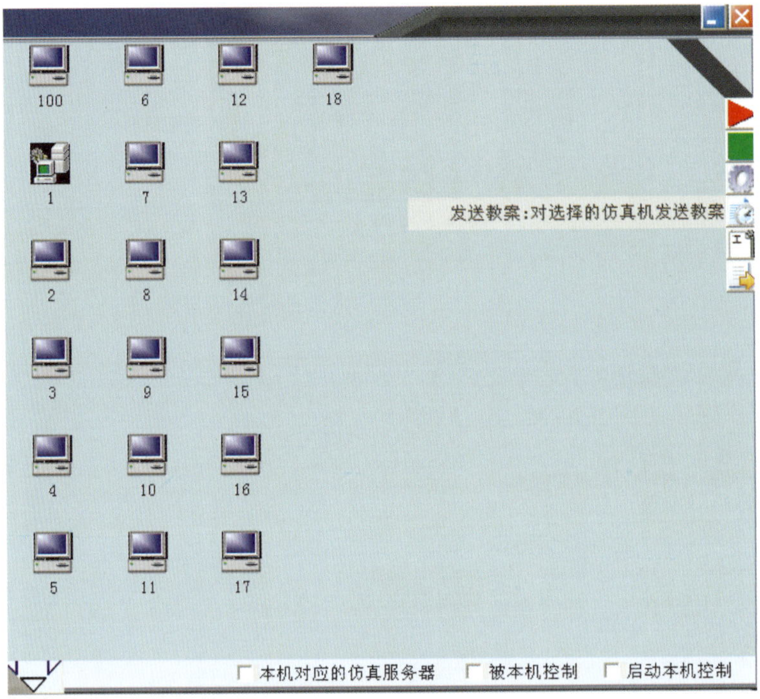

图 2－7 集中发送教案

② 通过设置本机控制实现集中控制。在集中控制界面中，双击仿真服务器列表中的记录，本机控制一栏中符号“X”将变为“V”，或“V”变为“X”，或者通过点击“设置/取消本机控制”按钮实现本机控制设置，当本机控制为“V”时，表示该仿真服务器设置为被本机所控制。选择完所有被本机所控制的服务器后选中“启动本机控制”，则系统进入本机集中控制状态，退出集中控制界面后，在教练台工具条上所作的操作以及图形界面上所作的操作都将会对所有被选择为本机控制的仿真服务器起作用，即实现集中控制。

教练台工具条中的“启动仿真”、“暂停仿真”、“停止仿真”、“抽点、回退”、“重发 IO 状态”、“清除一次故障”、“二次故障设置”、“异常信息设置”、“仿真设置”等功能都实现了集中控制。在图形系统中，断路器、隔离开关的操作以及各种故障设置等也实现了集中控制，即在图形系统中的操作及故障设置将作用于所有被选择为本机控制的仿真服务器。

③ 监视任意仿真组仿真情况。在集中控制界面中，列出了所有仿真组仿真系统运行状态，包括系统停运或运行监视、仿真运行状态监视等。另外，还有一个重要的功能就是可以将本机界面设置为任意仿真组的一个客户端，从而实现更多内容的仿真监视和控制。在缺省状态下，本机界面属于 pss. cfg 文件中配置的仿真组的仿真界面，但这一关系可以在集中控制界面中通过设置本机对应的仿真服务器来进行改变，也就是本机的仿真界面可以设置为其他仿真组的仿真界面，这样，在该仿真界面（包括教员系统界面、综自后台界面、以及 PSS 版本的保护及控制室界面、户外多媒体界面）上所看到的信息都为那组仿真机的仿真数据，所有操作控制都作用于那组仿真机。其操作方法是在集中控制界面中选择一个想要监视及控制的仿真机后，按“设置本机对应的仿真服务器”按钮，实现对应仿真服务器的改变，其显示操作如图 2－8 所示。

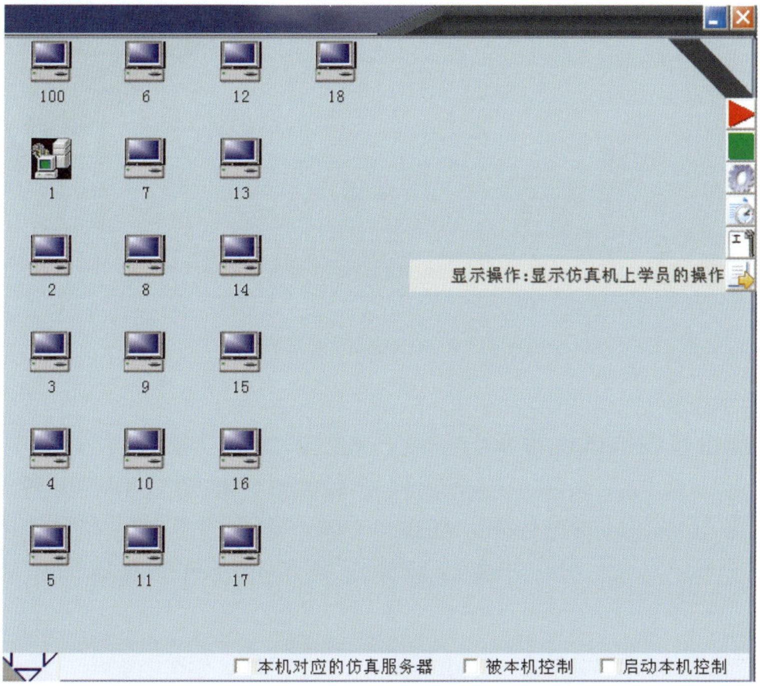

图 2－8 显示操作

(6) 系统维护。点击 f 图标，可进行一次系统维护、二次模型的维护、保存模型和互感器设置。教员在使用时可以通过保存模型功能，将工况存入到后台运行的模型中，重新启动。

第二节 客户端（三维场景）

服务器启动之后，点击 Powersection. exe，图 2－9 即为进入三维场景后所能看到的界面。

图 2－9 中左侧图标自上而下的功能如下（其中第一个按钮作为预留，无功能作用）。

图 2-9 进入三维场景界面

一、地图显示按钮

地图显示按钮控制地图的显示与隐藏。地图的主要功能为可观看变电站一次设备的电路关系与场地布局，也可直接跳转到指定位置。地图共有三种模式，分别为现场位置图、线路图和混合的对比图，如图 2-10～图 2-12 所示。这三种模式可以通过按住键盘左边的 CTRL 键，并配合鼠标左键点击地图中对应的位置来进行跳转操作。

图 2-10 现场位置图

图 2-11 线路图

二、巡视功能按钮

图 2－12 混合对比图

巡视设备后可通过此功能确定此设备处于何种状态，即判断是正常还是异常状态，可通过鼠标左键点击巡视按钮的图标来进入巡视状态。如果进入了巡视状态就可以进行故障和异常巡视。若在巡视状态下画面的左上角会有对应的图标显示已进入了巡视状态。如果鼠标停留在巡视设备上时会变成形状。以巡视 220kV 春东乙线 2814 断路器为例，这时如果您点击左键则会弹出如图 2－13 所示的对话框。点击“确定”后，所做操作会在服务器上形成操作记录。

图 2－13 巡视功能举例图对话框

当有些比较高远的设备或仪器看不清楚时，可以使用镜头拉近功能。在一次设备场景中按 G 键可以将镜头拉近。镜头拉近共分为 5 个状态，拉近顺序循环进行，即普通→1 倍→2 倍→3 倍→4 倍→普通。进行拉近后，想恢复普通状态连续按 G 键进行循环。

三、场景切换菜单

此按钮在点击时列出当前变电站中的所有场景，分别是主控楼一楼、主控楼二楼、电缆室、蓄电池室、一次设备区和系统退出。

（1）主控楼一楼，如图2-14所示。

（2）主控楼二楼，如图2-15所示。

图2-14 主控楼一楼

图2-15 主控楼二楼

（3）电缆室，如图2-16所示。

（4）蓄电池室，如图2-17所示。

图2-16 电缆室

图2-17 蓄电池室

（5）一次设备区，如图2-18所示。

四、工具栏

点击该按钮将列出所有的辅助功能按钮，如图2-19所示。

1. 控制装备栏按钮

装备栏根据需要可以显示，也可以隐藏，点击该按钮即可实现。

2. 网络连接按钮

网络连接按钮是用来控制与服务端的连接与断开操作。当图标为◎则说明当前处于连接状态，并且屏幕右下角的连接状态颜色为绿色；如果点击则断开；当图标为◎则说明当前处于断开连接状态，屏幕右下角的连接状态颜色为灰色。如果点击网络连接按钮则可尝试与服务端程序的连接操作。

图 2-18 一次设备区

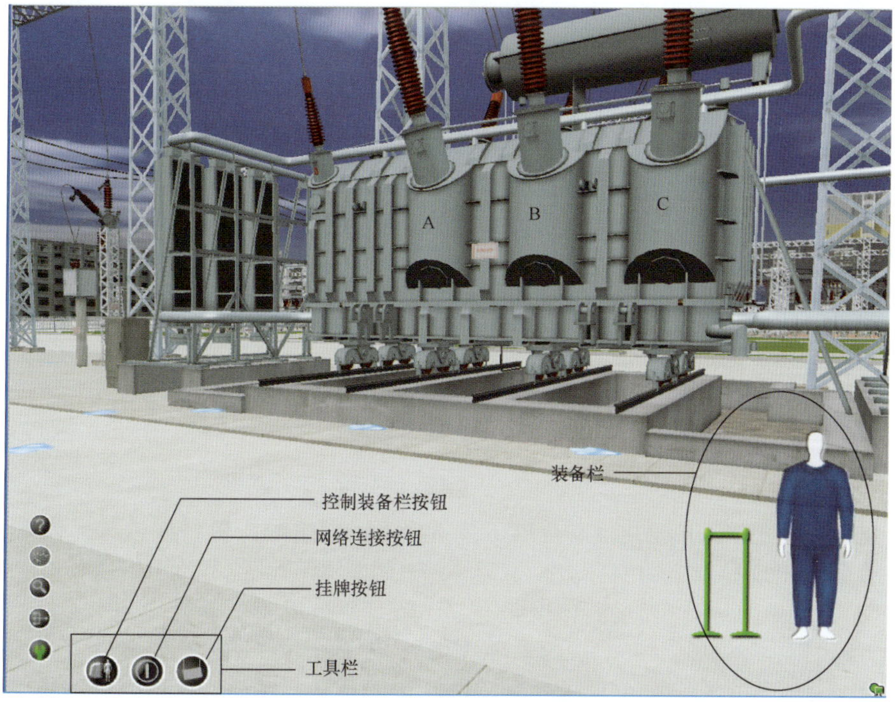

图 2-19 辅助功能按钮

3. 挂牌按钮

点击此按钮，在屏幕的左上角将出现标示牌的图标，即可进行悬挂标示牌的操作。

4. 工具间

工具间在主控楼二楼。在场景切换菜单中点击主控楼二楼，钥匙在主控室的墙壁上。鼠标放在柜门上，点击左键，柜门即可打开柜子，打开后可拿到内部的工具；点击鼠标左键可拿到对应装备，拿到后在装备栏会有对应工具的显示如图 2-20 所示。取地线杆和钥匙用同样的方法。拿取相应工具时，不可距离太远。

图 2-20 工具间

5. 把手操作

操作隔离开关把手时，先打开隔离开关机构箱的锁，先在主控楼二楼取钥匙，钥匙柜如图 2-21 所示。按住键盘左边的 ALT 键并且左键点击装备栏上的钥匙图标，进入钥匙模式后，可进行挂地线操作。此时界面的左上角会出现钥匙的图标。在一次设备区，把鼠标放在操作把手上，单击左键即可操作。隔离开关与构架为 45°的时候为分闸，与铁架平行为合闸，如图 2-22 所示。

6. 验电器验电

按住键盘左边的 ALT 键并且左键点击装备栏上的验电器图标，即进入验电模式。此时界面的左上角会出现验电器的图标。验电时，应先在有电的设备上验电，以检验验电器是否合格。如果左上角上的图标显示红色说明有电，若是灰色说明无电。

7. 挂接地线

先在主控楼二楼取接地线。接地线是一种防护工具，当设备突然来电时可将突然来的电流引入大地，从而保护工作人员的安全。为了更方便地使用本系统，可认为取得绝缘杆的同时即取得接地线。图 2-23 上的工具是绝缘杆（棒）。

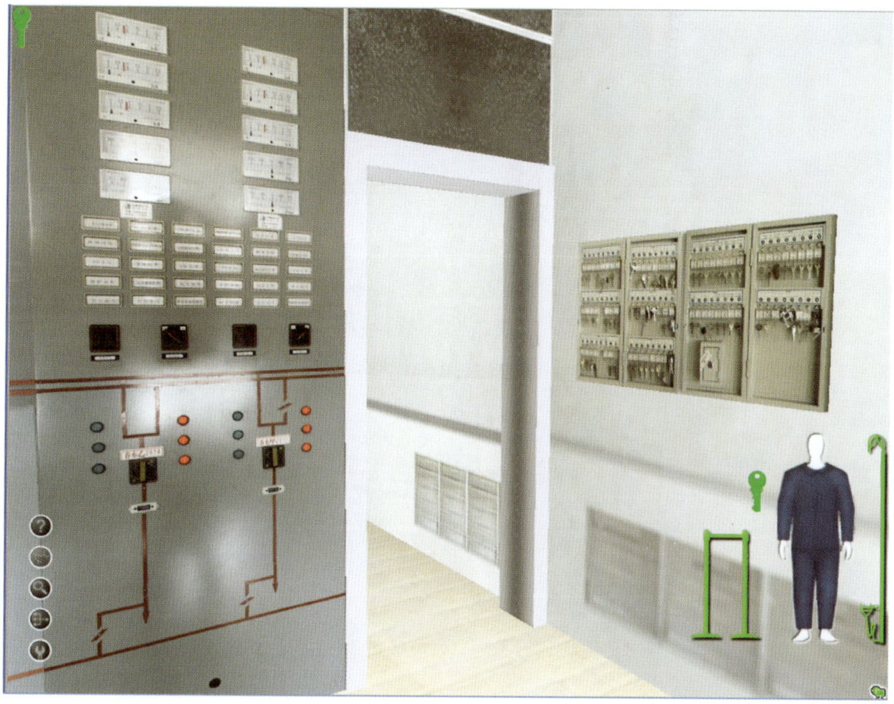

图 2-21 钥匙柜

图 2-22 隔离开关在合闸和分闸时的状态

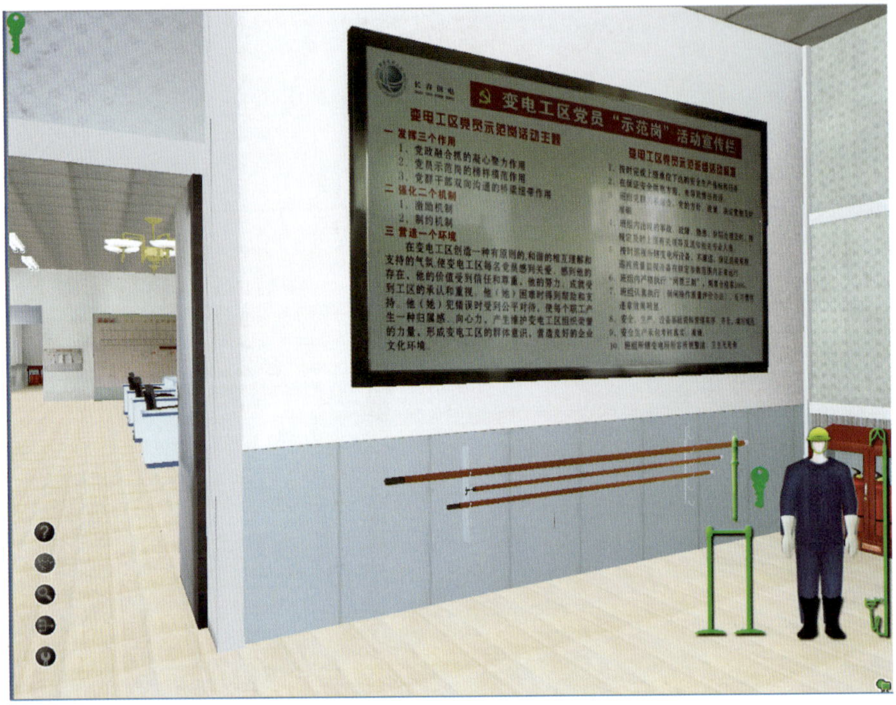

图 2-23 绝缘杆

按住键盘左边的 ALT 键并且左键点击装备栏上的地线杆图标，如图 2-24 进入装设接地线操作模式后，可进行挂接地线操作。此时界面的左上角会出现接地线的图标。装设接地

图 2-24 装设接地线

线时，先装接地端，后装导体端。首先点击地脚线，先点击 B 相，然后点击对应的触头。确定操作顺序正确后，按键盘的 C 键，如果操作顺序正确则会出现接地线。拆接地线和挂接地线顺序相反，先点击上面的触头，再点击下面地脚线。

8. 围栏

如果要对场内进行围栏操作则需要先进入围栏状态。进入围栏状态的方法是在装备栏显示的情况下，按住键盘左边的 ALT 键并且左键点击装备栏上的围栏图标。如果画面左上角的状态图表显示为栅栏状态则进入了围栏模式，围栏过程中可进行围栏与删除围栏（由一系列连续围栏杆组成的围栏则称为一个围栏）的操作。当处于围栏状态时，如果按一下键盘的 C 键，则面前会建立一个围栏的第一个围杆。如果感觉位置不合适，可以通过键盘的上下左右键来移动调整。当选好位置后按一下键盘的 P 键则围杆会定在当前移动到的位置，这时围杆位置则不可调整了。寻找下个位置按下键盘的 O 键后，则会建立一个围栏的下个围杆，中间程序会自动产生布幅的连接（只有属于同一组的才会自动产生连接）。想要删除时，在围栏状态下点击一个围栏的任何一个围杆，则这个围栏被删除。为了方便围拦定位，如果还想进行其他安全工具的使用操作则需要进入工具小间，拿到安全工具。

9. 挂标示牌

用于进入挂牌状态。点击工具栏内的挂牌图标，如果画面左上角的状态图表显示为牌子状态则进入了挂牌模式。当处于挂牌状态时，按一下 C 键会出现一个铭牌；如果铭牌的空间位置不符合需要，可以通过键盘进行调整，按住键盘的 Ctrl 键加方向键可以调整铭牌大小，Shift 键加上下键可以调整铭牌的高度，而与左右键的组合可以对铭牌进行旋转，调整铭牌的方向；同样移动的时候遵循上是西下是东左是南右是北的原则，或上是低压区方向、下是高压区方向、左是主控楼反方向、右是靠近主控楼方向。装设围栏和悬挂标示牌，如图 2-25 所示。

图 2-25 装设围栏和悬挂标示牌

五、键盘上常用的快捷键

L键：为开启关闭巡视路线提示。

M键：为快速开启关闭3种地图模式。同样是循环进行，1次开启现场俯视图，2次开启线路图，3次开启线路与俯视图重合图，4次为关闭。

G键：为望远镜开启关闭键。

C键：为大部分工具功能使用键，主要用在围栏和挂牌上。

O键：为围栏功能键。

Alt键：工具使用时用Alt加小键盘方向键进行调节。

Ctrl键：工具使用时用Ctrl加小键盘方向键进行调节。

Shift键：工具使用时用Shift加小键盘方向键进行调节。

Tab键：点开轨迹表的时候关闭用。

数字键：1键—切换到室外电场；2键—切换到电缆室；3键—切换到主控楼一楼；4键—切换到工具间；5键—切换到蓄电池室。

第三节 故障和异常设置

用户可以在图形用户界面点击相应的设备进行设置，包括一次故障、二次故障、异常信息设置，以及各种故障之间相互组合设置。

一、故障设置

进入综自监控系统中，在要设置故障的区域右击鼠标，出现教员操作的对话框，如图2-26所示。

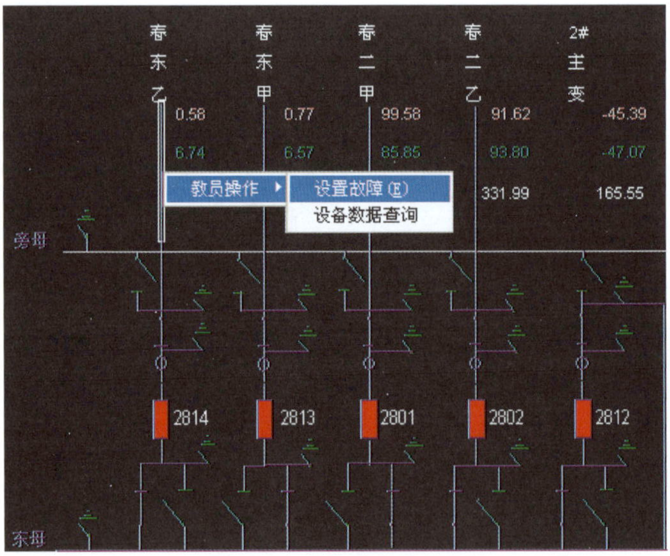

图2-26 教员操作对话框

1. 线路故障

设置线路设备，春东乙线线路故障为例，单击“设置故障”，出现如图2-27所示的故障设置（线路部分）界面。

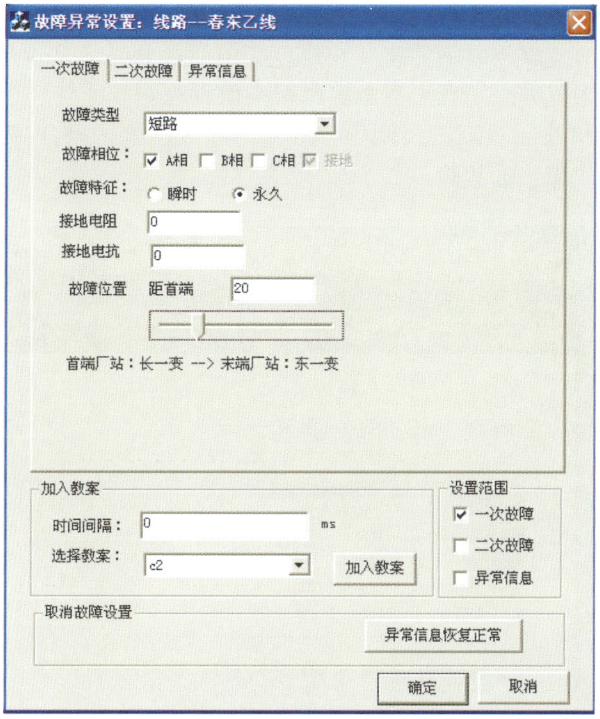

图 2-27 故障设置（线路部分）

设置线路故障需要注意的是故障位置的选取，请注意故障距离是距首端变电站的距离，采用的是百分比。对线路可以设置短路和断线故障，包括故障相位、故障位置、过渡电阻，以及永久性还是瞬时性故障设置，还可以将当前故障信息做成相应的教案。在界面中，选择教案，设置时间间隔后，点击“加入教案”，即可完成加入教案的操作。

2. 主变压器故障

进入综自监控系统中，把鼠标放在变压器绕组上，会出现如图 2-28 所示的主变压器故

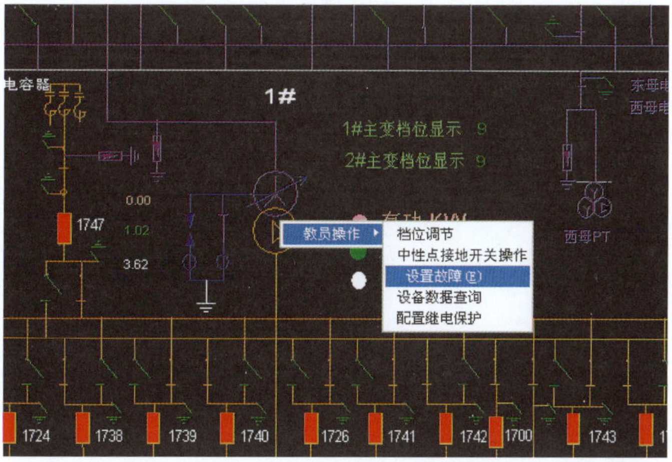

图 2-28 主变压器故障设置界面

障设置对话框，单击“故障设置”，出现如图 2－29 所示的故障设置（变压器部分）界面。变压器进行故障设置时，故障分为严重和轻微。轻微故障包括本体故障变量和调压体故障。故障设置为短路时，则故障除了在一次系统网络中设置短路故障外，本体故障和调压体故障可以设置变压器内部和外部故障以及调压体故障，在变压器内部故障时，可以设置空气故障、木质故障、纸板故障、油故障等。

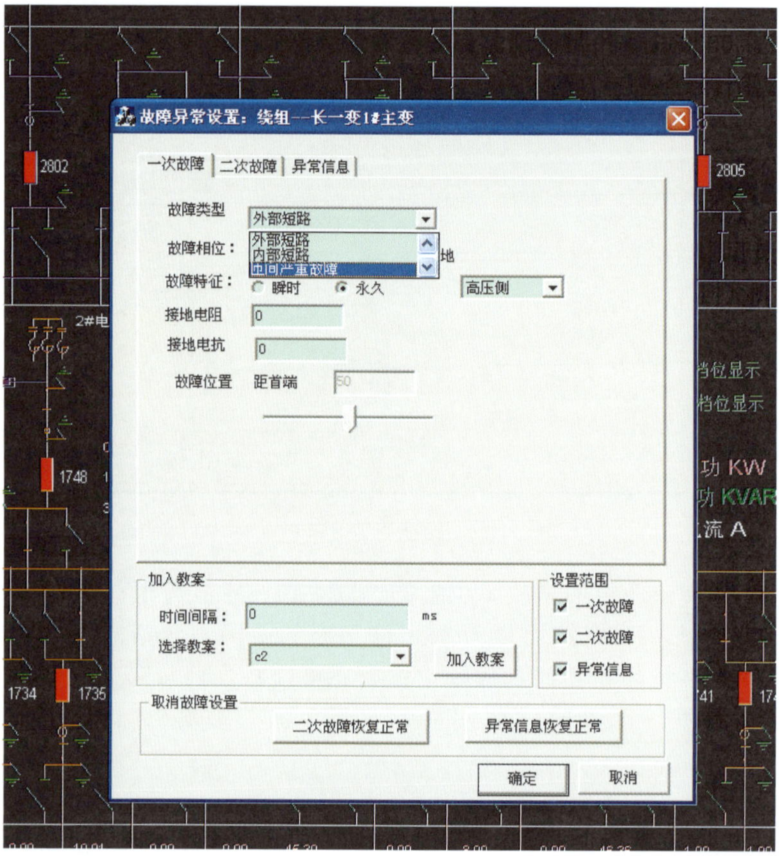

图 2－29 故障设置（变压器部分）

主变压器在此对话框可进行一次故障、二次故障和异常信息的设置。

3. 母线故障

把鼠标放在要设置故障的母线上，点击右键出现界面如图 2－30 所示，左键点击“故障设置”。出现界面和线路故障设置的界面相同，在此不再赘述。

母线可以设置相应的一次故障主要是短路（包括故障相位，过渡电阻，瞬时还是永久故障），以及相应的二次故障和设备异常信息，可以单独设置，也可以一次故障与二次故障以及异常信息组合起来进行设置。

4. 其他故障

断路器、隔离开关、电容和电抗器故障的设置方式与母线故障的设置方法相同。电压互感器和电流互感器等其他二次设备主要设置异常信息。

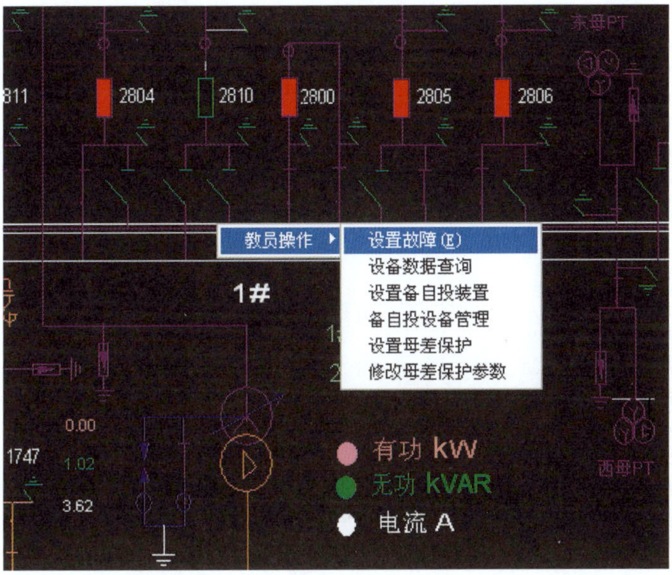

图 2-30 母线故障设置界面

二、设备动作和异常现象的设置

运行仿真系统，调入标准工况，点击巡视功能按钮，即进入设备巡视状态。在仿真控制系统中点击第三个图标，即故障信息，在故障设置中的异常信息列表中设置所选择设备的异常现象，一次可以设置多个异常现象。

1. 积污

绝缘子的积污设置及外观如图 2-31、图 2-32 所示。

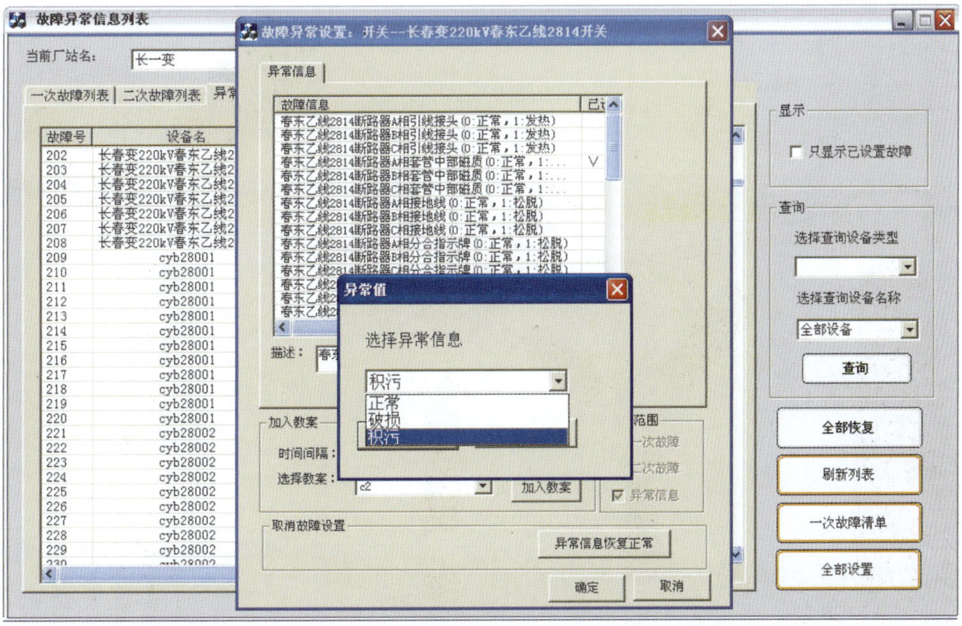

图 2-31 绝缘子积污的设置

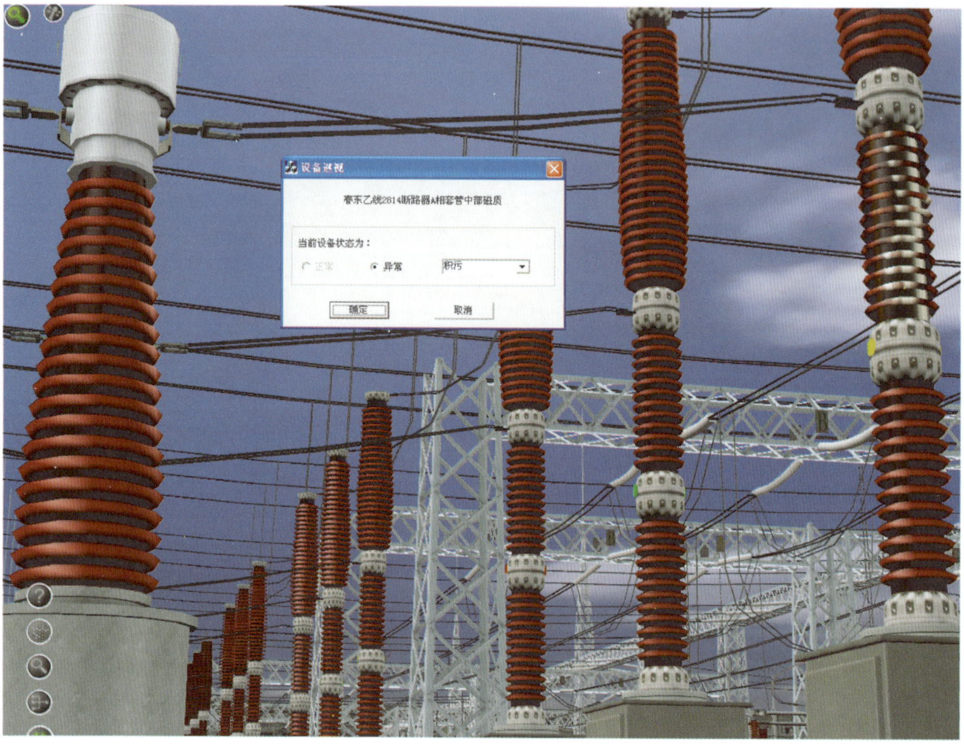

图 2-32 绝缘子积污的外观

2. 破损

绝缘子瓷质破损的外观如图 2-33 所示。

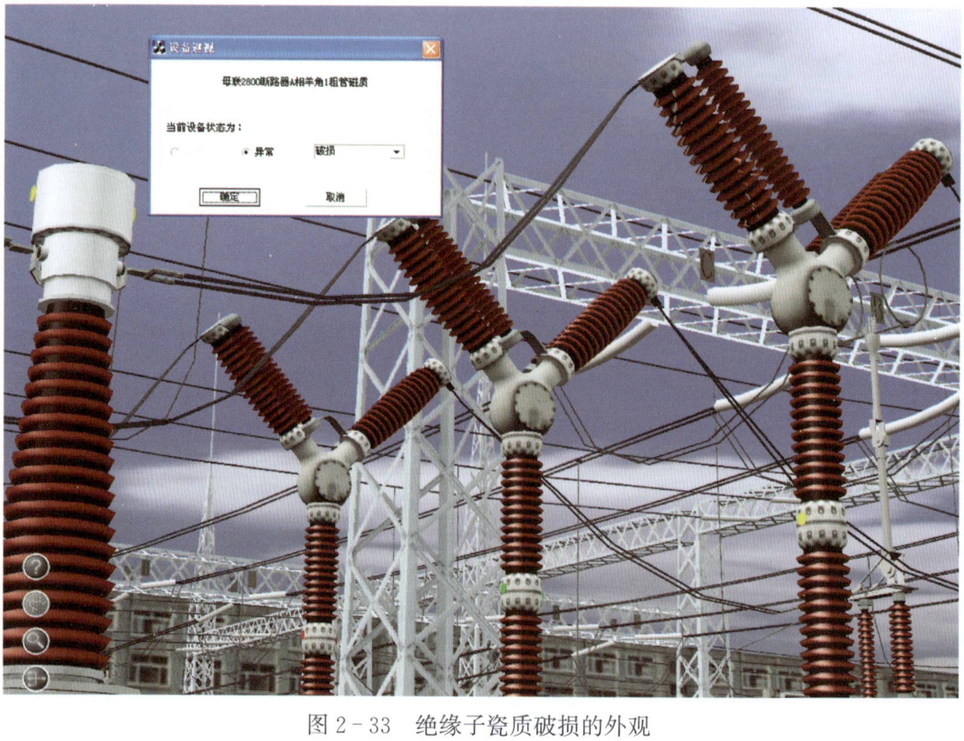

图 2-33 绝缘子瓷质破损的外观

3. 接地线松脱

接地线松脱的设置如图 2 - 34 所示断路器、主变压器接地线松脱的外观如图 2 - 35、图 2 - 36 所示。

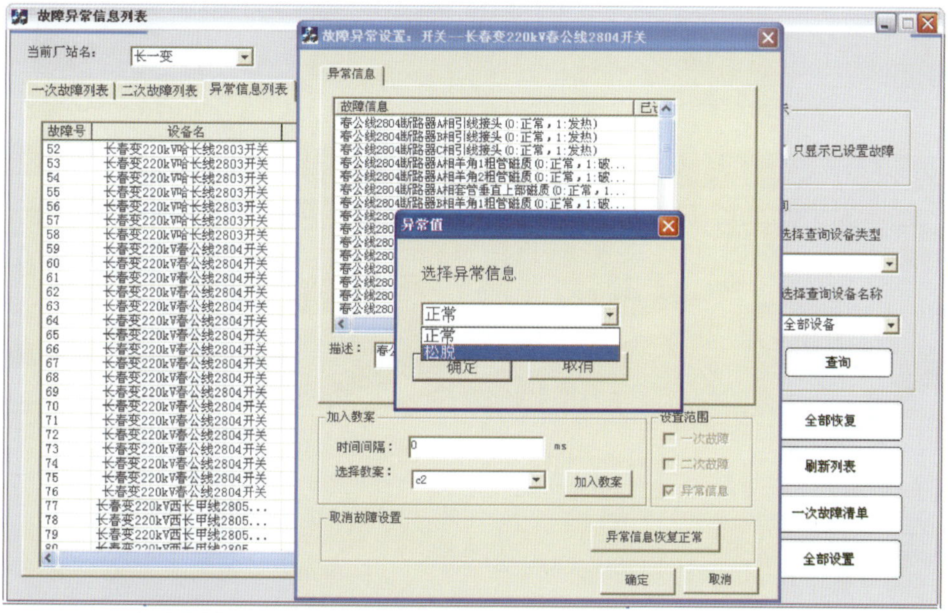

图 2 - 34　接地线松脱的设置

图 2 - 35　断路器接地线松脱的外观

图 2-36 主变压器接地线松脱的外观

4. 断路器接头过热

断路器接头过热的设置及外观如图 2-37、图 2-38 所示。

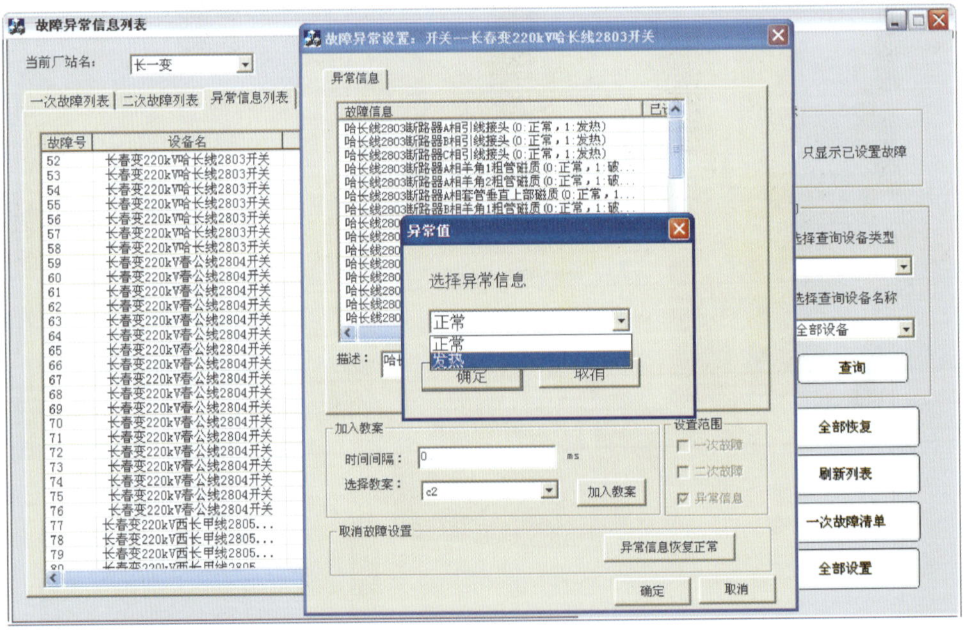

图 2-37 断路器接头过热的设置

图 2－38　断路器接头过热的外观

5．油位偏高

油位偏高的设置如图 2－39 所示、油位偏高的外观如图 2－40 所示及油位偏低的外观如图 2－41 所示。

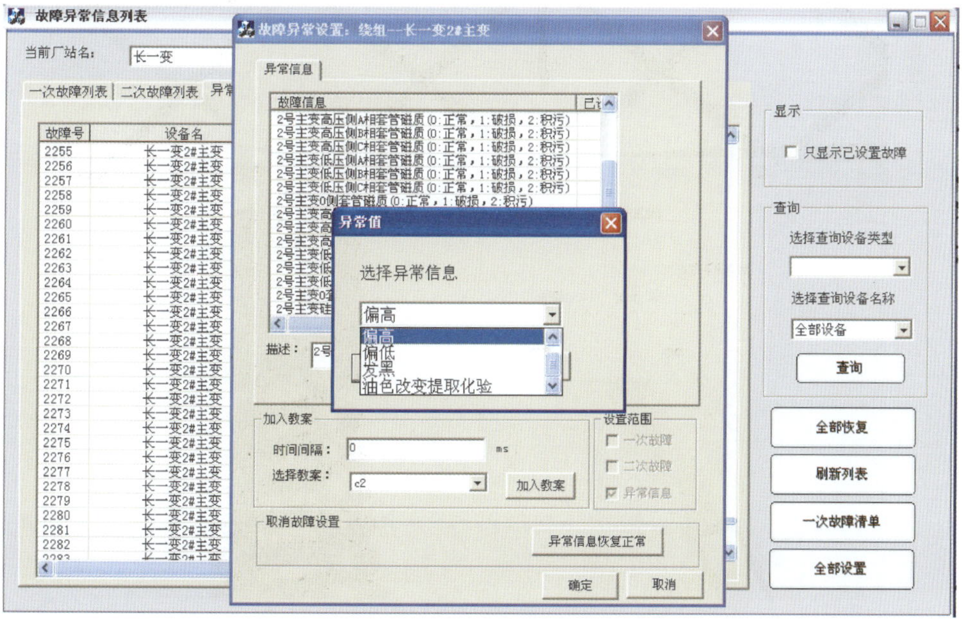

图 2－39　油位偏高的设置

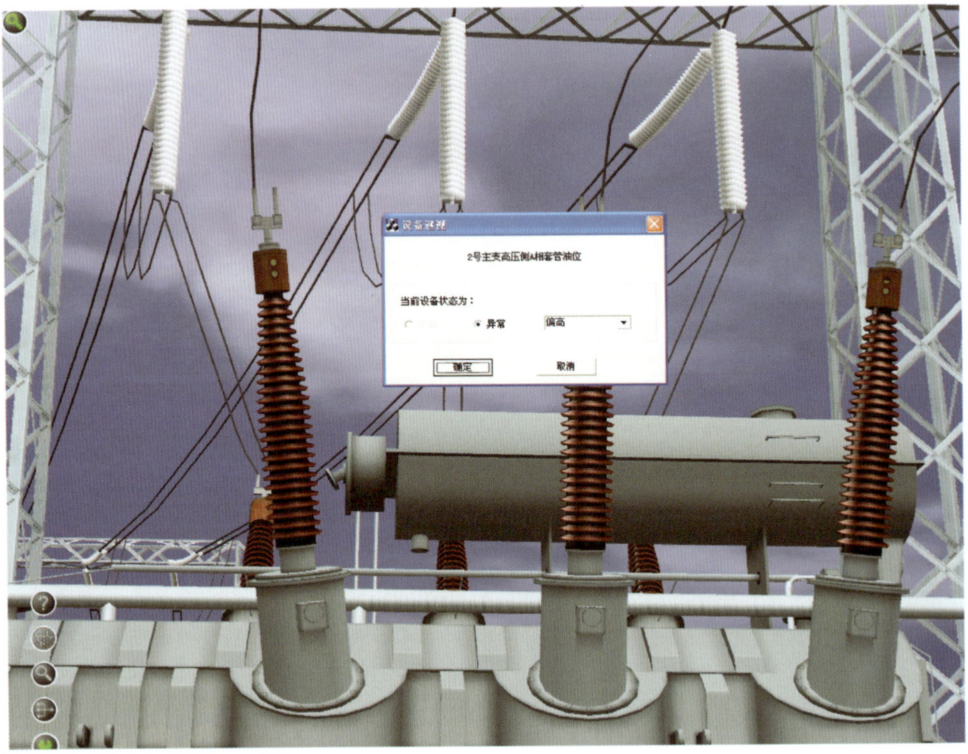

图 2-40 油位偏高的外观

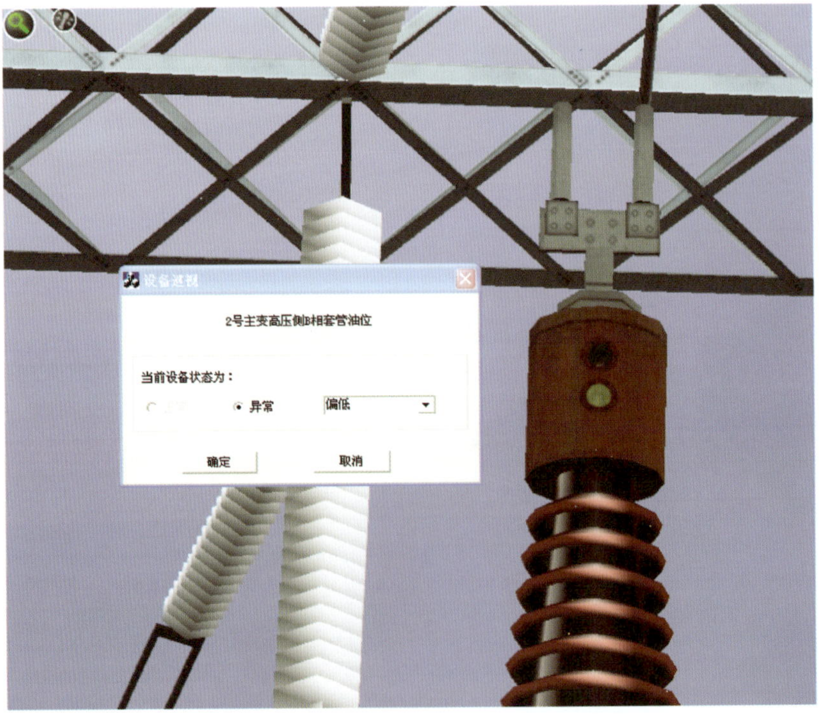

图 2-41 油位偏低的外观

6. 呼吸器硅胶变色

呼吸器硅胶变色的设置及外观如图 2－42、图 2－43 所示。

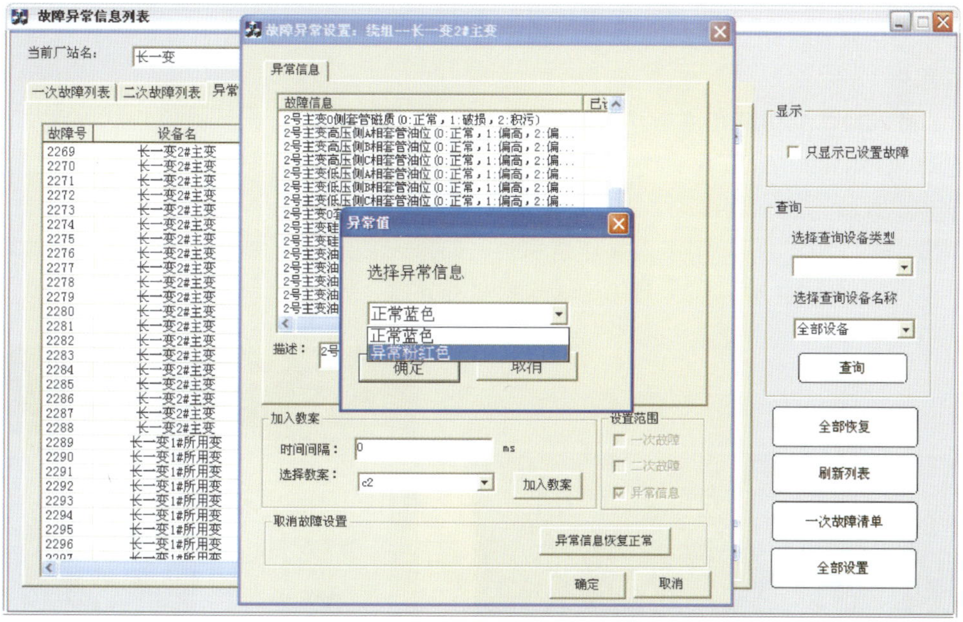

图 2－42 呼吸器硅胶变色的设置

图 2－43 呼吸器硅胶变色的外观

第四节　操作票系统

操作票仿真软件是SCT3000仿真支撑平台的一部分，用来实现对变电站操作系统功能进行仿真。

一、进入操作票仿真程序

启动SCT3000仿真支撑系统，进入图形用户界面。在图形用户界面的空白处点击右键，如图2－44所示。

点击“进入操作票”，则进入操作票系统，如果成功进入，则提示用户成功进入操作票系统，单击“确认”。窗口右下角出现操作票服务界面，如图2－45所示。

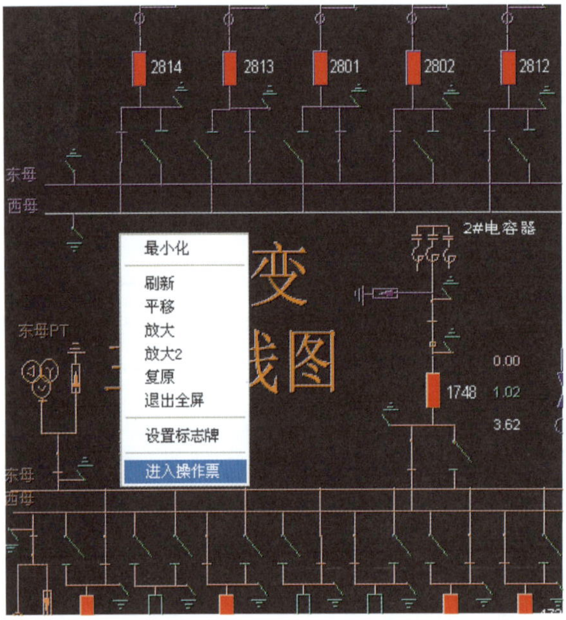

图2－44　进入操作票系统途径

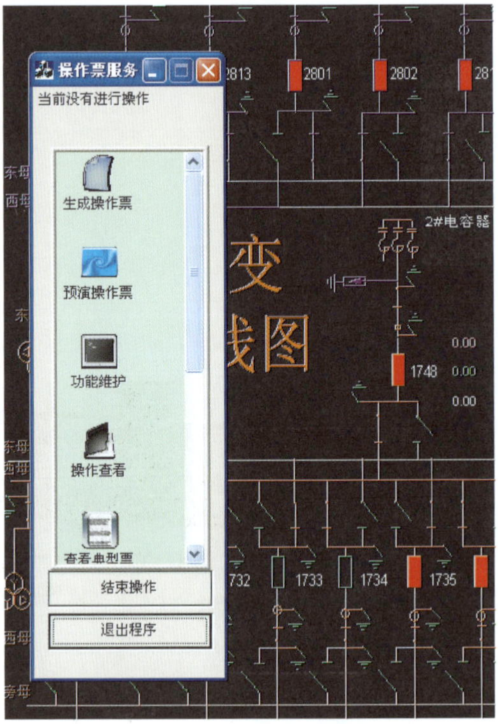

图2－45　进入操作票服务界面

在操作票服务程序界面中，可点击对应的按钮进行操作。

（1）生成操作票：用于生成一个新的的操作票。

（2）预演操作票：对一个历史操作票进行预演操作。

（3）操作票维护：可以查看所保存过的所有的操作票，对其进行编辑、删除、检索、导出等操作。

（4）查看当前操作：在开票、预演、培训过程中，对所做操作进行查看。

（5）对位操作；使操作票状态的数据与仿真设备状态一致，模拟与现场一致的设备状态。

(6) 打印操作票：对当前所进行的操作票（即开票、预演、培训）进行打印，打印的格式为 EXCEL 格式。

(7) 传送电脑钥匙：电脑钥匙传送经过模拟预演的操作票。

(8) 培训档案：查看培训档案记录。

(9) 结束操作：停止当前所进行的操作。

(10) 退出操作票：回到仿真状态。

二、开票操作

在操作票服务界面中。点击“生成操作票”，则出现如图 2－46 窗口，可以选择手工开票、图形开票、调用典型票、专家库开票和调用历史票进行开票操作。

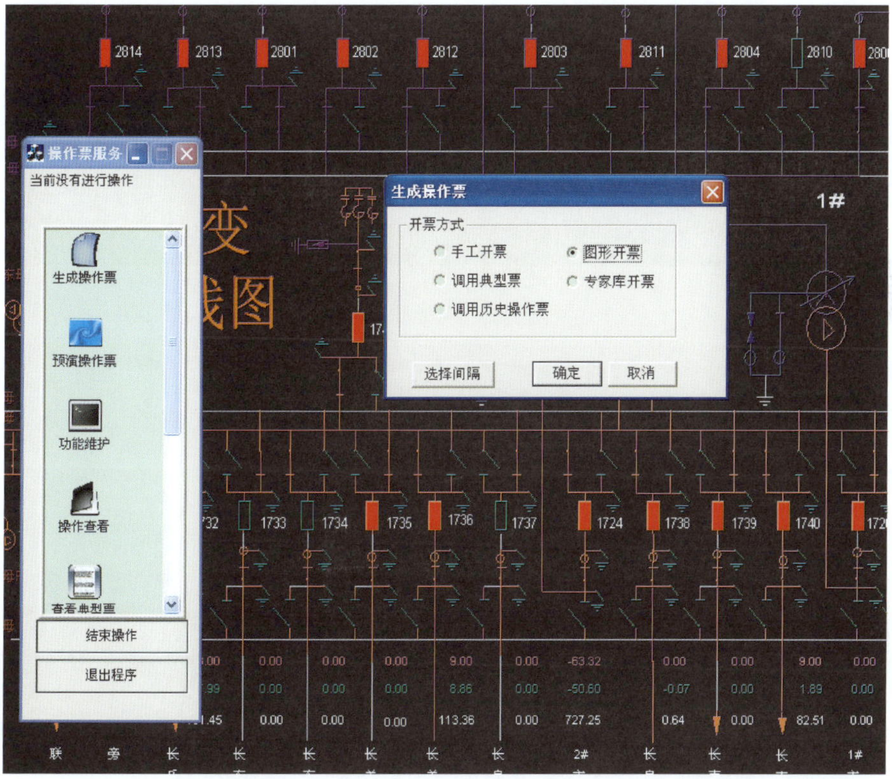

图 2－46 操作票系统开票方式选择界面

(1) 手工开票：模拟手工方式逐项输入操作票的内容，然后进行“五防”逻辑判断，形成所必需的操作票，操作的过程中可以加入一些操作术语。

(2) 图形开票：通过在接线图上点击要操作的设备的方法来生成操作票，在开票过程中可自动或手工插入二次操作和提示性操作，开出的操作票满足“五防”要求。该方法将“模拟”与开票融为一体，是一种简单实用的开票方法。

选择图形开票后，按“确定”按钮，开始图形开票，在屏幕中出现查看操作票的窗口，如图 2－47 所示。

在查看操作票的窗口，可以看到所进行的操作，在图形界面点击设备，右键菜单出现该设备可以进行的操作；点击执行，设备的状态将随着变化。在操作的过程中，可以加入相应

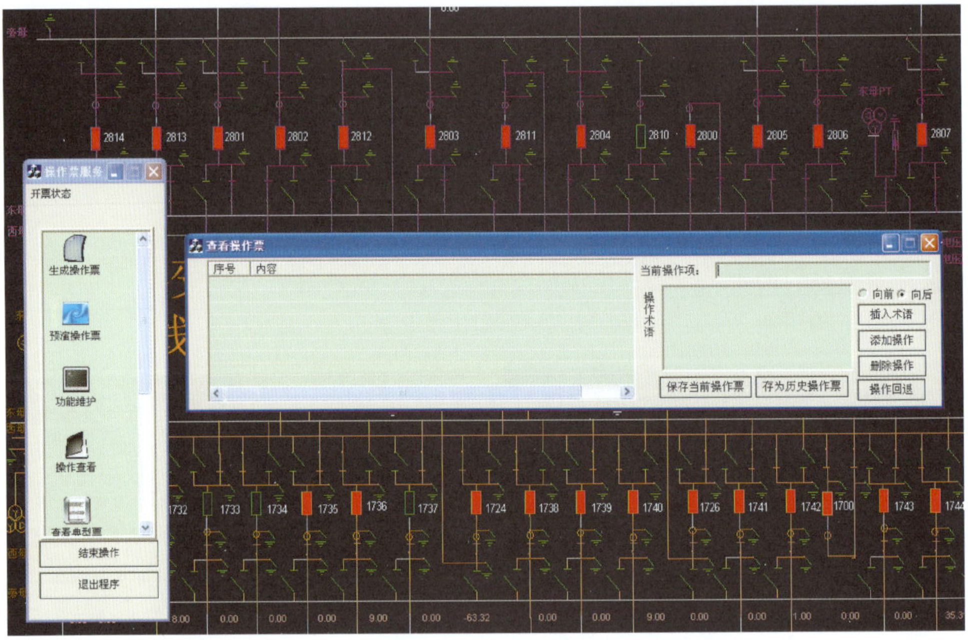

图 2-47　图形开票界面

的二次操作和术语操作。一次设备上操作票如图 2-48 所示，断路器操作把手上操作票，如图 2-49 所示。二次操作通过软盘台操作如图 2-50 所示。

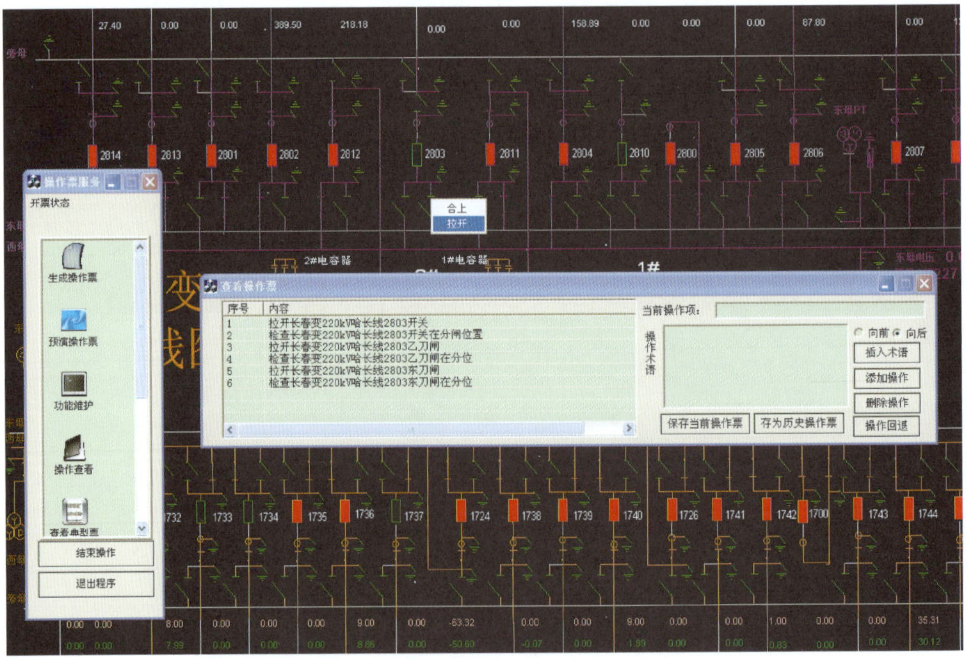

图 2-48　图形开票的一次设备上操作票

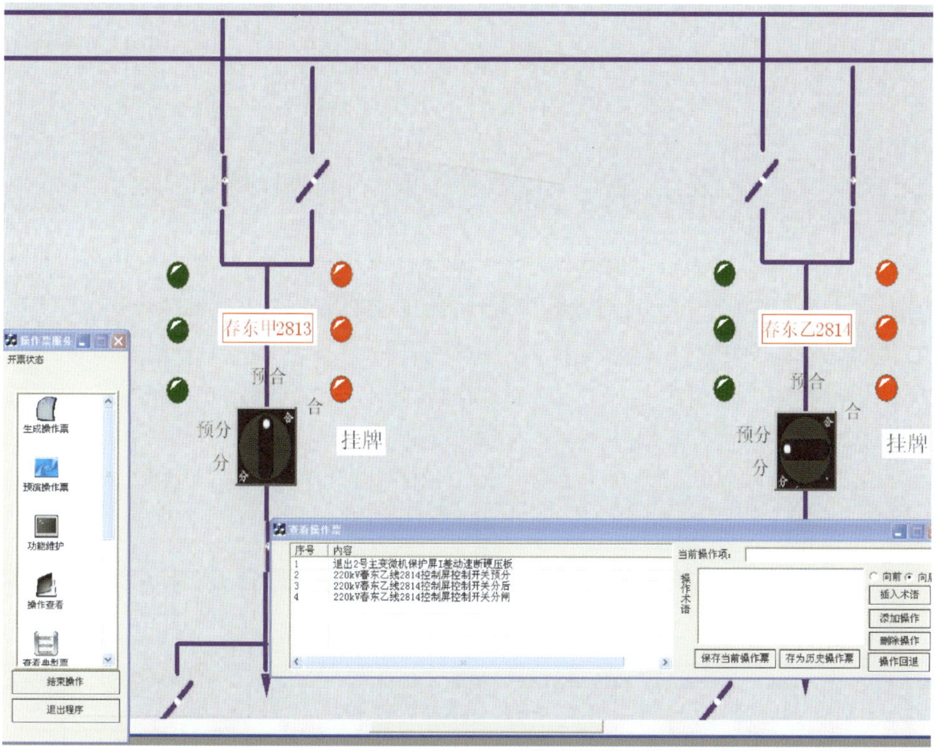

图 2-49 图形开票的断路器操作把手上操作票

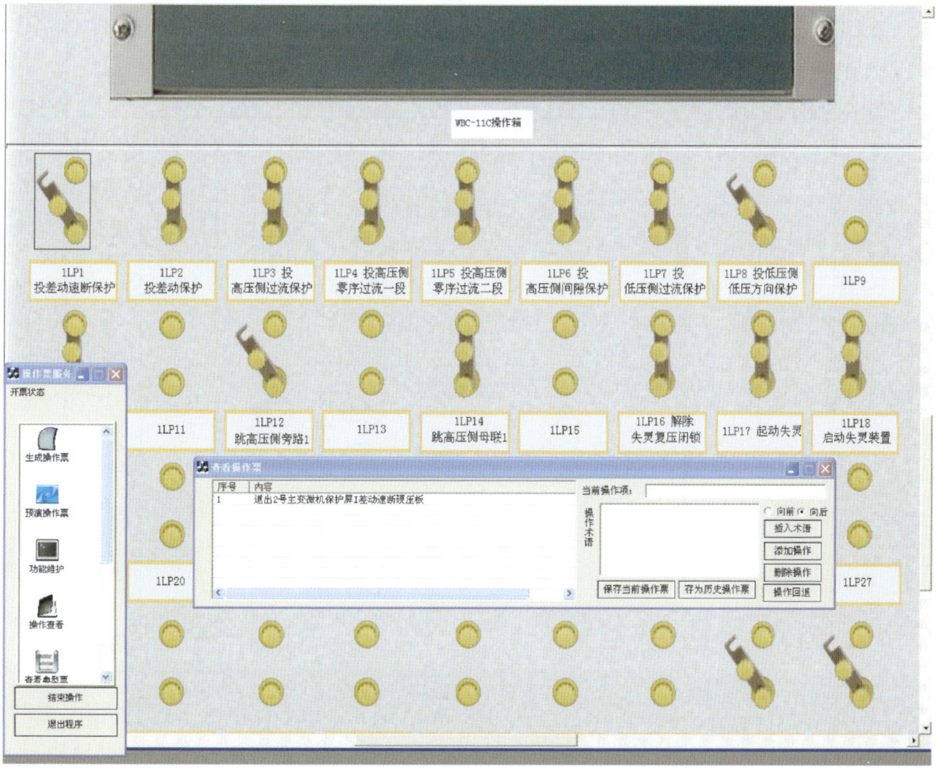

图 2-50 图形开票的软盘台上操作票

(3) 调用典型票：直接调用系统中保存的典型票，被调用的典型票都是通过“五防”逻辑判断的，进行相应的修改可成为新的操作票。

写术语操作，可以选择操作术语中的术语，然后选择插入的位置，点击插入术语进行操作，也可以插入一个空操作自己编写，可以对所有的记录进行修改编写，但要对所修改的数据库进行保存，即点击“保存数据库”，这样所添加的术语保存到操作票中，否则关闭查看操作票窗口时术语操作不保存。

确认操作票已经编写完毕，可以将操作票保存到历史操作中，点击“查看操作票”上的“存为历史票”的按钮，填写操作任务名称和所属的间隔，保存操作票。点击“结束操作”，如果没有进行保存为历史票，则会提示用户进行保存。

在开票的过程中，严格满足“五防”闭锁逻辑要求，对与不满足“五防”要求的操作不进行编写操作票，并且进行提示出错，保证所开的操作票严格满足现场要求。

如果需要进行打印，则点击操作票服务窗体上的“打印操作票”，将出现含有操作票内容的Excel表，如图2-51所示，可以根据需要对Excel进行修改后打印。

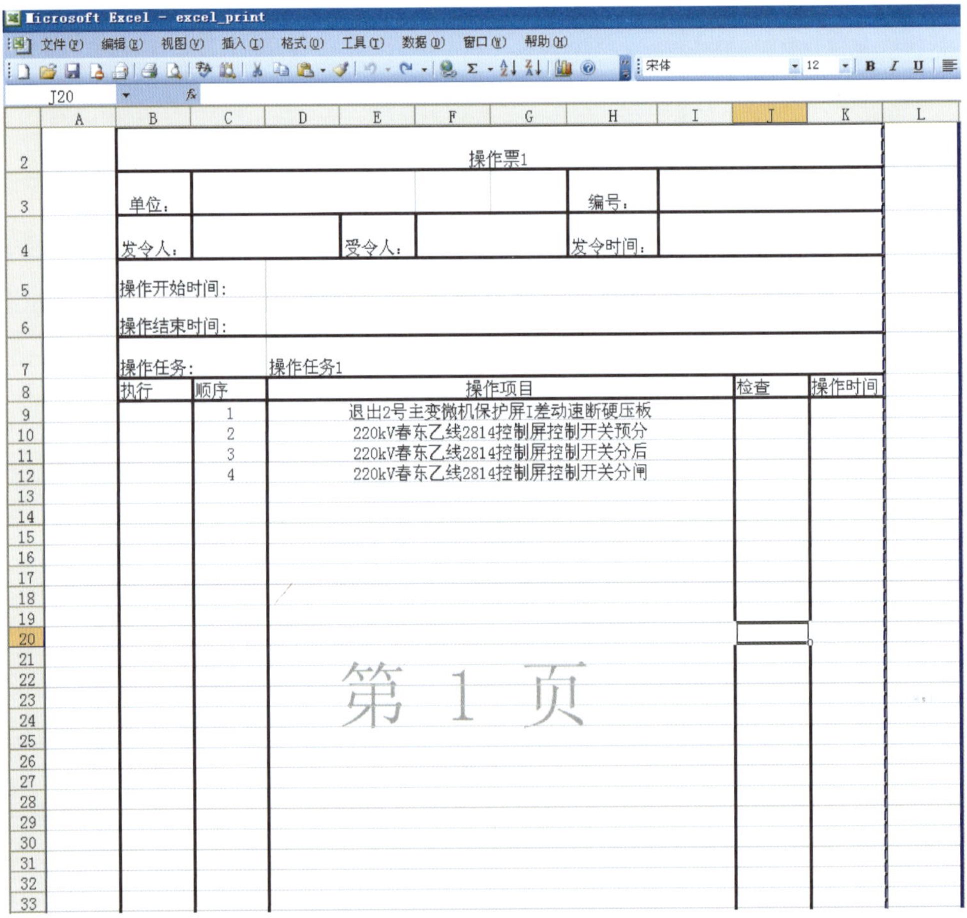

图2-51 打印操作票

其他操作的开票过程与其类似，如调用历史操作票，则提示用户选择一个已经写好的操作票，然后在查看操作票窗口可以看到该操作票的操作内容，用户可以根据需要，进行一些手动修改，存为新的操作票。

（4）专家库开票和调用历史操作票：是指在以往的操作中所保存的操作票，可作参考和查询，修改后可成为新的操作票。

三、操作票预演操作

在操作票服务界面中点击“预演操作票”，选择一个操作票，可以选择手工开票或图形开票的方式进行预演。

进入预演状态后，出现“五防”预演信息窗口，显示预演操作的过程，对于不按照操作票的操作将出现错误提示。当操作完成时提示用户“预演结束”，这时点击“传送电脑钥匙操作”可以将预演好的操作票传到电脑钥匙中，回到仿真状态，并可模拟电脑钥匙实现的“按票解锁”的操作。传送电脑钥匙会检查预演的状态和操作票的状态是否一致，如果不一致，则不能传送电脑钥匙。

四、操作票维护

在操作票服务界面中点击“操作票维护”，则出现操作票维护界面，可以实现对历史操作票进行查看的同时，并进行维护、检索、导出、对位四种操作。

1. 维护操作

（1）编辑操作票。选择树型列表中一个操作票，点“编辑操作票”，可以进入编辑操作票界面，对其进行编辑，可以调用字典中术语操作。

（2）删除操作票。删除所选择的操作票。

（3）清空操作票。清空所有存放的操作票。

（4）字典维护。点击“字典维护”进入字典维护界面，可以进行相应的添加、删除等操作，为开票时提供相应的操作术语。

（5）保存和查看典型票。可以将选种的操作票保存成典型票，并可查看典型票的操作是否适合同类设备的操作。

2. 检索操作

检索操作可以按照时间、用户、间隔、开票方式四种方式进行检索，分别点击对应的菜单进行操作。

3. 导出操作

导出操作可以将操作票导出为 Excel 格式，以方便用户进行打印。点击“打印格式设计”，出现操作票导出的界面。可以设置相应操作步骤数目及写入的位置；点击“模版设计”，可以打开 Excel 格式的模版，可以在 Excel 格式下设置好打印的模版，在界面上添上对应的参数完成对格式的设计，以后的打印便可按照这个格式进行。

4. 对位操作

针对仿真状态的设备运行状态来修改操作票状态的设备状态，模拟实际现场的对位操作。在操作票服务窗口点击“对位操作”，可以实现其操作。

第三章　安　全　工　器　具

一、电气安全工器具的分类

为了防止电气工作人员发生触电、灼伤、高处摔跌、煤气中毒等事故，必须正确使用相应的电气安全工器具，这是保证人身安全的基本条件之一，也是为电力安全生产提供基本保障。电气安全用具分一般防护安全用具和绝缘安全用具两大类。一般防护安全用具包括安全带、安全帽、安全照明灯具、防毒面具、护目眼镜、标示牌和临时遮栏等。绝缘安全用具包括绝缘杆、绝缘夹钳、绝缘台、绝缘手套、绝缘靴（鞋）、绝缘垫、验电笔和携带型接地线等。

二、绝缘杆

1. 绝缘杆的作用及结构

绝缘杆主要用于安装和拆除临时接地线以及带电测量和试验等工作。绝缘杆由工作部分、绝缘部分和握手部分组成，如图3-1所示。工作部分一般由金属或具有较大机械强度的绝缘材料制成，一般不宜过长，在满足工作需要的情况下，工作部分金属钩的长度不宜超过5～8cm，以免操作时发生相间或接地短路。绝缘部分的有效长度不包括与金属工作部分镶接的一段长度。绝缘部分和握手部分一般是由环氧树脂管制成，绝缘杆的杆身要求光洁、无裂纹或砸伤，其长度根据工作需要、电压等级和使用场所而定。为了便于携带和保管，绝缘杆一般分段制作组装，每段端头用螺丝或卡扣等方式连接。

图3-1　绝缘杆

2. 绝缘杆的使用和保管注意事项

（1）使用前，应先检查是否超过试验有效期，检查绝缘杆的表面是否完好，各部分的连接是否可靠。超过试验周期的绝缘杆禁止使用。

（2）操作前，杆表面应用清洁的干布擦拭干净，使表面干燥、清洁，不应沾有油物、水、泥等杂物。使用后要把绝缘杆清擦干净，存放在干燥的地方，以免受潮。

（3）操作者的手握部位不得越过护环。

（4）绝缘杆的规格必须符合被操作设备的电压等级，切不可任意取用。

（5）为防止因绝缘杆受潮而产生较大的泄漏电流，危及操作人员的安全，在使用绝缘杆拉合隔离开关或经传动机构拉合隔离开关和断路器时，均应戴绝缘手套。

（6）雨天使用绝缘杆时，应在绝缘部分安装一定数量的防雨罩，以便阻断顺着绝缘杆流下的雨水，使其不致形成连续的水流柱而大大降低湿闪电压；同时可保持一定的干燥表面，保证湿闪电压合格。雨天使用绝缘杆操作室外高压设备时，还应穿绝缘靴。

（7）当接地网接地电阻不符合要求时，晴天操作也应穿绝缘靴，以防止接触电压和跨步电压的伤害。

（8）使用绝缘杆工作时，操作人应选择好合适的站立位置，保证工作对象在移动过程中与相邻带电体保持足够的安全距离。

(9) 使用绝缘杆装拆地线等较重的物体时，应注意绝缘杆受力角度，以免绝缘杆损坏或绝缘杆所挑物件失控落下，造成人身伤害和设备损伤。

(10) 绝缘杆应保存在干燥的室内，并有固定的位置，不能与其他物品混杂存放。

(11) 绝缘杆应统一编号，存放在特制的木架上。

(12) 绝缘杆一般应每 3 个月检查 1 次。检查时要擦净表面，检查有无裂纹、机械损伤和绝缘层损坏。

三、绝缘手套

1. 绝缘手套的作用

绝缘手套可使人的两手与带电物绝缘，是防止工作人员同时触及不同极性带电体而导致触电的安全用具。绝缘手套是在高压电气设备上进行操作时使用的辅助安全用具，如图 3-2 所示，用来操作高压隔离开关、高压跌落式断路器、装拆接地线、在高压回路上验电等工作。在低压交直流回 路上带电工作，绝缘手套也可以作为基本安全用具使用。

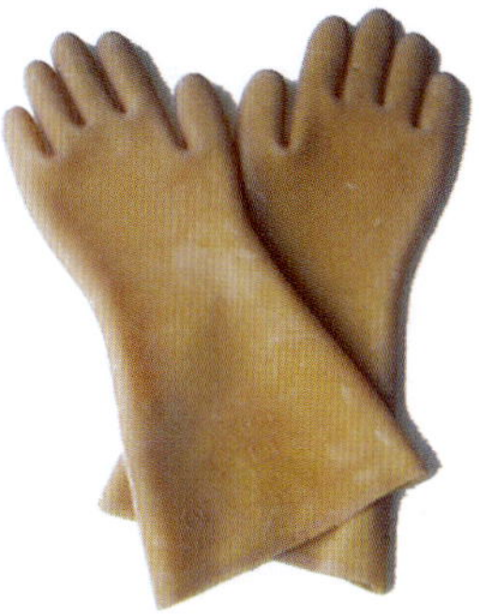
图 3-2 绝缘手套

2. 绝缘手套的使用及保管注意事项

(1) 使用绝缘杆时，戴上绝缘手套可提高绝缘性能，防止泄漏电流对人体的伤害。

(2) 使用绝缘手套前，应检查是否超过试验有效期。

(3) 操作前，应进行外部检查，查看橡胶是否完好，表面有无损伤、磨损或破漏、划痕等。如有粘胶破损或漏气现象，应禁止使用。具体方法为将手套朝手指方向卷曲，当卷到一定程度时内部空气因体积减小、压力增大，手指若鼓起为不漏气者，即为良好。

(4) 使用绝缘手套时，操作人应将外衣袖口放入手套的伸长部分里。

(5) 因为对绝缘手套有电气的要求，所以不能用医疗或化学用的手套代替绝缘手套，同时也不应将绝缘手套用作其他用途。

(6) 绝缘手套使用后应擦净、晾干，最好洒上一些滑石粉，以免粘连。

(7) 绝缘手套应统一编号，现场使用的绝缘手套最少应保持两副。

(8) 绝缘手套应存放在干燥、阴凉、专用的柜内，与其他工具分开放置，其上不准压任何物件，以免刺破手套。

(9) 绝缘手套不允许放在过冷、过热、阳光直射和有酸、碱和有化学药品的地方，以防胶质老化，降低绝缘性能。

(10) 绝缘手套不准与油脂、溶剂接触，合格与不合格的手套不得混放一处，以免使用时造成混乱。

(11) 操作时不允许把绝缘手套缠绕在隔离开关操作把手或绝缘杆上，手抓绝缘手套操作。

(12) 绝缘手套的试验标签脱落或超过试验周期则不应再使用。

(13) 绝缘手套应每半年试验 1 次。

四、绝缘靴（鞋）

1. 绝缘靴的作用

绝缘靴（鞋）的作用是使人体与地面绝缘。绝缘靴是高压操作时用来与地保持绝缘的辅助安全用具，绝缘鞋用于低压系统中，可作为防护跨步电压的基本安全用具，如图 3-3 所示。

图 3-3　绝缘靴

2. 绝缘靴（鞋）的使用及保管注意事项

(1) 使用绝缘靴前，应检查绝缘靴是否完好、是否超过试验有效期。超过试验有效期的绝缘靴禁止使用。

(2) 绝缘靴应统一编号，现场使用的绝缘靴最少应保持两双。

(3) 绝缘靴不得当作雨鞋或作他用，其他非绝缘靴也不能代替绝缘靴使用。

(4) 绝缘靴如果试验不合格，则不能再穿用。

(5) 绝缘靴在每次使用前应进行外部检查，查看表面有无损伤、磨损或破漏、划痕等。如有砂眼漏气，应禁止使用。

(6) 绝缘靴应存放在干燥、阴凉、专用的柜内，要与其他工具分开放置，其上不得堆压任何物件。

(7) 绝缘靴不允许放在过冷、过热、阳光直射和有酸、碱和有化学药品的地方，以防胶质老化，降低绝缘性能。

(8) 绝缘靴应每半年试验 1 次。

五、安全帽

1. 安全帽的作用

安全帽是对人体头部受外力伤害起防护作用的安全用具，由帽盔、帽衬、下颏带、吸汗带、通气孔等组成，如图 3-4 所示。电报警安全帽是我国近几年研制的一种新型产品，如接近带电设备至安全距离，安全帽会自动报警，从而起到提示作业人员，避免人身触电事故发生的作用。

图 3-4　安全帽

2. 安全帽的使用和保管注意事项

(1) 操作时和进入电场，必须戴安全帽。

(2) 安全帽应放置在室内干燥、通风并远离电源线 0.5m 不漏电的地方。

(3) 电报警安全帽在接近高压报警距离范围时，必须再按下帽内自检开关，若能发出自检声音，方可进入高压区域作业。当发现自检报警音调明显降低时，表明电池已快耗尽，应换新的电池。更换时应注意极性。当环境湿度大于 90%时，报警距离的准确度要受影响。

六、验电器

验电器是检验正常情况带电部位是否有电的一种专用安全工具，高压验电器经过多年的发展，声光验电器现在已普遍在现场使用。声光式验电器由验电接触头、测试电路、电源、报警信号、试验开关等部分构成，如图 3-5 所示。验电器分为高压和低压两类。

1. 低压验电器

低压验电器也称为测电笔，有钢笔式和螺丝刀式两种，低压测电笔是用来在低压回路中

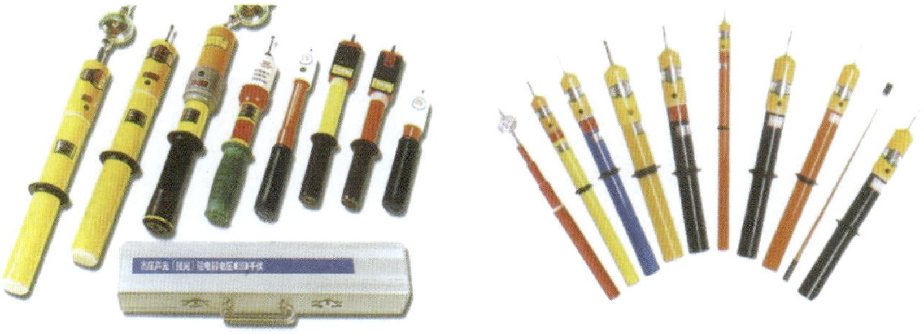

图 3-5 验电器

测试用电器具及电气装置是否带电的工具，以确保维护检修工作的安全。

测电笔使用时注意如下事项。

（1）测试前需先在带电体上测试一下，以检验测电笔是否发光完好。

（2）测试时手指不要触及测试触头，防止发生触电。螺丝刀测电笔测试触头上部的金属管要套以绝缘管，以防触电和在测试时触及地线或其他相线而发生短路。

（3）螺丝刀测电笔在作旋凿使用时，不能过分用力，只能用以旋小螺钉，以防损坏。

（4）有些设备特别是测试仪表，其外壳常会因感应带电，验电时氖泡也发亮，但不一定构成触电危险。此时可用万用表测量等其他方法以判断是否真正带电。

2. 高压验电器

高压验电器由指示部分、绝缘部分和握柄三部分组成，指示部分包括金属接触电极和指示器。

高压验电器使用时注意如下事项。

（1）必须使用电压和被验设备电压等级相一致的合格验电器。在验电前，应将验电器在带电的设备上验电，以验证验电器是否良好，然后在装设接地线或合接地开关（装置）处对各相分别验电。

（2）验电时，应戴绝缘手套，验电器应逐渐靠近带电部分，直到氖灯发亮为止，验电器不要立即直接触及带电部分。

（3）验电时，验电器不应装接地线。除非在木梯、木杆上验电，不接地不能指示者，才可装接地线。

（4）验电器用后应存放于匣内，置于干燥处，避免积灰和受潮。

（5）每次使用前都必须认真检查，主要检查绝缘部分有无污垢、损伤、裂纹，检查指示氖泡是否损坏、失灵，检查声音是否正常等。

（6）对高压验电器应每年试验 1 次，一般验电器的试验分发光电压试验和耐压试验两部分。

七、短路接地线

1. 短路接地线的作用及结构

当高压设备停电检修或进行其他工作时，为了预防停电设备突然来电和邻近高压带电设备对停电设备所产生的感应电压对人体的危害，需要在全部停电的电气设备上向可能来电的各侧装设携带型接地线，同时将设备上的残余电荷对地放掉。实践证明，携带型接地线对保证人身安全十分重要。现场工作人员常称携带型接地线为“保命线”。携带型接地线主要由短路备相的导线（即三相短路线）、接地用的导线（即接地线）及将上述两种导线接到设备停电部分和接地装置上的连接器（也称线卡或线夹）三部分组成，如图3-6所示。短路各相用的导线采用多股软铜线，其截面积应能满足短路时热稳定的要求，即在较大短路电流通过时导线不会因产生高热而熔化。为了保证有足够的机械强度，截面积应不小于25mm²。为了保证接地线、各连接器与设备的导电部分均接触良好，一般在安装设备时将设备的导电部分和接地装置的接地干线，以及可能装设接地线的地方擦拭干净，并在表面镀锡，作为标志。

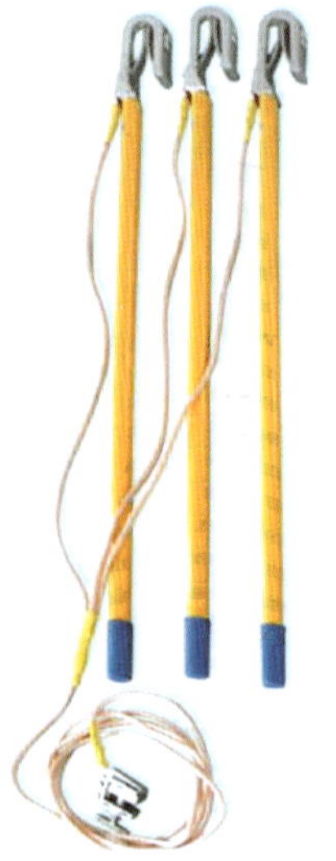

图3-6　短路接地线

2. 接地线的使用和保管注意事项

(1) 接地线装拆顺序的正确与否很重要。装设接地线必须先接接地端，后接导体端，且必须接触良好。拆接地线的顺序与此相反。

(2) 使用时，接地线的连接器（线卡或线夹）装上后接触应良好，并有足够的夹持力，以防短路电流幅值较大时，由于接触不良而熔断或因电动力的作用而脱落。

(3) 应检查接地铜线和三根短接铜线的连接是否牢固，一般应由螺钉拴紧后，再加焊锡焊牢，以防因接触不良而熔断。

(4) 装设接地线必须由两人进行，装、拆接地线均应使用绝缘杆和绝缘手套。

(5) 接地线在每次装设以前应经过详细检查，损坏的接地线应及时修理或更换，禁止使用不符合规定的导线作接地线或短路线之用。

(6) 接地线必须使用专用线夹固定在导线上，严禁用缠绕的方法进行接地或短路。

(7) 每组接地线均应统一编号，并存放在固定的地点，存放位置亦应编号。接地线编号与存放位置编号必须一致，以免在较复杂的系统中进行部分停电检修时，发生误拆或忘拆接地线而造成事故。

(8) 接地线和工作设备之间不允许连接隔离开关或熔断器，以防它们断开时设备失去接地，使检修人员发生触电事故。

八、绝缘胶垫

1. 绝缘胶垫的作用

绝缘胶垫一般铺在配电室以及控制屏、保护屏两侧的地面上，其作用与绝缘靴基本相同，如图3-7所示。当进行带电操作时可增强操作人员的对地绝缘，避免或减轻发生单相接地或电气设备绝缘损坏时接触电压或跨步电压对人体的伤害。在低压配电室地面上铺绝缘胶垫，可代替绝缘鞋，起到绝缘作用，因此在1kV及以下时，绝缘胶垫可作为基本安全用具；而在1kV以上时，仅作辅助安全用具。

图3-7　绝缘胶垫

2. 绝缘胶垫的使用及保管注意事项

(1) 在使用过程中，应保持绝缘垫干燥、清洁，注意防止与酸、碱及各种油类物质接触，以免受腐蚀后老化、龟裂或变黏，从而降低其绝缘性能。

（2）绝缘胶垫应避免阳光直射或锐利金属划刺，存放时应避免与热源（暖气等）距离太近，以防加剧老化变质，从而使绝缘性能下降。

（3）使用过程中要经常检查绝缘胶垫有无裂纹、划痕等，发现有问题时要立即停止使用，并及时更换。

（4）绝缘胶垫应每半年用低温肥皂水清洗 1 次。

（5）绝缘胶垫每年应试验 1 次。

九、绝缘台

1. 绝缘台

绝缘台在各电压等级的电力装置中作为带电工作时的辅助安全用具，其台面是干燥的、涂过绝缘漆的木板或木条做成，脚用绝缘瓷件作台脚，如图 3－8 所示。绝缘台的作用与绝缘胶垫、绝缘靴相同。

图 3－8 绝缘台

2. 绝缘台的使用及保管注意事项

（1）绝缘台多用于变电站和配电室内。如用于户外，应将其置于坚硬的地面，不应放在松软的地面或泥草中，以避免台脚陷入泥土中造成站台面触及地面而降低绝缘性能。

（2）绝缘台的台脚绝缘瓷件应无裂纹、破损，木质台面要保持干燥清洁。

（3）绝缘台使用后应妥善保管。

（4）绝缘台一般每 3 年试验 1 次。绝缘台不得随意登、踩或作板凳坐。绝缘台试验标准与使用电压等级无关，试验时加交流电压 40kV，持续时间为 2min。

十、绝缘夹钳

1. 绝缘夹钳的作用及结构

绝缘夹钳是用来安装和拆卸高压熔断器或执行其他类似工作的工具，主要用于 35kV 及以下电力系统。绝缘夹钳由工作钳口、绝缘部分（钳身）和握手部分（钳把）组成，如图 3－9 所示。其各部分所用材料与绝缘杆基本相同，只是它的工作部分是一个强固的夹钳，并有一个或两个管形的钳口，用以夹紧熔断器。

图 3－9 绝缘夹钳

2. 绝缘夹钳的使用和保管注意事项

（1）绝缘夹钳必须按规定进行定期试验。

（2）绝缘夹钳上不允许装接地线，以免在操作时由于接地线在空中游荡而造成接地短路和触电事故。

（3）在潮湿天气只能使用专用的防雨绝缘夹钳。

（4）作业人员工作时，应戴护目眼镜、绝缘手套和穿绝缘靴（鞋）或站在绝缘台（垫）上，手握绝缘夹钳要精力集中并保持平衡。

（5）绝缘夹钳要保存在专用的箱子或匣子里，以防受潮和磨损。

（6）绝缘夹钳每年试验 1 次。

十一、安全带

1. 安全带的作用

在变电站及电力线路上登高类的工作较多，特别是电气设备安装和检修时，常免不了要在高处工作。在没有脚手架或在没有栏杆的脚手架上工作，高度超过 1.5m 时必须使用安全带或采取其他可靠的安全措施。安全带是预防高空作业人员坠落伤亡最有效的防护用品，特别是对登杆作业的人员，只有在系好安全带后两只手才能同时进行作业工作。安全带由带子、绳子和金属配件组成，如图 3-10 所示。

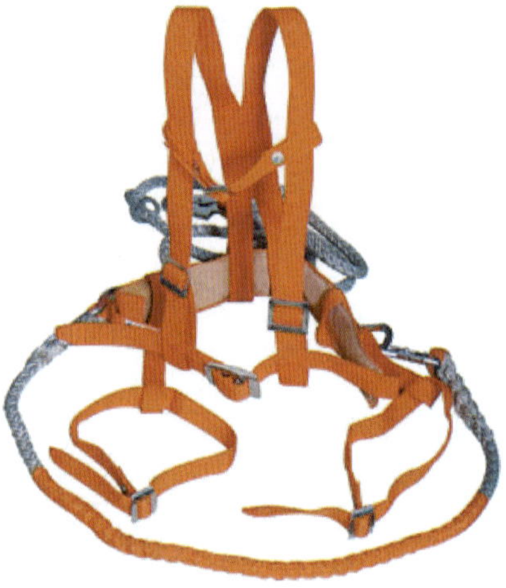

图 3-10　安全带

2. 安全带的使用及保管注意事项

（1）安全带使用前，必须作 1 次外观检查，如发现破损、变质及金属配件有断裂者应禁止使用，平时不用时也应 1 个月作 1 次外观检查。

（2）安全带应高挂低用或水平拴挂。高挂低用就是将安全带的绳挂在高处，人在下面工作；水平栓挂就是使用单腰带时将安全带系在腰部，绳的挂钩挂在和带同一水平的位置，人和挂钩保持差不多等于绳长的距离。使用时应将活梁卡子系紧，切忌低挂高用。

（3）安全带使用和存放时，应避免接触高温、明火和酸类物质，以及有锐角的坚硬物体和化学药物。

（4）安全带可放入低温水中用肥皂轻轻擦洗，再用清水漂干净，然后晾干，不允许浸入热水中或在日光下曝晒或用火烤。

（5）安全带上的各种部件不得任意拆掉，更换新绳时要注意加绳套，带子使用期为 3～5 年，发现异常应提前报废。

（6）安全带的试验周期为 1 年。

十二、防毒面具

防毒面具是指在军事、抢险、工农业生产各种场合出现化工产品泄漏、有机物质燃烧等意外情况，环境空气被毒气、烟气污染时，为了保证抢救人员正常呼吸，吸入干净新鲜的空气而设计、制造的滤除空气毒污的面罩，如图 3-11 所示。在变电站的正常工作、事故抢修与灭火工作中，难免要接触有害气体时必须使用防毒面具，以保障工作人员人身安全。使用防毒面具时应注意要有人监护。

过滤性防毒面具可在滤毒罐内装入不同的过滤剂，分别可使多种毒气被过滤吸收。过滤剂有一定的使用时间，一般为 30～100min。当它失去作用时，面具内便会有特殊气味，此时应更换过滤剂。

正压式消防空气呼吸器也是防毒面具的一种，是专为个人配备的用于呼吸保护的装备，用于有浓烟、毒气、蒸汽或缺氧的各种环境中，可安全有效地进行灭火、抢险救灾、救护和维修等工作，并配备有视野广阔、明亮、与人的面部贴合紧密且具有良好密封性能的全面罩。使用过程中，其全面罩内的压力始终大于周围环境的大气压力，能有效地防止外界有毒有害气体的侵入，同时配备了气瓶余压报警器，用于

图 3-11　防毒面具

提醒佩戴者安全及时的撤离作业现场，因此具有使用安全可靠、佩戴舒适的特点。

十三、护目眼镜

在维护电气设备和进行检修工作时，为保护工作人员的眼睛不受电弧灼伤，以及防止灰尘、铁屑等脏杂物落入眼内，必须使用护目眼镜，如图 3－12 所示。护目眼镜应是封闭型的，镜片玻璃要能耐热、耐压。

十四、隔离板和临时遮栏

为了限制工作人员作业中的活动范围以保证安全距离，防止工作人员误入带电间隔、误登带电设备发生触电伤害事故，在工作地点邻近带电设备处和工作地点周围安装隔离板（如图 3－13 所示）、临时遮栏（如图 3－14 所示）或其他隔离装置进行防护，同时也可防止非检修人员进入检修区受到伤害。

图 3－12　护目眼镜

图 3－13　隔离板

图 3－14　临时遮栏

隔离板用干燥的木板做成，高度一般不小于 1.8m，下部边沿离地面不超过 10cm。板上有明显的警告标志“止步，高压危险”字样。隔离板要求轻便，制作牢固、稳定，不易倾倒。隔离板也可做成栅栏形状，既轻便又省料。在室外进行高压设备部分停电作业时，用线网或绳子拉成遮栏，称为临时遮栏。这种遮栏要求对地距离不小于 1m。

十五、标示牌

变电站一般有六种标示牌。

图 3-15　标示牌

(1) 在一经合闸即可送电到工作地点的断路器和隔离开关的操作把手上，均应悬挂“禁止合闸，有人工作”标示牌，如图 3-15 所示。

(2) 如果线路上有人工作，应在线路隔离开关和断路器操作把手上挂“禁止合闸，线路有人工作”标示牌。

(3) 在施工地点临近带电设备的遮栏上、室外工作地点的围栏上、禁止通行的过道上、高压试验地点、室外构架上和工作地点临近带电设备的横梁上均应悬挂“止步，高压危险”标示牌。

(4) 在工作人员上下的铁架、梯子上悬挂“从此上下”标示牌。

(5) 在工作地点悬挂“在此工作”标示牌。

(6) 在工作人员上下的铁架附近、可能上下的另外铁架上或运行中变压器等设备的梯子上挂“禁止攀登，高压危险”标示牌。

十六、安全标识

1. 安全色

安全色是表达安全信息含义的颜色，表示禁止、警告、指令、提示等。国家规定的安全色有红、蓝、黄、绿四种颜色。红色表示禁止、停止；蓝色表示指令、必须遵守的规定；黄色表示警告、注意；绿色表示指示、安全状态、通行。

为使安全色更加醒目的反衬色称为对比色，国家规定的对比色是黑自两种颜色。安全色与其对应的对比色是红—白、黄—黑、蓝—白、绿—白。

黑色用于安全标志的文字、图形符号和警告标志的几何图形。白色作为安全标志红、蓝、绿色的背景色，也可用于安全标志的文字和图形符号。

在电气上涂成红色的电器外壳是表示其外壳有电；灰色的电器外壳是表示其外壳接地或接零；线路上黑色代表工作零线。明敷接地扁钢或圆钢涂黄绿双色。用黄绿双色绝缘导线代表保护零线，直流电中红色代表正极，蓝色代表负极，信号和警告回路用白色。

2. 安全标志

安全标志是提醒人员注意或按标志上注明的要求去执行，保障人身和设施安全的重要措施。安全标志一般设置在光线充足、醒目、稍高于视线的地方，如图 3-16 所示。

图 3-16　安全标识

十七、消防器具

变电所消防器具（如图 3－17 所示）的使用及保管注意事项如下。

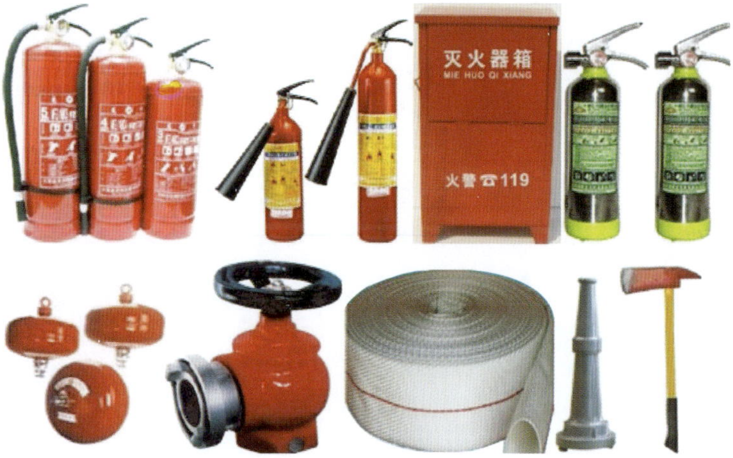

图 3－17　变电站消防器具

（1）消防器具是消防专用工具，应存放在消防专用工具箱处或指定地点，由消防员统一管理，任何人不得做其他使用。

（2）消防器具应保持良好，如有过期、失效或损坏，应报保卫部门处理。

（3）值班人员平时不得随意检查、打开消防器具。

第四章 设 备 巡 视

第一节 设备巡视的要求

一、设备巡视的分类

1. 日常巡视

日常巡视是按规定内容要求进行巡视，即交接班巡视、高峰负荷巡视、夜间闭灯巡视。熄灯巡视主要是检查设备有无电晕、放电及接头有无过热现象。

2 定期巡视

定期巡视是按规定时间和要求对设备进行较完整的巡视检查，时间较长，巡视时要求做好详细的巡视记录。

3 全面巡视

全面巡视主要是对设备进行全面的外部检查，对缺陷有无发展作出鉴定，检查设备的薄弱环节，检查防火、防小动物、防误闭锁等环节有无漏洞，检查接地网及引线是否完好。

4. 特殊巡视

特殊巡视是根据实际情况和规定的要求而增加的巡视，一般是有针对性的。

特殊巡视应在以下情况下进行。

(1) 恶劣天气时（大风前后、雷雨后、冰雪、冰雹、雾天、温度骤变等）。

(2) 运行方式变更后。

(3) 设备新投入运行后。

(4) 设备经过检修、改造或长期停运后重新投入系统运行时。

(5) 异常情况下（过负荷或负荷剧增、超温、设备发热、系统冲击、跳闸、有接地故障等）。

(6) 设备缺陷有发展时、法定节假日、上级通知有重要供电任务时。

特殊巡视有如下检查项目。

(1) 过负荷时，检查油温和油位是否正常，各引线接头是否良好，冷却系统是否正常。

(2) 大风天气时，检查引线摆动情况及变压器上是否搭挂有杂物。

(3) 雷雨天气时，检查套管是否放电闪络。

(4) 下雾天气时，检查套管有无放电及电晕现象，并应重点监视瓷质部分有无异常。

(5) 下雪天气时，可根据积雪情况检查出发热部位。

(6) 天气气温骤变时，应检查变压器及其套管的油面有无异常变化。

二、设备巡视的方法

巡视的基本方法有目测法、耳听法、鼻嗅法和手触法。

(1) 目测法。用眼睛检查看得见的设备部位，通过设备外观的变化来发现异常情况。通过目测可以发现下列异常现象。

1) 引线断股、散股，接头松动。

2) 变形（膨胀、收缩或弯曲）。

3) 变色（烧焦、发红、硅胶变色或油变黑）。

4）渗漏（漏油、漏水或漏气）。

5）污秽、腐蚀、磨损或破裂。

6）冒烟或接头过热。

7）火花或闪络。

8）有杂质异物。

9）指示不正常（一般指表计或油位）。

10）不正常动作。

（2）耳听法。用耳朵或借助听音器械，判断设备运行中发出的声音是否正常。

（3）鼻嗅法。用鼻子辨别是否有绝缘材料过热时产生的特殊气味。

（4）手触法。用手触试设备的非带电部分，检查设备的温度是否有异常升高或局部过热。

（5）仪器检测。借助测温仪、望远镜、遥视探头对设备进行检查，是发现设备过热、高位设备缺陷的有效方法。

（6）比较分析。对所检查的设备部件有疑问时，可与正常设备部件比较；对于数据型结果可通过与其他同类设备及本身历史数据进行横向、纵向比较分析，综合判断设备是否正常。

三、巡视工具的使用

1. 测温仪

变电站配备的红外测温仪一般情况下结合正常巡视使用。根据运行方式的变化，在下列情况下进行重点测温。

（1）长期重负荷运行的设备。

（2）负荷有明显增加的设备。

（3）存在缺陷或异常的设备。

（4）新投设备或运行方式改变后投入运行的设备。

（5）检修人员测温时发现温度偏高但还能继续运行的设备。

（6）其他情况。

2. 智能巡检仪

配置了智能巡检仪的变电站，巡视时按照掌上电脑的提示进行检查，避免发生漏检和检测不到位的情况。

3. 遥视系统

装有遥视探头的变电站，可通过调整探头的角度和远近，检查正常情况下看不到的设备上部及高处的母线、绝缘子串有无异常。

四、具体项目的检查方法和检查结果的分析

1. 油位、渗漏油的检查

注油设备油位过高，可能是注油设备过负荷、内部接头过热或故障、散热环境不良或者气温高等原因造成的，对于变压器还可能是假油位。当注油设备油位过低看不见时，可能是由注油设备外部或内部漏油以及气温突降等多种因素造成的。发现油位异常，应检查是否属于上述原因，再进行相应处理。

油位计油位不容易看清楚时，可采取以下方法。

（1）多角度观察。

（2）两个温差较大的时刻所观察的现象比较。

（3）与其他同类设备油位比较。

（4）比较油位计不同亮度下的底色板颜色。

2. 油温判断

油温判断通常采用比较法，即与以往的运行数据比较，如发现油温较高，应查明原因。

一般变压器类设备装设油温表，油温高的因素有冷却器有故障，散热环境不良、散热器阀门没有打开，环境温度高，负荷大，内部有故障，外部有故障，温度计损坏。

通过比较安装在变压器上的几只不同温度计读数，并充分考虑气温、负荷的因素，对照变压器温度负荷曲线，判断是否为变压器温升异常。变压器的很多故障都有可能伴随急剧的温升，应检查运行电压是否过高、套管各个端子和母线或电缆的连接是否紧密、有无发热迹象。

3. 声响判断

变压器在正常运行中会发出均匀的“嗡嗡”声，而其他大多数设备正常运行时处于无声状态。当发生各种异常或故障情况时，就会发出各类声响，也就是异声。对于声响判断，通常采用比较法。

一般发生异常声响的可能性因素有设备内部有故障，如负荷突变，过负荷，设备内部个别零件松动，铁磁谐振，系统发生故障，电流互感器二次开路，电流互感器末屏接地不良，电压互感器接地端接触不良，设备因脏污等原因发生放电，以及其他因素（如设备外部附件螺钉、螺母松动造成的不正常声响）。

4. 接头发热的检查方法

（1）根据示温蜡片状况进行检查。

（2）根据相色漆的变色来判断接头是否发热。

（3）观察接头上有无热气流，水蒸气和冒烟现象。

（4）观察接头金属的变色。

（5）用红外测温仪测量接头温度。

5. 绝缘子裂纹的检查方法

（1）雨后检查水波纹。

（2）对着日光检查，绝缘子表面污秽程度越大，其反射光线聚光点的亮度就越暗。

（3）用望远镜检查。

（4）根据放电声音检查。

6. 断路器液压机构压力的检查判断

液压机构压力表数值应对照应对照温度压力曲线判断是否在规定范围内，同时要与活塞杆和微动开关位置相比较，综合判断。如环境温度高时，压力表读数很高，但活塞杆的位置正常；储压筒活塞密封不严时，氮气或液压油发生内渗，压力表读数和活塞杆的位置也会不一致。

7. 断路器机械位置的检查

断路器机械位置的检查应检查分合闸指示器，绝缘拉杆状态是否一致，其相连的动作部件相对位置有无变化。

五、设备巡视的安全措施和注意事项

（1）经本单位批准允许单独巡视高压设备的人员巡视高压设备时，不得进行其他工作（发现缺陷及异常应及时汇报，不得单人处理），不得移开或越过遮栏。

（2）雷雨天气需要巡视室外高压设备时，应穿绝缘靴，并不得靠近避雷器和避雷针。

（3）高压设备发生接地时，室内不得接近故障点 4m 以内，室外不得接近故障点 8m 以内。进入上述范围人员应穿绝缘靴，接触设备外壳和架构时，应戴绝缘手套。

（4）巡视配电装置，进出高压室，应随手关门，并检查防鼠门良好。

（5）进入设备区，应戴安全帽，并按规定着装，巡视前检查所使用的安全工器具完好。

（6）夜间巡视，应开启设备区照明，熄灯夜巡应带照明工具。

（7）按照规定的巡视路线进行巡视，防止漏巡。

（8）登高检查设备时做好有感应电的思想准备，不得单人进行登高或登杆巡视。

（9）巡视设备时禁止变更检修现场安全措施，禁止改变检修设备状态。

（10）巡视时严禁触摸油泵和气泵电动机转动部分。

（11）在保护室禁止使用移动通信工具，开、关保护屏门应谨慎，防止过大振动。

（12）严格执行“五防”解锁规定，禁止随意动用解锁钥匙。

（13）巡视人员状态应良好，巡视过程中精神集中，不得谈论与巡视无关的事情。

（14）进入 GIS 设备室前应先通风 15min，且无报警信号，确认空气中含氧量不小于 18%，空气中 SF_6 浓度不大于 1000g/L 后方可进入。

（15）不得单人进入 GIS 设备室进行任何工作，巡视时不要在 GIS 设备防爆膜附近停留，防止压力释放器突然动作，危及人身安全。

（16）在巡视检查中若遇到 GIS 设备操作，应停止巡视并离开设备一定距离，操作完成后再继续巡视检查。

（17）巡视时人员站位要合适，室外 SF_6 设备气体泄漏时，应从上风接近检查，避免站在设备压力释放装置所对的方向。

六、设备缺陷

设备缺陷分为一般缺陷、严重缺陷和危急缺陷三种，其依据是缺陷对人身、设备、电网造成的潜在危害程度。

（1）一般缺陷：危急、严重缺陷以外的设备缺陷，指性质一般、情况较轻、对安全运行影响不大的缺陷。

（2）严重缺陷：对人身或设备有严重威胁，暂时能坚持运行但需尽快处理的缺陷。

（3）危急缺陷：设备或建筑物发生了直接威胁安全运行并需立即处理的缺陷，否则随时可能造成设备损坏、人身伤亡、大面积停电、火灾等事故。

第二节 一、二次设备的巡视

一、有关变压器的巡视检查

1. 变压器正常巡视检查项目

（1）变压器的声音正常，本体、套管的油面正常，气温骤变时应注意油面变化。

（2）气体继电器充满油，压力释放阀完好无破损。

(3) 套管清洁，无渗漏油，无破损和放电痕迹，引线夹头无发热、发红等异常情况。

(4) 变压器本体、冷却器、油枕、净油器无渗漏油，冷却系统的阀门在开启位置。

(5) 变压器冷却风扇运转正常，油泵运转正常，油流继电器指示正确，无异常声响，各部分信号正常。当所用电系统涉及接线工作时，在投入时应检查冷却风扇转向，严防反转。

(6) 检查呼吸器中的硅胶干燥剂，正常为蓝色（或白色晶体），当四分之三受潮变为粉红色（或白色不透明）时，应及时通知有关部门更换。油盒中的油位应在正常范围内。

(7) 主变压器两侧油温表应一致，上层油温不应超过85℃，超温信号指针整定在85℃。

(8) 有载调压挡位指示灯与机械指示器的挡位相一致。

(9) 控制箱、端子箱等应密封，无受潮和进水现象。

(10) 气体继电器及其管路各接头的密封完好，无渗漏油现象。

(11) 检查变压器各部件的接地应完好。变压器的外壳接地主要是为了保障人身安全。当变压器的绝缘损坏时，变压器的漏电电流将通过外壳接地装置导入大地中，当人触及变压器外壳时可以避免触电。

2. 变压器巡视检查的要求

(1) 变压器储油柜的油位应与制造厂提供的油温、油位曲线相对应，温度计指示清晰。

1) 储油柜如采用玻璃管油位计，储油柜上标有油位监视线，分别表示环境温度为－20、20、40℃时变压器对应的油位；如采用磁针式油位计，在不同环境温度下指针应停留的位置，由制造厂提供的曲线确定。

2) 变压器冷却方式不同，其上层油温或温升也不同，不能只以上层油温不超过规定为标准，而应该根据当时的负荷情况、环境温度及冷却装置投入的情况等，结合历史数据进行综合判断。就地与远方油温指示应基本一致。绕组温度仅作参考。

3) 由于在油温40℃左右时，油流的带电倾向性最大，因此变压器可通过控制油泵运行数量来尽量避免变压器绝缘油运行在35～45℃温度区域。

(2) 检查变压器有无渗油、漏油，应重点检查变压器的油泵、压力释放阀、套管接线柱、各阀门、隔膜式储油柜等。

1) 油泵负压区渗油，容易造成变压器进水受潮和轻瓦斯有气而发信号，且此处渗漏要在停泵状态下才会发现。

2) 压力释放阀渗油、漏油，应检查是否动作过。

3) 套管接线柱处渗油，应检查外部引线的伸缩条及其热胀冷缩性能。

(3) 冷却器组数应按规定投入，分布合理，油泵运转正常，无其他金属碰撞声，无漏油现象，运行中的冷却器的油流继电器应指示在“流动位置”，无颤动现象。

1) 油泵及风扇电动机声响是否正常，有无过热现象，风扇叶片有无抖动碰壳现象。

2) 冷却器连接管是否有渗漏油。

3) 油泵、风扇电动机电缆是否完好。

4) 冷却器检查和试验工作以及辅助、备用冷却器运转和信号是否正常，是否按月切换冷却器，是否每季进行一次电源切换并做好记录。

5) 运行中油流继电器指示异常时，应检查油流继电器挡板是否损坏脱落。

(4) 检查吸湿器，油封应正常，呼吸器应畅通，硅胶潮解变色部分不应超过总量的2/3。运行中如发现上部吸附剂发生变色，应注意检查吸湿器是否上部密封不严。如发现硅胶变色过快，应检查硅胶玻璃罐是否裂纹、破损，油封内是否无油或油位过低，是否安装不当造成密封不良。

（5）有载分接开关操动机构中机械指示器与控制室内分接开关位置指示应一致。三相联动的分接并关应确保分接开关位置指示一致。

（6）检查变压器铁芯接地线和外壳接地线应良好，铁芯、夹件通过小套管引出接地的变压器，应将接地引线引至适当位置，以便在运行中监测接地线中是否有环流。当运行中环流异常增长变化，应尽快查明原因，严重时应检查处理并采取措施。如环流超过 300mA 又无法消除时，可在接地回路中串入限流电阻作为临时性措施。

（7）在线监测装置应保持良好状态，并及时对数据进行分析、比较。

（8）事故储油坑的卵石层厚度应符合要求，保持储油坑的排油管道畅通，以便事故发生时能迅速排油。室内变压器应有集油池或挡油矮墙，防止火灾蔓延。

（9）检查灭火装置状态应正常，消防设施应完善。

3. 变压器的特殊巡视

（1）新投入或经过大修的变压器的巡视要求。

1）变压器声音应正常，如发现响声特别大、不均匀或有放电声，应认为内部有故障。

2）油位变化应正常，随温度的增加略有上升，如发现假油位应及时查明原因。

3）用手触摸每一组冷却器，温度应正常，以证实冷却器的有关阀门已打开。

4）油温变化应正常，变压器带负荷后，油温应缓慢上升。

5）应对新投运变压器进行红外测温。

（2）异常天气时的巡视项目和要求。

1）气温骤变时，检查储油柜油位和瓷套管油位是否有明显变化，各侧连接引线是否有断股或接头处发红现象，各密封处有无渗漏油现象。

2）大风、冰雹后，检查引线摆动情况及有无断股，设备上有无其他杂物，瓷套管有无放电痕迹及破裂现象。

3）雷雨、浓雾、毛毛雨、下雪时，检查瓷套管有无沿表面闪络和放电现象。各接头在小雨中和下雪后不应有水蒸气上升或立即融化现象，否则表示该接头运行温度比较高，应用红外线测温仪进一步检查其实际情况。下雪天气检查引线积雪情况，应及时处理引线积雪过多和冰柱。

4）高温天气应检查油温、油位、油色和冷却器运行是否正常。必要时，可启动备用冷却器。温度高报警时一般不提倡直接给变压器外壳冲水降温，因为用水冲洗主变压器外壳，温度的下降很明显，但那只是上层油温的暂时变化，实际铁芯和绕组的温度仍然很高，会造成误判断。此时可以冲洗散热片，提高散热效率。

4. 变压器常见缺陷

（1）本体部分。渗油，调压装置内渗、套管内渗，油位低，呼吸部分堵塞或开放，硅胶受潮变色，接地不良，绝缘油参数有不合格项，设备电气参数有不合格项。

（2）建筑方面。基础酥裂，电杆酥裂，门型架构焊接点、挂线点强度低，事故油坑及管道塌陷、酥裂，事故油坑杂物多、踩实。

（3）外接部分。引线过热，引线振动大，挂有杂物，绝缘子表面放电、断裂，铁座酥裂，过压间隙故障。

（4）附件部分。风冷电源故障，风扇电机故障，消防设备管道锈蚀、开裂、压力过高、不建压、不启泵，调压装置电源跳闸、拒调、连调；温度表及传感故障，在线监测故障。

（5）二次部分。电流、电压回路断线、短路，误接线，直流回路接地，定值整定有误，保护投切有误，指示仪表、电能表故障。

二、有关断路器的巡视检查

1. 液压机构 SF_6 断路器正常巡视检查项目

（1）断路器的电气及机械指示与实际位置相符。

（2）断路器内部无异常声音。

（3）断路器瓷件整洁完好，无放电，闪络痕迹。

（4）各部线夹接触良好，无发热，发红，引线断股现象。

（5）断路器机械传动机构连接良好，无断裂，脱落现象。

（6）断路器分相操动机构箱，端子箱，控制柜关闭严密。

（7）断路器 SF_6 气体压力正常。

（8）操动机构里的液压储能完好。

（9）断路器控制盘上位置指示灯与分、合闸机械指示一致。

（10）检查断路器分相操动机构箱内除湿，加热器工作正常。

2. 弹簧机构 SF_6 型断路器及其操动机构正常巡视检查项目

（1）断路器电气指示、机械指示应与实际位置相符。

（2）断路器内部无异常响声。

（3）瓷件整洁完好，无放电，闪络痕迹。

（4）各部线夹接触良好，无发热，发红，引线断股现象。

（5）断路器 SF_6 气体压力表指示应正常。

（6）断路器操动机构箱，端子箱应关闭严密。

（7）断路器机械传动机构连接良好，无断裂、脱落现象。

3. 油断路器巡视检查项目及标准

（1）标志牌名称、编号齐全、完好。

（2）本体无油迹、无锈蚀、无放电、无异音。

（3）套管、绝缘子完好，无断裂、裂纹、损伤、放电现象。

（4）引线连接部位无发热、变色现象。

（5）放油阀关闭严密，无渗漏。

（6）检查油位在正常范围内，油色正常。

（7）位置指示器与实际运行状态相符。

（8）连杆、转轴、拐臂无裂纹、变形。

（9）端子箱电源开关完好，名称标志齐全，封堵良好，箱门关闭严密。

（10）接地螺栓压接良好，无锈蚀。

（11）基础无下沉、倾斜。

4. 真空断路器巡视检查项目及标准

（1）标志牌名称、编号齐全、完好。

（2）灭弧室无放电、无异音、无破损、无变色。

(3) 绝缘子无断裂、裂纹、损伤、放电等现象。
(4) 绝缘拉杆完好，无裂纹。
(5) 各连杆、转轴、拐臂无变形、无裂纹，轴销齐全。
(6) 引线连接部位接触良好，无发热、变色现象。
(7) 位置指示器与实际运行状态相符。
(8) 端子箱电源开关完好，名称标志齐全，封堵良好，箱门关闭严密。
(9) 接地螺栓压接良好，无锈蚀。
(10) 基础无下沉、倾斜。

5. 开关柜设备巡视检查项目及标准

(1) 标志牌名称、编号齐全、完好。
(2) 外观检查无异音、无过热、无变形等异常。
(3) 表计指示正常。
(4) 操作方式切换开关正常在“远控”位置。
(5) 操作把手及闭锁位置正确、无异常。
(6) 高压带电显示装置指示正确。
(7) 位置指示器指示正确。
(8) 电源小开关位置正确。

6. 液压操动机构巡视检查项目及标准

(1) 机构箱开启灵活无变形，密封良好，无锈迹、无异味、无凝露等。
(2) 计数器动作正确并记录动作次数。
(3) 储能电源开关位置正确。
(4) 机构压力正常，油箱油位在上下限之间，油箱、油泵、油管及接头无渗漏油。
(5) 行程开关无卡涩、变形，活塞杆、工作缸无渗漏。
(6) 加热器、除潮器正常完好，投、停正确。

7. 弹簧机构巡视检查项目及标准

(1) 机构箱开启灵活、无变形，密封良好，无锈迹、无异味、无凝露等。
(2) 储能电源开关位置正确，储能电机运转正常，储能指示器指示正确。
(3) 行程开关无卡涩、变形。
(4) 分、合闸线圈无冒烟、异味、变色。
(5) 弹簧完好、正常。
(6) 二次接线压接良好，无过热变色、断股现象。
(7) 加热器、除潮器正常完好，投、停正确。

8. 电磁操动机构巡视检查项目及标准

(1) 机构箱开启灵活、无变形，密封良好，无锈迹、无异味、无凝露等。
(2) 合闸电源开关位置正确，合闸熔断器完好，规格符合标准。
(3) 分、合闸线圈无冒烟、异味、变色，合闸接触器无异味、变色。
(4) 直流电源回路端子无松动、锈蚀。
(5) 二次接线压接良好，无过热、变色、断股现象。
(6) 加热器、除潮器正常完好，投、停正确。

9. 气动机构巡视检查项目及标准

(1) 机构箱开启灵活、无变形，密封良好，无锈迹、无异味。

(2) 压力表指示正常，并记录实际值。

(3) 储气罐无漏气，并按规定放水，接头、管路、阀门无漏气现象。

(4) 空压机运转正常，计数器动作正常并记录次数。

(5) 加热器、除潮器正常完好，投、停正确。

10. 隔离开关的巡视检查项目及标准

(1) 标示牌名称、编号齐全、完好。

(2) 绝缘子清洁，无破裂、无损伤放电现象，防污闪措施完好。

(3) 触头接触良好，无过热、变色及移位等异常现象；动触头的偏斜不大于规定数值。接点压接良好，无过热现象，引线松弛度适中。

(4) 连杆无弯曲，连接无松动、无锈蚀，开口销齐全：轴销无变位脱落、无锈蚀、润滑良好；金属部件无锈蚀、无鸟巢。

(5) 法兰连接无裂痕，连接螺钉无松动、锈蚀、变形。

(6) 接地开关位置正确，弹簧无断股、闭锁良好，接地杆的高度不超过规定数值；接地引下线完整，可靠接地。

(7) 机械闭锁装置完好、齐全，无锈蚀、变形。

(8) 操动机构密封良好，无受潮。

(9) 应有明显的接地点，且标示色醒目。螺栓压接良好，无锈蚀。

11. 高压开关设备的特殊巡视

(1) 设备新投运及大修后，巡视周期相应缩短，72h以后转入正常巡视。

(2) 大风天气检查引线摆动情况及有无搭挂杂物。

(3) 雷雨天气检查瓷套管有无放电闪络现象。

(4) 大雾天气检查瓷套管有无放电、打火现象，重点监视污秽瓷质部分。

(5) 大雪天气根据积雪融化情况，检查接头发热部位，及时处理悬冰。

(6) 温度骤变时检查注油设备油位变化及设备有无渗漏油等情况，按规定投入加热器。

(7) 节假日时监视负荷及增加巡视次数。

(8) 高峰负荷期间增加巡视次数，监视设备温度，触头、引线接头，特别是限流元件接头有无过热现象，设备有无异常声音。

(9) 短路故障跳闸后检查设备的位置是否正确，各附件有无变形，触头、引线接头有无过热、松动现象，油断路器有无喷油，油色及油位是否正常，测量合闸熔丝是否良好，液压或 SF_6 压力是否正常，断路器内部有无异常声音。

(10) 设备重合闸后检查设备位置是否正确，动作是否到位，有无不正常的音响或气味。

(11) 严重污秽地区检查瓷质绝缘的积污程度，有无放电、爬电、电晕等异常现象。

12. 高压开关设备的常见缺陷

(1) 断路器本体。非全相动作，渗油，油位高、低，断路器动作时喷火、喷油，SF_6 气体压力低，漏气。

(2) 操动机构。机构电源故障，机构储能故障，机构加热、除潮电源故障，加热器、除潮器损坏，防热设备损坏，机构压力表（上、下限）整定有误；渗漏，长时打压及打压频繁，防过压装置动作。

(3) 断路器二次回路。控制、信号、电流、电压回路断线、短路，误接线，直流回路接地、串电，定值整定有误，保护投切有误，指示仪表、电能表故障（指示不准、反起），与辅助开关动作不同期。

(4) 断路器附件。应有的电气联锁、闭锁等“五防”不健全，安全距离不足，机构箱、端子箱不严，凝露，标志及色标不健全。

三、有关隔离开关的巡视检查

正常巡视有如下检查项目。

(1) 隔离开关绝缘子及套管应清洁无裂纹，无放电闪络痕迹。

(2) 隔离开关应分合灵活，导电回路接触良好无发热现象，机构可靠锁住，锁具完好不锈蚀。

(3) 隔离开关各部导电接头应固定连接良好，不松动不发热，导线无断股现象。

(4) 隔离开关装有防误闭锁装置，应按闭锁装置要求进行操作，不准擅自解锁，并保持装置良好。辅助触点位置应正确，接触良好，安装牢固，动作正确。

(5) 隔离开关的操动机构箱关闭严密，封堵良好。

(6) 隔离开关接触面啮合良好。

(7) 隔离开关传动机构无卡涩、轴承锈蚀和齿轮错位等情况。

(8) 隔离开关与辅助开关动作要同期。

(9) 隔离开关应有的电气联锁、闭锁健全。

(10) 隔离开关接地良好。

(11) 隔离开关标志及色标健全。

四、有关互感器的巡视检查

1. 互感器正常巡视检查项目

(1) 设备外观完整无损，互感器的瓷质部分清洁无破损，无放电现象。

(2) 引线无松股、断股和弛度过紧、过松现象，接头接触良好，无松动、发热或变色现象。

(3) 外绝缘表面清洁，无裂纹及放电现象。

(4) 金属部位无锈蚀，底座、支架牢固，无倾斜变形。

(5) 架构、遮栏、器身外涂漆层清洁，无爆皮掉漆。

(6) 互感器应无焦臭味，内部无放电声及电磁震动声。

(7) 瓷套、底座、阀门和法兰等部位应无渗、漏油现象。

(8) 电压互感器端子箱熔断器和二次空气开关正常。

(9) 电流互感器端子箱引线端子无松动、过热、打火现象。

(10) 检查油位，油色正常，无渗漏油。

(11) 防爆膜无破裂。

(12) 吸湿器硅胶无受潮变色。

(13) 金属膨胀器膨胀位置指示正常，无渗漏。

(14) 各部位接地可靠。

(15) 电容式电压互感器二次电压（包括开口三角形电压）无异常波动。

(16) 安装有在线监测的设备应有维护人员每周对在线监测数据查看一次，以便及时掌握电压互感器的运行状况。

(17) SF_6 气体绝缘电流互感器除与油浸式互感器相关项目相同外，尚应注意如下检查项目：压力表指示应在正常规定范围，无漏气现象，密度继电器正常；复合绝缘套管表面清洁、完整，无裂纹、无放电痕迹、无老化迹象，憎水性良好。

(18) 树脂浇注互感器无过热，无异常振动及声响；无受潮，外露铁芯无锈蚀；外绝缘表面无积灰、粉蚀、开裂，无放电现象。

(19) 电压互感器一、二次熔断器应完好，仪表指示正常，接线紧固，接地良好，二次回路不短路。

(20) 电流互感器一、二次接线紧固，接地良好，二次回路不开路。

2. 互感器的特殊巡视

(1) 大负荷期间用红外测温设备检查互感器内部、引线接头发热情况。

(2) 大风扬尘、雾天、雨天检查外绝缘有无闪络。

(3) 冰雪、冰雹天气检查外绝缘有无损伤。

3. 互感器常见缺陷

(1) 电流互感器。渗油，过热，油位高、低，电流回路断线、短路，误接线，无接地点，呼吸部分堵塞或开放，硅胶失效，膨胀器电晕放电。

(2) 电压互感器。渗油，油位高、低，电压回路断线、短路、误接线，无接地点，电容式电压互感器二次电压偏高或偏低。

五、有关高压并联电容器的巡视检查

1. 高压并联电容器正常巡视检查项目

(1) 瓷绝缘应无破损裂纹、放电痕迹，表面清洁。

(2) 母线及引线无过紧、过松现象，设备连接处无松动、过热。

(3) 设备外表涂漆应无变色，电容器外壳无鼓肚、膨胀变形，接缝无开裂、渗漏油现象，内部无异声，外壳温度不超过50℃。

(4) 电容器编号正确，各接头无发热现象。

(5) 熔断器、放电线圈、接地装置完好，接地引线无锈蚀、断股。

(6) 电容器室干净整洁，照明通风良好，室温不超过40℃或低于－25℃。门窗关闭严密。

(7) 电缆挂牌齐全完整、内容正确、字迹清楚。电缆外皮无损伤，支撑牢固，电缆和电缆头无渗油漏胶，无发热放电、火花放电等现象。

(8) 检查电容器应在额定电压和额定电流下运行，三相电流值平衡。

(9) 串联电抗器附近无磁性杂物存在，油漆无脱落，线圈无变形，无放电及焦味，撑条无错位，无异常振动和声响；油电抗器无渗漏油。

(10) 巡视检查电容器各连接部件的螺丝无松动过热现象。观察电容器的控制屏上的显示是否正常。

(11) 正常状态下熔断器的动作指示牌应垂直于水平位置，熔丝应保持在消弧管中心位置。电容器保护用铅丝熔断时，应马上通知检修停电更换；电容器保护用铅丝如发生群爆，应认真查找原因后再投运。

（12）电容器外壳接地良好。

（13）电容器保护用电流互感器、氧化锌避雷器的任何物理特性不合格均可使电容器组不能投入运行或自动退出运行。

（14）电容器出现鼓肚应退出运行。

（15）大雾、特大雪天气电容器应退出运行。

2．高压并联电容器组的特殊巡视

（1）雨、雾、雪、冰雹天气应检查瓷绝缘有无破损裂纹、放电现象，表面是否清洁；冰雪融化后有无悬挂冰柱，接头有无发热；建筑物及设备构架有无下沉倾斜、积水、屋顶漏水等现象。

（2）大风后应检查设备和导线上有无悬挂物，有无断线。

（3）雷电后应检查瓷绝缘有无破损裂纹、放电痕迹。

（4）环境温度超过或低于规定温度时，检查示温蜡片是否齐全或熔化，各接头有无发热现象。

（5）断路器故障跳闸后应检查电容器有无烧伤、变形、移位等，导线有无短路；电容器温度、音响、外壳有无异常。熔断器、放电回路、电抗器、电缆、避雷器等是否完好。

（6）系统异常（如振荡、接地、低周或铁磁谐振）运行消除后，应检查电容器有无放电，温度、音响、外壳有无异常。

3．高压并联电容器常见缺陷

高压电容器常见缺陷包括渗油，过热，熔丝熔断，外壳变形，对其次谐波有放大等。

六、有关电抗器的巡视检查

1．电抗器正常巡视检查项目

（1）检查电抗器应在额定电压和额定电流下运行，三相电压值平衡。

（2）电抗器及支持绝缘子应无裂纹、无放电痕迹。

（3）与电抗器的所有电气连接应紧固可靠，无松动、变色和发热现象。

（4）电抗器外壳无鼓胀变形现象，检查各部位无积灰、污秽情况。

（5）表面涂层无变色、龟裂、脱落或爬电痕迹。

（6）无异常振动或响声。

（7）检查电抗器有无局部过热现象，散热气道通畅。

2．电抗器常见缺陷

电抗器常见缺陷包括过热，震动大，噪声大，接地不良（接地有环路），表面有裂痕、闪络、龟裂、暴皮、鼓包，撑条错位，周围有杂物，与电容器不匹配（对某次谐波谐振）等。

七、有关消弧线圈的巡视检查

1．消弧线圈正常巡视检查项目

（1）设备外观完整无损。

（2）引线接触良好，接头无松动、发热、变色现象，电缆、母线无发热迹象。

（3）外绝缘表面清洁，无裂纹及放电现象。

（4）接地良好，金属部位无锈蚀，底座、支架牢固，无倾斜变形。

（5）干式消弧线圈表面平整，无裂纹和受潮现象。

(6) 无异常震动、声音及异味。

(7) 储油柜、绝缘子、套管、阀门、法兰、油箱应完好，无裂纹和漏油。

(8) 阻尼电阻端子箱内所有熔断器和二次低压断路器正常。

(9) 阻尼电阻箱内引线端子无松动、过热、打火现象。

(10) 设备的油温和温度计应正常，储油柜的油位应与温度相对应，各部位无渗油、漏油。

(11) 各控制箱和二次端子箱应关严，无受潮。

(12) 吸湿器完好，吸湿剂干燥。

(13) 各表计指示准确，中性点电压位移在规定范围内。

(14) 对调匝式消弧线圈，人为调节一挡分接头，检验有载开关动作是否正常。

2. 消弧线圈的特殊巡视

(1) 必要时用红外测温设备检查消弧线圈、阻尼电阻、接地变压器的内部、引线接头发热情况。

(2) 高温天气应检查油温、油位、油色和冷却器运行是否正常。

(3) 气温骤变时，检查储油柜油位和瓷套管油位是否有明显变化，各侧连接引线是否有断股或接头处发红现象。各密封处有无渗漏油现象。

(4) 大风、雷雨、冰雹后，检查引线摆动情况及有无断股，设备上有无其他杂物，瓷套管有无放电痕迹及破裂现象。

(5) 浓雾、小雨、下雪时，瓷套管有无沿表面闪络或放电，各接头在小雨中或下雪后不应有水蒸气上升或立即融化现象，否则表示该接头运行温度比较高，应用红外线测温仪进一步检查其实际情况。

3. 消弧线圈常见缺陷

消弧线圈常见缺陷包括渗油，过热，吸潮剂变色，中性点电压超过规定等。

八、有关防雷设备的巡视检查

1. 避雷器正常巡视检查项目

(1) 检查瓷套表面积污程度，应无放电现象，瓷套、法兰无裂纹、破损。

(2) 避雷器内部无异常声响。

(3) 与避雷器、计数器连接的导线及接地引下线无烧伤痕迹或断股现象，接地良好。

(4) 检查避雷器放电计数器指示数应正常，并做好记录，计数器内部应无积水。

(5) 对带有泄漏电流在线监测装置的避雷器检查泄漏电流的变化情况并记录数值。

(6) 避雷器引线无松股、断股和松弛度过紧、过松现象，接头无松动、发热或变色现象。

(7) 带串联间隙的金属氧化物避雷器或串联间隙与原来位置不发生偏移。

(8) 避雷器均压环不歪斜。

(9) 低式布置的避雷器，遮栏内应无杂草。

2. 避雷针正常巡视检查项目

独立避雷针、构架或建筑物避雷针不歪斜、无锈烂，连接处无脱焊、开裂或法兰螺钉松动的现象，避雷针接地良好，接地引下线无断裂及锈蚀现象。

3. 防雷设备的特殊巡视

(1) 对于带缺陷运行的避雷器，视缺陷程度增加巡视次数，着重检查异常现象或缺陷的发展变化情况。

(2) 阴雨天及雨后主要检查避雷器外套是否存在放电现象，对于安装有泄漏电流在线监测装置的避雷器，检查泄漏电流变化情况。

(3) 大风及沙尘天气主要检查引流线与避雷器间连接是否良好，是否存在放电声音，垂直安装的避雷器是否存在严重晃动。对于悬挂式安装的避雷器还应检查风偏情况。沙尘天气中还应检查避雷器外套是否存在放电现象，对于安装有泄漏电流在线监测装置的避雷器，检查泄漏电流变化情况。

(4) 每次雷电活动后或系统发生过电压等异常情况后，应尽快进行特殊巡视，检查避雷器放电计数器的动作情况，检查瓷套与计数器外壳是否有裂纹或破损，与避雷器连接的导线及接地引下线有无烧伤痕迹，对于安装有泄漏电流在线监测装置的避雷器，检查泄漏电流变化情况。

(5) 对于运行 15 年及以上的避雷器，应重点监视泄漏电流的变化，停运后应重点检查压力释放板是否有锈蚀或破损。

(6) 阴雨天及雨后、大风及沙尘天气，巡视时应注意与避雷器设备保持足够的安全距离，避雷器外套或引流线与避雷器间出现严重放电时应远离避雷器进行检查。

4. 防雷设备的常见缺陷

(1) 避雷针。其常见缺陷有锈蚀，基础酥裂，5m 内堆放易燃易爆物品，1m 内有其他设备，所附线路、接线无护管（一般不允许避雷针上附有其他线路，如用避雷针做照明的支撑，必须用铁管保护），接地电阻不合格。

(2) 避雷器。其常见缺陷有锈蚀，铁座酥裂，电气参数（耐压、泄漏）不合格，泄漏电流超标，均压环歪斜，爆炸或压力释放，地线锈蚀，接地电阻不合格。

九、有关母线的巡视检查

1. 软母线正常巡视检查项目

(1) 导线应无断股、松股、闪络烧伤、晃荡、锈蚀和弛度过紧过松现象。导线表面无麻面、毛刺、发热和变色现象，母线上无悬挂物。

(2) 母线绝缘子无裂缝、破损，无放电及闪络痕迹，外观清洁，导线和金具在晴天时无可见电晕。

(3) 线夹接头应紧固，无发热、变色、锈蚀、移动和变形现象。

(4) 母线架构接地良好，接地引下线（排）无断裂及锈蚀现象。

(5) 周围环境无杂草堆、塑料带等受风易飘的杂物。

2. 硬母线正常巡视检查项目

(1) 母线支持绝缘子应无裂缝、破损，无放电及闪络痕迹，外观清洁。

(2) 母线各连接处接头螺钉无松动，无发热、变色或示温蜡片熔化及相色漆变色等现象，伸缩节应完好，无断裂、过热现象。

(3) 母线排夹头不松动，母线排无异常放电声及振动声。

(4) 连接两段母线的穿墙套管、与母线隔离开关相连的套管应无裂纹、破损，无放电及闪络痕迹，外观清洁，穿墙套管接头无发热、变色或示温蜡片熔化等现象。

(5) 母线排及至回路设备的引排应平整无变形，相色漆清晰，无开裂、起层现象。

3. 母线的特殊巡视

(1) 接地故障后，检查支持绝缘子是否有放电现象。

(2) 大雪天应检查母线的积雪及融化现象。

(3) 雷雨、冰雹后应检查绝缘子是否有破损、裂纹及放电痕迹。

(4) 大风前应清除杂物。

4. 常见缺陷

振动（风偏）大；挂有杂物（冰挂）：悬垂串卡簧、开口销锈蚀、脱落；硬母线软联断片。

十、有关高频通道设备的巡视检查

1. 阻波器正常巡视检查项目

(1) 检查导线应无断股，接头无过热，螺钉无松动。

(2) 安装应牢固，无较大摆动。

(3) 阻波器应无变形，内部无鸟巢和其他外物。

(4) 阻波器上部与导线间的绝缘子应清洁，销子、螺钉应紧固。

(5) 支柱式阻波器支持绝缘子无裂缝、破损，无放电及闪络痕迹，外观清洁，安装牢固，底架接地良好。

2. 耦合电容器正常巡视检查项目

(1) 引线应牢固，无断股、松股现象，接地应良好；接地开关位置正确（正常应在拉开位置）；支持绝缘子应清洁、无裂纹。

(2) 接头无松动、发热或变色现象。

(3) 套管无裂缝、破损，无放电及闪络痕迹，外观清洁。

(4) 耦合电容器运行无异声，不允许有渗油现象（耦合电容器渗油为紧急缺陷）。

3. 常见缺陷

(1) 阻波器。其常见缺陷有挂点强度低，挂点螺钉退扣，风偏大，内部避雷器损坏，表面有龟裂、脱皮。

(2) 耦合电容器。其常见缺陷有渗油，电压抽取装置、结合滤波器等辅件损坏，接线不规范，引线螺钉退扣。

十一、有关电力电缆的巡视检查

1. 电力电缆正常巡视检查项目

(1) 检查电缆及终端盒应无渗漏油，绝缘胶无软化溢出。

(2) 对电缆进行外观检查，表面不应有破损情况，运行温度不得超过规定的允许值。

(3) 绝缘子清洁完整，无裂纹及闪络痕迹，引线接头完好，无发热现象。

(4) 外露电缆的外皮完整，支撑牢固，外皮接地良好。

(5) 对铺设在地下的电力电缆，查看路面应正常，无挖掘痕迹，路线标志完整，线路上不应堆置瓦砾、建筑材料、酸碱性物质等杂物。

2. 常见缺陷

电力电缆的常见缺陷有渗油，接头过热，电缆经过处堆放杂物，接地不良，缆头爆裂，无护管，标志、警告不全。

十二、有关变电站用交流系统的巡视检查

站用电交流系统是指从站用变压器低压出线套管开始的低压接线系统，包括站用电母线及其母线上连接的各回路。站用电交流系统为主变压器提供冷却、调压电源及消防水喷淋电

源，为断路器提供储能、加热、驱潮电源，为隔离开关提供操作电源，为直流系统提供变换用电源，还提供站内的照明、检修电源及生活用电，所以对变电站的安全运行起着很重要的作用。

1. 站用交流系统正常巡视检查项目

（1）高压进线穿墙套管及站用变压器各侧套管无裂纹及放电闪络痕迹，无破损现象，外观清洁。

（2）高压进线穿墙套管及站用变压器各侧套管接头不松动，无发热、变色现象，示温蜡片无融化现象。

（3）高压熔丝无熔断现象，支柱绝缘子无裂纹和放电痕迹，无破损现象，外观清洁。

（4）运行声音正常，无杂音或不均匀的放电声。

（5）储油柜油位正常，油色应为透明的淡黄色，油位计无破损，没有影响察看油位的油垢。

（6）本体及各个部件无渗漏油现象。

（7）外壳接地良好，无断裂、锈蚀现象。

（8）限流电阻瓷套无裂纹及放电痕迹，无破损现象，外观整洁。

（9）气体继电器无气体、漏油现象。

（10）呼吸器的硅胶不变色（变色不超过2/3），硅胶罐无破损，油位正常。

（11）散热片无碰瘪现象。

（12）调压装置电源指示正常，分接头指示与实际相符，运行电压在正常范围内；调压机构清洁，无渗漏油，电缆完好，无破损及腐蚀现象。

2. 380/220V系统的巡视检查及运行维护

（1）切换检查母线电压正常，负荷分配正常。

（2）检查站用电系统的控制屏、电源箱、动力箱铭牌必须齐全正确；回路中所有小开关、小刀闸及熔断器也必须有相应的铭牌，熔断器必须标明熔丝的容量；隔离开关灭弧罩齐全。

（3）低压配电屏上各低压断路器、隔离开关接触良好，无发热现象，低压断路器位置指示正确；无异音、异味；低压熔断器接触良好，无熔断，容量符合负荷要求；低压电缆接头良好，无发热现象；电缆孔洞封堵严密。

（4）低压母线伸缩接头应无松动、断片，接头线夹无变色、氧化、发热变红等现象。

（5）两台站用变压器低压侧分列运行时，严禁在低压回路环路运行。

（6）生活及检修用电必须有漏电保护器并定期进行测试。

（7）定期对站用变压器及其回路设备接点进行红外测温工作。

（8）站用电系统回路要有熔丝配置表，各类熔丝要有一定数量且合格的备品。

（9）负荷有双电源可切换的，应定期进行切换试验。

十三、有关直流系统的运行维护和巡视检查

1. 直流系统正常巡视检查项目

（1）蓄电池室通风、照明及消防设备完好，温度符合要求，无易燃、易爆物品。

（2）蓄电池组外观清洁，无短路、接地。

（3）各连接片连接牢靠无松动。

（4）蓄电池外壳无裂纹、漏液，呼吸器无堵塞，密封良好，电解液液面高度在合格范

围内。

(5) 蓄电池极板无龟裂、弯曲、变形、硫化和短路，极板颜色正常，无欠充电、过充电，电解液温度不超过35℃。

(6) 典型蓄电池电压、密度在合格范围内。

(7) 充电装置交流输入电压、直流输出电压、电流正常，表计指示正确，保护的声、光信号正常，运行声音无异常。

(8) 直流控制母线、动力母线电压值在规定范围内，浮充电流值符合规定。

(9) 直流系统的绝缘状况良好。

(10) 各支路的运行监视信号完好、指示正常，熔断器无熔断，低压断路器位置正确。

2. 直流系统的特殊巡视检查

(1) 新安装、检修、改造后的直流系统投运后，应进行特殊巡视。

(2) 蓄电池核对性充放电期间应进行特殊巡视。

(3) 直流系统出现交流失电压、直流失电压、直流接地、熔断器熔断等异常现象处理后，应进行特殊巡视。

(4) 出现低压断路器脱扣、熔断器熔断等异常现象后，应巡视保护范围内各直流回路元件有无过热、损坏和明显故障现象。

十四、有关二次设备的巡视检查

(1) 检查继电保护及二次回路各元件应接线紧固，无过热、异味、冒烟现象，标识清晰准确，继电器外壳无破损，接点无抖动，内部无异常声响。

(2) 检查交直流切换装置工作正常。

(3) 检查继电保护及自动装置的运行状态、运行监视（包括液晶屏幕显示及各种信号灯指示）正确，无异常信号。

(4) 检查继电保护及自动装置屏上各小开关、切换把手的位置正确。

(5) 检查继电保护及自动装置的连接片投退情况符合要求，压接牢固，长期不用的压板应取下。

(6) 检查高频通道测试数据应正常。

(7) 检查记录有关继电保护及自动装置计数器的动作情况。

(8) 检查屏内TV、TA回路无异常。

(9) 检查微机保护的打印机运行正常，不缺纸，无打印记录。

(10) 检查微机保护装置的定值区位和时钟正常。

(11) 检查电能表指示正常，与潮流一致。

(12) 检查试验中央信号正常，无光字牌、告警信息。

(13) 检查控制屏各仪表指示正常，无过负荷现象，母线电压三相平衡、正常，系统频率在规定的范围内。

(14) 检查控制屏各位置信号正常。

(15) 检查变压器远方测温指示和有载调压指示与现场一致。

(16) 检查保护屏、控制屏下电缆孔洞封堵严密。

十五、有关防小动物措施的巡视检查

每年发生的电力系统事故中由小动物引起的事故都占一定比例，而且比例不小。小动物是引发配电室电力事故的主要祸首之一。

有关预防小动物事故的正常巡视检查项目有如下几项。

(1) 设备的遮栏底部应采取封堵或增加护网。

(2) 各设备室的门窗应完好严密，出入时随时关门。

(3) 设备室通往室外的电缆沟、道应严密封堵，因施工拆动后及时堵好。

(4) 各设备室放置鼠药或捕鼠器械。

(5) 配电室、电缆层室、蓄电池室出入门应有防小动物挡板。

第五章　设备运行、维护和异常处理

电气设备的正常运行状态是指电气设备规定的外部环境下，额定电压、额定气温、额定海拔高度、额定冷却条件、规定介质状况等情况下，保证连续或在规定的时间内，正常地达到额定工作能力的状态。

电气设备的异常状态是指电气设备不能工作在规定的外部环境下或工作在规定的外部条件下，部分或全部失去额定工作能力的状态，如设备输出功率达不到铭牌要求，运行时间达不到规定时间，设备不能承受额定电压等。

第一节　变　压　器

一、变压器正常运行中的一般要求

（1）变压器在额定使用条件下，按额定容量运行。

（2）变压器的外加一次电压，不得大于相应分接头额定电压的105%。此时，变压器二次侧可带额定电流运行。

（3）220kV长春变电站变压器可以在正常过负荷和事故过负荷的情况下运行。1、2号主变压器正常过负荷不超过1200A，允许运行2h，事故过负荷不超过1500A，可不待调度命令按拉闸顺位表顺序拉闸至1200A。变压器存在较大缺陷（例如冷却系统不正常，严重漏油，色谱分析异常等）时不允许过负荷运行。当变压器过负荷时应立即向调度汇报并按有关规定处理。

（4）变压器运行时应严格监视变压器的负荷情况，当变压器过负荷时应立即向调度汇报并按有关规定处理。

（5）主变压器共有七只冷却器，其中一台为备用。轻负荷时可停止部分冷却器，开动冷却器数量与能带负荷量的关系见表5-1（环境温度为20℃）。

表5-1　冷却器投入数与对应负荷

冷却器投入数	允许负荷（kVA）	二次允许电流（A）
2	44 264及以下	370及以下
3	71 191及以下	596及以下
4	90 437及以下	756及以下
5	106 251及以下	886及以下
6	120 000及以下	1004及以下

（6）变压器负载虽未达到75%额定负载，但变压器的上层油温达到55℃，检查辅助冷却器应自动投入运行。

（7）变压器正常运行时，不允许油泵全部停止运行。当冷却器部分投入运行时，投入的冷却器应处于对称位置。

(8) 变压器要依据负荷确定冷却器运行台数，不要单纯视变压器上层油温不高而减少冷却器运行台数。如果环境温度增加，上层油温升高，可适当增加冷却器台数。

二、有载调压变压器的运行必须遵守的规定

(1) 有载调压气体继电器动作信号和跳闸，按主变压器同样看待和处理；其储油柜、安全气道和呼吸器的使用、维护和运行、正常巡视等均和变压器本体相同。

(2) 当切换次数达 4000 次时应换油。

三、主变压器非电气量保护投入方式及要求

(1) 压力释放阀动作、轻瓦斯保护动作、冷却装置全停等其余非电气量保护均作用信号。

(2) 当变压器重瓦斯保护二次回路有工作或出现异常时，应将重瓦斯保护作用信号。

(3) 变压器运行中进行滤油、加油以及冷却器、呼吸器、潜油泵及其油路等检修工作时应先将主变压器重瓦斯保护作用信号，此时变压器的差动等保护应作用跳闸。工作完毕，待变压器中空气排尽后，方可将重瓦斯保护重新投入跳闸位置。

(4) 当主变油位计指示的油面有异常升高或油路系统有异常现象时，为查明原因，需要打开各个放气或放油塞子、阀门以及检查吸湿器或进行其他工作时，必须先将重瓦斯作用信号，然后才能开始工作，防止瓦斯保护误动作跳闸。

四、变压器声音异常及处理方法

变压器正常运行时，会发出均匀的“嗡嗡”声，若产生不均匀声或其他响声，都属不正常现象。变压器声音异常及原因主要有以下几种。

1. 短时的“哇哇”声

这种情况一种可能是电网发生过电压，如中性点不接地系统发生单相接地或产生谐振过电压；另一种可能是大动力设备启动，如电弧炉、大电机等，使负荷突然增大。具体操作时可根据当时有无接地信号，电压、电流表指示情况，有无负荷的振荡来判断。

2. 较高且沉闷的“嗡嗡”声

这种情况可能是变压器过负荷，由于电流大，铁芯振动力增大引起的，可根据变压器负荷情况进行判断。

3. 声音比平常增大而均匀

这种情况可能是电网电压过高引起的，也可能是变压器过负荷、负载变化较大（如大电机、电弧炉等）、谐波或直流偏磁作用引起的。

4. 声音比平时大或听到其他明显杂声

这种情况可能为变压器铁芯穿芯螺栓松动，硅钢片间产生振动；绑扎松动或张力变化、硅钢片振动增大所致。如负荷突变，个别零件松动，内部有“叮当”声；轻负荷时，某些离开叠层的硅钢片振动发出“嘤嘤”声等。

5. 局部有放电声

(1) 变压器发出“吱吱”的连续放电声，可能是引出线套管裙边对地电场强度较大，对外壳放电，也可能是变压器内部放电。产生原因有线圈或引出线对外壳放电；铁芯接地线断线，使铁芯对外壳感应高电压放电；分接开关接触不良放电。

(2) 声音中夹杂有“噼啪”声，可能是由于变压器内部或外表面发生局部放电所致。如果外表面放电，在夜间或阴雨天可以在变压器瓷套管附近看到蓝色的电晕或火花，说明瓷套

管绝缘污秽严重或引线接触不良。

(3) 变压器有水沸腾声，若变压器的声音夹杂有水沸腾声，且温度急剧上升、油位升高，则应判断为变压器绕组发生短路故障或分接开关因接触不良引起严重过热。

(4) 变压器有爆裂声，若变压器声音中夹杂有不均匀的爆裂声，则是变压器内部或表面绝缘击穿。

6. 机械撞击声或摩擦声

如果有“叮当”声，可能是散热器螺栓松动或有载调压机构连杆振动所致，也可能是有载调压机构箱或端子箱与变压器连接松动。如果风扇或油泵运行声音过大或有摩擦声，可能是由于风扇或油泵轴承损坏或偏移造成的。

变压器声音异常情况的处理方法有以下三类。

(1) 仔细倾听，判断发出异常声音的部位，可用听筒贴近变压器仔细听变压器内部的声音。

(2) 检查变压器的运行电压、负荷电流、温度、油位和油色有无变化。

(3) 根据以上检查情况，分别进行处理。

1) 声音比平常增大而均匀有以下异常时，应加强监视、汇报调度并增加特巡次数。

2) 声音有以下异常时，应汇报调度，将变压器退出运行，报检修人员处理。

a. 声响较大而嘈杂时。

b. 变压器声响明显增大，内部有爆裂声。

c. 变压器器身或套管发生表面局部放电，音响夹有放电的“吱吱”声。

d. 变压器内部局部放电或接触不良而发出的“吱吱”或“噼啪”声。

e. 声响中夹有水的沸腾声。

f. 响声中夹有爆裂声，既大又不均匀。

五、油位异常及处理方法

变压器油位异常分为本体或套管油位过低、油位过高。

1. 油位过高或冒油

变压器本体或有载调压油箱油位过高一般有以下原因。

(1) 加油过多，气温升高时造成油位过高。

(2) 有载调压油枕油位过高，可能是内部渗漏，主变压器本体的油渗漏到有载调压分接开关油箱内部造成的。

(3) 假油位。如变压器温度变化正常，而油位不正常或不随温度变化，则说明油枕油位是假油位。其原因有以下几方面。

1) 呼吸器堵塞。

2) 防爆管通气孔堵塞。

3) 油标管堵塞或油位表指针损坏、失灵。

4) 全密封油枕未按全密封方式加油，在胶囊袋与油面之间有空气（存在气压）。

2. 油位过低

变压器本体或有载调压油箱油位过低一般有以下原因。

(1) 变压器严重漏油或长期渗漏油。

(2) 设计制造不当，油枕容量与变压器油箱容量配合不当（一般油枕容积应为变压器油量的8%～10%)，环境气温过低时造成油位过低。

(3) 未按照标准温度油线加油。

(4) 检修人员因工作多次放油后没有及时补油。

3. 套管油位过低

主变压器套管油位过低会使套管与导电柱间的绝缘降低，造成套管内部放电。套管油位过低有以下原因。

(1) 套管外部有油迹则是由于套管密封不严，套管渗漏油。

(2) 套管外部无油迹可能是套管与油箱间密封不严，套管油渗漏到油箱中。

(3) 套管安装时加油不足，气温降低时油位过低。

当发现变压器的油位异常时应立即检查变压器的负荷和温度，并加强监视，分别采取措施。

1. 变压器本体油位异常的处理

(1) 检查油箱呼吸器是否堵塞，有无漏油现象。如有，则应查明原因汇报调度及有关部门。当油位计的油面异常升高或呼吸系统有异常，需打开放气或放油阀时，应先将重瓦斯改接信号。

(2) 若油位异常降低是由主变压器漏油引起的，则需迅速采取防止漏油的措施，并立即通知有关部门安排处理。如大量漏油使油位显著降低时，禁止将瓦斯保护改信号，并尽快将变压器停运处理。

(3) 若变压器本体无渗漏，且有载调压油箱内油位正常，则可能是属于大修后注油不足(通过检查大修后的巡视记录与当前油位进行对比)，应进行带电加油。

(4) 若主油箱油位异常低，而有载调压油箱油位异常高，可能是主油箱与有载调压油箱之间密封损坏，造成主油箱的油向调压油箱内漏，可以考虑停电后处理。

(5) 变压器油位因温度上升有可能高出油位指示极限，经查明不是假油位所致时，则应放油，使油位降至与当时油温相对应的高度，以免溢油。

(6) 变压器中的油因低温凝滞时，应不投冷却器空载运行，同时监视顶层油温，逐步增加负载，直至投入相应数量冷却器，转入正常运行。

2. 套管油位异常的处理

(1) 套管严重渗漏或瓷套破裂时，变压器应立即停运，经电气试验合格后方可将变压器投入运行。

(2) 套管油位异常下降，确认套管发生内漏（即套管油与变压器油已连通)，应安排停电处理。如果油标管中已看不到油位，应立即将变压器退出运行，进行处理。

(3) 套管油位过高时，应加强监视，报检修人员安排处理。

六、温度异常及处理方法

变压器在运行中温度变化是有规律的。当发热与散热平衡时，各部分的温度基本稳定。若在同样条件（冷却条件、负荷大小、环境温度）下，上层油温比平时高出10℃以上，或负荷不变而油温不断上升，并且冷却装置良好，则可认为是变压器内部故障引起的。

1. 铁芯局部过热

铁芯是由绝缘的硅钢片叠成的，由于外力损伤或绝缘老化使硅钢片间的绝缘损坏，会造成涡流局部过热。另外，铁芯穿芯螺杆绝缘损坏会造成短路，短路电流也会使铁芯局部过热。

2. 线圈过热

相邻几个线圈匝间的绝缘损坏，将形成一个闭合的短路环流，且使一相的绕组匝数减少。在短路环流内的交变磁通会感应出短路电流而产生高温。匝间短路在变压器故障中所占的比重较大。引起匝间短路的原因很多，如线圈导线有毛刺或制造过程中绝缘机械损伤，绝缘老化或油中杂物堵塞油道产生高温损坏绝缘，穿越性短路故障，线匝轴向、幅向位移磨损绝缘等。

3. 分接开关过热

分接开关接触不良，接触电阻过大，易造成局部过热。分接开关接触不良最容易在大修或切换分接头后发生，穿越性故障后可能烧伤接触面。调节分头或变压器过负荷运行时应特别注意分接开关局部过热问题。

4. 其他部分过热

除上述集中局部过热情况外，还有接头发热。因压环螺钉绝缘损坏或压环触碰铁芯造成环漏磁使铁件涡流增大等引起的过热。运行中判断具体过热部位是很困难的，必要时，需吊芯检查。

变压器顶层油温异常升高，超过制造厂规定或大于75℃时，应按以下步骤检查处理。

(1) 检查变压器的负载和冷却介质的温度，并与在同一负载和冷却介质温度下正常的温度核对。

(2) 核对温度测量装置。若远方测温装置发出温度告警信号，且指示温度值很高，而现场温度计指示并不高，变压器又没有其他故障现象，可能是远方测温回路故障误告警，这类故障应报缺陷消除。

(3) 检查变压器冷却装置和变压器室的通风情况。

(4) 若温度升高的原因是由于冷却系统的故障，且在运行中无法修理者，应将变压器停运修理；若不能立即停运修理，则应将变压器的负载调整至规程规定的允许运行温度下的相应容量。在正常负载和冷却条件下，变压器温度不正常并不断上升，且经检查证明温度指示正确，则认为变压器已发生内部故障，应立即将变压器停运。

(5) 若由于变压器过负荷运行引起，应汇报调度减负荷。变压器在各种超额定电流方式下运行，若油温持续上升应立即向调度汇报，一般顶层油温最高应不超过105℃。

七、颜色、气味异常及处理方法

变压器的许多故障都伴有过热现象，使得某些部件或局部过热，会引起相关部件的颜色发生变化或产生特殊气味。变压器颜色、气味异常包括内部故障引起的油色异常，引线接头处过热变色，呼吸器硅胶变色，套管或绝缘子电晕、闪络或有焦煳味等。

1. 油色异常

油色异常一般是由于变压器油质劣化，变压器油中杂质或氧化物增多所致。

2. 呼吸器硅胶变色

正常干燥时呼吸器硅胶一般为蓝色或白色。当硅胶颜色变为粉红色时，表明硅胶已受潮并且失效。硅胶变色过快的原因主要有以下几点。

(1) 长时间天气阴雨，空气湿度较大，因吸湿量大而过快变色。

(2) 呼吸器容量过小。

(3) 硅胶玻璃罩有裂纹、破损。

(4) 呼吸器下部油封罩内无油或油位太低，起不到良好的油封作用，使湿空气直接进入硅胶罐内。

(5) 呼吸器安装不良，如胶垫龟裂不合格、螺栓松动、安装不密封等。

3. 引线及接头线夹处过热变色

套管引线端部紧围部分松动或引线头线夹紧围件滑牙等，接触面氧化严重，会使接触部分过热，颜色变暗失去光泽，表面镀层也会遭到破坏，温度很高时会产生焦臭味。

4. 气味异常

套管、绝缘子污秽或者损伤严重，发生放电、闪络时会发出臭氧味。

颜色、气味异常时的处理方法如下。

(1) 正常变压器油的颜色为淡黄色，如发现变压器油色加深或油中有杂质，应汇报上级并加强监视。

(2) 正常运行中，呼吸器硅胶会从下部开始变色，当呼吸器硅胶变色达 2/3 时，运行人员应通知检修人员更换。若是上层硅胶先变色时，则可判定呼吸器密封不好，应进行检查并通知检修人员处理。

(3) 运行中发现引线及接头线夹处过热变色，应立即汇报调度，减小负荷，有备用变压器的先投入备用变压器，将故障变压器退出运行。无备用变压器的也应尽快将负荷倒出后停电处理。

(4) 由于绝缘子放电造成气味异常或由于变压器过热造成气味异常时，应立即汇报调度将变压器退出运行。

八、外观异常及处理方法

变压器外观异常包括防爆管防爆膜破裂、压力释放阀异常、套管闪络放电、渗漏油等。

1. 渗漏油

渗漏油是变压器常见的缺陷，造成渗漏油的原因如下。

(1) 胶垫不密封造成渗漏：一般胶垫应保持压缩 2/3 时仍有一定的弹性，随运行时间、温度、振动等因素，胶垫易老化失去弹性；胶垫材质不合格，安装位置不对称、偏心也会造成胶垫不密封。

(2) 阀门系统、蝶阀胶垫材质不良、安装不良、放油阀精度不高导致螺纹处渗漏。

(3) 高压套管基座电流互感器出线桩头胶垫处不密封或无弹性，造成接线桩头胶垫处渗漏。绝缘子破裂，造成渗漏油。

(4) 设计制造不良。高压套管升高座法兰、油箱外表、油箱底盘大法兰等焊接处，有的法兰材质太薄、加工粗糙而造成渗漏油。

2. 压力释放器异常

压力释放装置的作用是当变压器油压超过一定标准时释放器动作进行溢油或喷油，从而减少油压，保护了油箱。如变压器油量过多和气温过高而非内部故障发生溢油现象，释放器便自动复位，释放器备有信号报警，以便运行人员迅速检查处理。

3. 防爆管防爆膜破裂

防爆管防爆膜破裂会引起水和潮气进入变压器内，导致绝缘油乳化及变压器的绝缘强度降低。防爆膜破裂原因有以下几种。

（1）防爆膜材质或玻璃选择、处理不当。如材质未经压力试验，玻璃未经退火处理，由于自身内应力的不均匀而导致破裂。

（2）防爆膜及法兰加工不精密、不平整，装置结构不合理，检修人员安装防爆膜时工艺不符合要求，紧固螺钉受力不均匀，接触面无弹性等造成。

（3）呼吸器堵塞或抽真空充氮气情况下操作不慎使之承受压力而破损。

（4）受外力或自然灾害袭击。

（5）变压器发生内部故障。

4．套管闪络放电

套管出现裂纹会使绝缘强度降低，能造成绝缘的进一步损坏，直至全部击穿。裂纹中的水结冰时也可能将套管胀裂，套管裂纹对变压器的安全运行有较大威胁。套管闪络放电会造成发热，导致绝缘老化受损，甚至引起爆炸。其常见的原因如下。

（1）套管表面脏污。如在阴雨天粉尘污秽等会引起套管表面绝缘强度降低，就容易发生闪络事故。如果套管制造不良，表面不光洁，在运行中会因电场不均匀而发生放电。尤其是制造质量不良的套管过脏，在阴雨天吸取污水后导电性能增大，使泄漏电流增加，引起套管发热，可能使套管内部产生裂缝而导致击穿。

（2）高压套管制造中末屏接地焊接不良形成绝缘损坏，或末屏接地出线的绝缘子中心轴与接地螺套不同心，造成接触不良或末屏不接地，也有可能导致电位提高损坏。

（3）系统出现内部或外部过电压，套管制造有隐患而未能查出（如套管干燥不足，运行一段时间后介质损耗上升），油质劣化等共同作用。

外观异常时的处理方法有如下几类。

（1）变压器渗漏油的处理。

1）油泵负压区密封不良容易造成变压器进水进气受潮和轻瓦斯发信，应立即停用该油泵，并进行处理。

2）主变压器外壳渗油应加强监视，报检修单位处理。

3）高压套管处渗油，应检查套管油位，尽快将变压器停运处理。

（2）压力释放阀冒油的处理。

1）检查压力释放阀的密封是否完好。

2）检查变压器本体与储油柜连接阀是否已开启、呼吸器是否畅通、储油柜内气体是否排净，防止由于假油位引起压力释放阀动作。

3）压力释放阀冒油而变压器的气体继电器和差动保护等电气保护未动作时，应立即报检修人员取变压器本体油样进行色谱分析。

（3）防爆管防爆膜破裂应查明原因，报检修单位处理。

（4）发现套管闪络放电，应立即将变压器退出运行。

九、有载分接开关异常及处理方法

在检查变压器时，如发现变压器有载调压油箱上部有放电声，电流表发生摆动，有载分接开关瓦斯保护可能发出信号，此时可初步判断为分接开关故障。分接开关的故障还包括调压时拒动、滑挡、反方向动作和切换不到位（停在过渡位置）等。

有载分接开关操作时拒动，如电机转动，则可能是频繁多次调压操作，使涡轮与连接套上的连接插销脱落。如电机不转则有下列原因。

(1) 有载调压开关在极限位置（最高挡或最低挡），机械极限闭锁动作。

(2) 有载调压开关挡位机械闭锁装置卡死。

(3) 操作控制回路电源熔断器熔断或接触不良。

(4) 操作控制二次回路断线、接触器烧坏。

(5) 电机交流电源未送上或电机烧坏。

有载分接开关异常时的处理方法有以下几类。

(1) 有载分接开关拒动。

1) 两个方向均拒动，进行以下检查后，如电源故障能处理的应立即处理，不能处理的报检修人员处理。

a. 有无操作电源，低压断路器是否跳闸或转换开关未合上（SYXZ 型）。

b. 三相电源是否缺相。

c. 操作电源电压是否过低。

d. 控制回路是否有熔丝熔断、导线断头、零件拆除等情况。

2) 一个方向可以运转，另一个方向拒动，应报检修人员处理。

(2) 开关操作时发生连动。出现这种情况，分接开关可能会一直调到“终点”位置，操动机构实现机械闭锁限位为止。此时应立即按下“急停”按钮或断开调压电动机的电源（时间应选在刚好一个挡位调整的动作完成时，或在“终点”挡位时），然后断开操作电源，使用操作手柄，手动调整到适当的挡位，通知检修人员处理。同时，应仔细倾听调压装置内部有无异音，若有异常，应投入备用变压器或备用电源，变压器停电检修。

(3) 分接开关操作中停止。此时应检查分接开关是否停在过渡位置，如停在过渡位置应立即断开操作电源，手动调整到分接位置，并报缺陷停电检修。

(4) 分接开关慢动。如果分接开关慢动，将有可能烧坏过渡电阻，导致分接开关顶盖冒烟，分接开关的气体继电器动作；分接开关慢动时，从电流指示上可发现电流向下降的方向大幅度摆动。若发现分接开关慢动，应停止下一次调挡，并把变压器停运进行检修。

(5) 调压指示灯亮，变压器输出电压不变化，分接开关挡位指示也不变化。这时则应检查有载调压机构，多为传动杆销子脱落的原因。如两台以上主变压器运行，应调整其他主变压器分接开关与故障主变压器位置一致，然后报检修人员处理。

(6) 分接开关实际位置与指示位置不一致，应报检修人员处理。

十、冷却装置异常及处理方法

220kV 变电站的主变压器大部分为强油风冷式变压器或片散式风冷变压器，冷却装置运行异常会造成主变压器被迫减少输出功率甚至停运。

冷却装置常见异常的现象及原因如下。

(1) 风扇或油泵声音过大。这种情况可能是轴承偏移摩擦过大、扇叶变形等。

(2) 风扇不转。风扇电动机过载造成热继电器动作、风扇热继电器整定值过小、风扇电源断线、风扇机械故障等都会造成风扇不转。

(3) 油流指示异常的原因如下。

1) 油流指示器故障。

2) 油泵停转。如油泵由于电机故障（缺相或短线）、本身机械故障或过载造成热继电器动作，以及由于散热器阀门未打开造成电机过载等引起油泵停转。

(4) 整组冷却装置停运的原因如下。

1) 控制回路继电器故障。

2) 控制回路电源消失。

3) 冷却装置动力电源消失。

4) 回路绝缘损坏，冷却装置低压断路器跳闸。

5) 一组冷却装置故障后备用冷却装置由于自动切换回路问题而不能自动投入。

(5) 冷却装置运行正常，但是一部分散热器温度异常升高，是由于散热器阀门未打开，散热器的各散热管之间被油垢、脏物堵塞或覆盖都会影响散热。

冷却装置正常与否，是变压器正常运行的重要条件。在冷却设备存在故障或冷却效率达不到设计要求时，变压器不宜满负荷运行，更不宜过负荷运行。需要注意的是，在油温上升过程中绕组和铁芯的温度上升快，而油温上升较慢，可能从表面上看油温上升不多，但铁芯和绕组的温度已经很高了。所以，在冷却装置存在故障时，不仅要观察油温，还应注意变压器运行的其他变化，如声音、油位、油色等，综合判断变压器的运行状况。

(6) 冷却装置异常运行处理原则。

1) 当冷却系统发生故障切除全部冷却器时，强油风冷变压器在额定负载下允许运行时间不小于20min。当油面温度尚未达到75℃时，允许上升到75℃，但冷却器全停的最长运行时间不得超过1h。对于同时具有多种冷却方式（如油浸自冷式、油浸风冷式或强油风冷式）的变压器应按制造厂规定执行。

2) 变压器冷却装置异常，使油温升高超过规定值，应作进一步检查处理。油浸式变压器顶层油温一般限值见表5-2。

表5-2　　油浸式变压器顶层油温一般限值（单位:℃）

冷却方式	冷却介质最高温度	最高顶层油温
自然循环自冷、风冷	40	95
强迫油循环风冷	40	85
强迫油循环水冷	30	70

3) 如电源指示灯不亮，则是电源故障，或者是电源故障后，备用电源自动投入装置未启动。可切换风冷控制箱内电源切换把手，如切换后备用电源能够投入，则先恢复冷却装置运行，再查找工作电源故障的原因（如熔断器是否熔断、导线接触不良或断线等）。

4) 如两组工作电源均失电，应检查风冷控制箱内和低压配电柜内风冷电源熔断器是否熔断、导线接触不良或断线等，查明故障点，迅速处理。若电源已恢复正常，风扇或潜油泵仍不能运转，则可按动热继电器复归按钮试一下。若电源故障一时来不及恢复，且变压器负荷又很大，可采用临时电源使冷却装置先运行起来，再去检查和处理电源故障。

(7) 油流故障的处理。出现油流故障现象，运行人员应立即查找原因进行处理，其处理方法如下。

1) 启动备用冷却器。

2) 检查油泵和油流指示器是否完好。如属于油泵故障，该组冷却器在故障处理前不得再投入运行。如属于油流指示器故障，则冷却器可运行，指示器故障报缺陷处理。

3) 检查潜油泵交流电源接线是否正确，其回路是否有断线现象。如交流回路断线，运行人员能处理的应立即处理，不能处理的报缺陷由专业人员处理。

4）检查潜油泵控制回路是否有故障。如热继电器是否动作，如动作可复归后试送一次，再次动作不得再送，应报专业人员处理。

5）检查油路阀门位置是否正常，油路有无异常。如油路阀门未打开，造成油路不通，应报调度后，将重瓦斯保护改投信号位置后，打开油路阀门。

（8）散热器出现渗漏油时，应临时采取堵漏油措施，然后报检修人员处理。

（9）当散热器表面油垢严重时，应报检修人员清扫散热器表面。

（10）强油冷却装置运行中出现过热、振动、杂音及严重渗漏油、漏气等现象时，在允许的条件下应将该组冷却器退出运行，报检修人员处理。

十一、输出电压异常及处理方法

在正常情况下，变压器输出电压应维持在一定范围内，偏低或偏高都属于电气故障。变压器输出电压异常的现象和原因如下。

（1）电源电压偏低或偏高，造成输出电压必然偏低或偏高。

（2）分接开关挡位不正确。

（3）绕组匝间短路。变压器高压或低压绕组发生匝间短路，实际上改变了高低压绕组的匝数比，即改变了电压比。

1）若高压绕组发生匝间短路，一次侧绕组匝数减少，变压器电压比减小，输出电压升高。

2）若低压绕组发生匝间短路，二次侧绕组匝数减少，变压器电压比增加，输出电压降低。

（4）铁芯和绕组缺陷。当变压器带上负载后，如果较空载时输出电压降低很多，说明变压器内部电压降低太多，这是由于铁芯和绕组存在某些缺陷，使漏磁阻抗增加，负载电流通过时，电压降低过多。

（5）三相负载不对称。如果变压器三相负载不对称，会发生三相电流不平衡、三相电压不平衡、中性点电压位移或者零序保护发信号等现象。三相负载不对称主要是由于有大容量单相负载或线路单相断线造成的。

发现变压器输出电压异常应根据系统电压和负荷情况进行综合分析，分别进行处理。

（1）系统电压过高、过低或由于分接头位置不正确造成输出电压不正常，应调整有载调压变压器分接头，或投入、退出站内无功补偿设备调整输出电压。站内不能调整时，申请调度进行调整。

（2）由于主变压器内、外部故障造成输出电压不正常，应汇报调度，有备用变压器的投入备用变压器，将故障变压器停运。

（3）由于负荷过大或不平衡造成输出电压不正常，应汇报调度，调整负荷。

十二、过负荷运行及处理方法

变压器过负荷运行是电流超过正常值，过负荷保护动作发出过负荷信号。过负荷分为正常过负荷和事故过负荷两种。过负荷运行的原因如下。

（1）变压器容量过小，不满足负荷需要。

（2）负荷突然大量增加。

（3）无功补偿容量不足。

(4) 系统中或站内设备检修或故障，使部分变压器退出运行。

过负荷运行处理方法如下。

(1) 运行中发现变压器负荷达到额定值90%及以上时，应立即向调度汇报，并做好记录。

(2) 检查并记录负荷电流、油温和油位的变化，检查变压器声音是否正常，接头是否发热，冷却装置投入量是否足够、运行是否正常，防爆膜、压力释放器是否动作。

(3) 如冷却器未自动全部投入，应手动将冷却器全部投入运行。

(4) 当有载调压变压器过载1.2倍运行时，禁止进行分接开关变换操作。如可预见到变压器过负荷运行，应提前调整电压。

(5) 变压器的负荷超过允许的正常负荷时，联系调度，申请降低负荷。过负荷倍数及运行时间按照现场规程中的规定执行。

(6) 如属正常过负荷，可根据正常过负荷的倍数确定允许运行时间，并加强监视变压器油位、油温。运行时间不得超过规定，若超过时间，则应立即汇报调度申请减少负荷。

(7) 若属事故过负荷，则过负荷的允许倍数和时间，应依照制造厂的规定执行。若过负荷倍数及时间超过允许值，应按规定减少变压器的负荷（如按照紧急拉路序位表进行限负荷）。

(8) 过负荷结束后，应及时向调度汇报，并记录过负荷结束时间。

十三、轻瓦斯保护动作及处理方法

变压器轻瓦斯保护动作会发出动作信号，有时气体继电器内有气体。轻瓦斯保护动作的原因如下。

(1) 变压器内部有轻微故障产生气体。

(2) 变压器内部聚积空气。聚积空气有以下原因。

1) 变压器（含有载开关）注油时油中含气量较大。

2) 注入油时将空气带入；真空脱气不够，空气未排净。

3) 由于变压器运行或有载开关动作频繁发热等，使油中气体逐步溢出，造成气体积聚过多。

4) 部件密封不严密，潜油泵产生负压进气等。

(3) 外部发生穿越性短路故障，造成变压器油过热气化。

(4) 直流多点接地、轻瓦斯保护二次回路短路，如气体继电器接线盒进水，电缆绝缘老化腐蚀等。

(5) 油温降低或漏油使油面降低。

(6) 受强烈振动影响。

(7) 气体继电器本身故障，如触点粘连等。

轻瓦斯动作发出信号时，值班人员应立即汇报调度和上级，并检查有无其他信号，对变压器进行巡视检查。

(1) 检查是否因积聚空气、油位降低、二次回路故障或是变压器内部故障造成。如气体继电器内有气体，则应记录气体量，观察气体的颜色及试验是否可燃，并取气样及油样做色谱分析，根据有关规程和导则判断变压器的故障性质。

1) 若气体继电器内的气体为无色、无臭且不可燃，色谱分析判断为空气，则变压器可继续运行，但应报检修人员检查、消除进气缺陷。

2）若气体是可燃的或油中溶解气体分析结果异常，应综合判断确定变压器是否停运。

3）如一时不能对气体继电器内的气体进行色谱分析，则可按表 5-3 进行鉴别。

表 5-3　变压器故障气体检查方法

序号	气体性质	判断气体	产生原因	处理方法
1	无色、无味、不可燃	空气	变压器注油时油中含气量较大，注油时将空气带入，真空脱气不够，空气未排净，部件密封不严密，潜油泵产生负压进气，有载开关动作频繁发热	放气处理
2	黄色、可燃		木质故障	联系停电处理，取气送试验所化验，未查明原因和试验合格以前，不许将变压器投入运行
3	淡灰色、可燃并有臭味		纸质故障	
4	灰黑色、易燃		铁质故障使绝缘油分解	

（2）如果轻瓦斯动作发信后经分析判断为变压器内部存在故障，且发信间隔时间逐次缩短，则说明故障正在发展，这时应尽快将该变压器停运。

第二节　断　路　器

高压断路器在系统正常运行时起接通和断开电路的作用，高压开关具有灭弧能力，是切合电路的主要设备。它具有控制和保护两方面作用。正常时根据电网运行需要，将电力设备或线路投入或退出运行，当电力设备或线路发生故障时，通过保护装置作用于断路器，将故障部分从电网中切除，保证电网无故障部分正常运行。

一、有关 SF_6 气体

SF_6 作为一种绝缘气体具有很多优点，是一种无色、无味、无毒、不可燃的惰性气体，并有优异的冷却电弧特性，特别是在开关设备有电弧高温的作用下产生较高的冷却效应，避免局部高温的可燃性。SF_6 的绝缘性能远远超过传统的油、空气绝缘介质，用于电气设备中，可以缩小设备的尺寸，提高设备绝缘的可靠性。其缺点是在电弧放电时，分解形成硫的低氟化合物，不但有毒，且对某些绝缘材料和金属具有腐蚀作用。

1. 物理性质

SF_6 是一种比较重的气体，在相同条件下，其密度为空气的 5 倍，SF_6 只有在温度高于 45℃以上时，才能保持气态，在通常使用条件下，它有液化的可能性，因此 SF_6 不能在过低温度和过低压力下使用。

2. 化学性质

SF_6 气体本身的特性是非常稳定的，并且有着非常高的绝缘强度。在大气压力下和温度至少在 500℃以内，与电气设备中常用的金属是毫无反应的。SF_6 分解的危险温度是 600℃左右，此时 SF_6 分解形成硫的低氟化合物。因此，SF_6 至少在电气设备的 A 级绝缘温度，即 105℃以内是相当稳定的。

3. 灭弧性能

（1）弧柱导电率高，燃弧电压很低，弧柱能量较小。

（2）当交流电流过零时，SF_6 气体的介质绝缘强度恢复快，约比空气快100倍，它的灭弧能力比空气的高100倍。

（3）SF_6 气体的绝缘强度较高。

4. 电气特性

SF_6 是一种具有高介电强度的介质。在均匀电场下，SF_6 的介电强度约为同一气压下空气的2.5～3倍。在3个大气压下，其介电强度与变压器油相当。实践证明，在空气掺入少量的 SF_6 气体，空气的绝缘强度显著提高；相反，在 SF_6 气体中加入少量的空气，则 SF_6 气体的绝缘强度也会明显下降。由于 SF_6 的介电强度高，因此，对相同电压级和开断电流相近的断路器，SF_6 的串联断口数要少。SF_6 吸附自由电子而形成负离子的现象也是其成为优良灭弧介质的原因，因为吸附负电子后，使其外层形成8个电子的稳定结构。

5. 水分对绝缘的影响

SF_6 中所含水分超过一定浓度时，使 SF_6 在温度达200℃以上就可能产生分解，分解的生成物中有氢氟酸，这是一种有强腐蚀性和剧毒的酸类。此外，水分的凝结对沿边绝缘也是有害的。因此，在 SF_6 的电气设备中应严格控制水分的含量。

二、SF_6 断路器气体泄漏的危害

（1）SF_6 气体虽然无色、无味、无毒，但它是惰性重度气体，常沉积在低凹处，造成它所覆盖的处所与空气隔绝，表现为缺氧、容易污染环境又不易被清除。在工作场所中，当空气中的 SF_6 气体泄漏含量超过一定数值时，有害的分解物成分可能损害人身健康。

（2）SF_6 电气设备泄漏造成了 SF_6 气体损失，气体纯度降低，水、酸和可水解物杂质成分增加，导致介质质量变差甚至不合格。泄漏也造成浪费，增加了运行维修工作量。

（3）SF_6 气体的绝缘介质强度与气体压力具有较大的关系。只有使气压保持在设计规定的范围之内，避免泄漏，才能使电气设备达到或维持在设计的绝缘水平上运行。

三、油断路器油面过高或过低，对运行的影响

断路器内油面过高会使断路器桶内的缓冲空间相应的减少（一般缓冲空间为断路器体积的7%）。当遮断故障电流时，所产生的弧光将周围的绝缘油汽化，从而产生强大的压力，如缓冲空间过小，就会发生喷油、桶皮变形，甚至有爆炸的危险。严重缺油引起油面过低，在遮断故障电流时，弧光可能冲出油面，游离气体混入空气中，产生燃烧爆炸。

四、断路器应申请停电处理的情况

（1）套管有严重破损和放电现象。

（2）断路器内部有爆裂声。

（3）SF_6 断路器严重漏气或发出操作闭锁信号。

（4）少油断路器灭弧室冒烟或内部有异常声响。

（5）油断路器严重漏油，油标管中看不见油位。

（6）空气断路器内部有异常声响或严重漏气，压力下降，橡胶吹出。

（7）真空断路器出现真空损坏的“咝咝”声。

（8）连接处过热变色或烧红。

（9）气动或液压操动机构压力闭锁。

五、断路器位置指示异常及处理方法

断路器位置指示不正确在运行中发生较多，断路器位置指示不正确会使运行人员不能正确判断断路器的分、合位置，在倒闸操作或事故处理中造成误判断。如果位置指示不正确是由于控制回路故障引起的，会造成断路器不能正常操作。分闸回路故障会使断路器在故障时不能自动跳闸，扩大事故范围；合闸回路故障会使断路器在瞬时故障跳闸后不能自动重合，延长停电时间。

1．断路器位置指示不正确的现象和原因

（1）断路器位置指示灯不亮。

（2）断路器位置指示红、绿灯全亮或闪光，是由于回路中有接地点，或者分、合闸回路之间绝缘损坏（检修后一般为接线错误），或有异常连接的地方。

（3）监控系统断路器位置指示相反，即合闸时显示为绿色、分闸时显示为红色，一般是由于新投断路器或监控系统检修后将断路器分、合闸状态位置接反所致。

（4）机械位置指示器内部脱扣或位移。

2．开关位置指示不正常的处理方法

（1）开关位置指示灯不亮，应检查有无其他信号，如无信号则首先更换指示灯泡。如有控制回路断线信号，则按照控制回路断线进行处理。如有开关闭锁信号，则应检查处理造成闭锁的原因并进行处理。

（2）开关位置指示红、绿灯全亮或闪光。检查直流有无接地，有接地应立即检查处理。无直流接地或接地点不能自行处理的应报检修人员处理。

（3）监控系统开关位置指示相反，应报缺陷由检修人员处理。

（4）机械位置指示不正确应报检修人员处理。拉开两侧隔离开关时应通过电压、电流提示，手动按下机械分闸按钮等方法检查断路器的断开位置。

六、断路器控制回路断线现象、原因及处理方法

1．断路器控制回路断线的现象

（1）警铃响，故障断路器红、绿位置指示灯熄灭或指示异常，若为三相指示灯，则可能出现某相指示灯熄灭。

（2）相应线路控制盘发出“控制回路断线”、“压力降低分闸闭锁”、“压力降低合闸闭锁”、“装置异常”等光字牌信号。

2．控制回路断线的原因

（1）弹簧机构的弹簧未储能、储能未满，或液压、气动机构的压力降低至闭锁值及以下。

（2）分、合闸回路接线端子松动、断线等。

（3）分闸或合闸线圈断线。

（4）断路器动合或动断辅助触点接触不良。

（5）分、合闸位置继电器或防跳继电器线圈断线。

（6）控制熔断器熔断或松动等。

3．控制回路断线处理方法

断路器发出控制回路断线信号后，应进行以下检查处理。

（1）先检查有无其他信号同时发出，如有闭锁信号发出，应检查造成断路器闭锁的原因并进行处理。

（2）检查控制熔断器是否熔断（小开关是否跳闸）或接触不良，如控制熔断器熔断应更换（或试合控制小开关），再次熔断（或跳闸）不得再投。

(3) 检查控制回路有无断线或接触不良的现象，值班员能处理的尽量处理，不能处理的报检修人员处理。

(4) 断路器控制回路断线短期内不能修复的，采用倒闸操作的方法将故障断路器退出运行。

七、断路器本体或接头过热原因及处理方法

断路器运行中通过红外测温可发现本体或接头过热现象，严重时可看到本体外部颜色异常，且可嗅到焦臭味，常见的是接头部位过热。断路器过热会使绝缘材料老化、弹簧退火、触头熔焊等。

1. 造成断路器过热的原因

(1) 过负荷。

(2) 触头接触不良，接触电阻超过规定值。

(3) 导电杆与设备接线夹连接松动。

(4) 导电回路内各电流过渡部件、紧固件松动或氧化。

2. 断路器过热的处理方法

(1) 断路器本体过热应立即停电处理。

(2) 断路器接头过热应根据环境温度和负荷情况确定缺陷等级，报缺陷处理。停电前可先汇报调度通过限负荷或倒负荷的方式减小断路器负荷电流，降低发热程度。

八、油断路器油位、油色异常的原因及处理方法

1. 油位异常

油断路器中的油起灭弧和绝缘作用，若油位过高，可能造成在切断故障电路时由于电弧与油作用分解出大量气体，产生压力过高而发生喷油现象，甚至由于缓冲空间减小而发生断路器油箱变形或爆炸事故。若油位过低，空气中的潮气进入油箱，使部件乃至灭弧室暴露在空气中，可能造成绝缘受潮故障，或由于油量少，在开断故障电路时产生气体压力过低，灭弧困难，使电弧烧坏触头和灭弧室，甚至电弧冲出油面，高温分解出来的可燃气体混入空气，引起爆炸。

造成油断路器油位异常有以下原因。

(1) 检修时加油过多造成油位过高。

(2) 渗漏油造成油位过低，如放油阀门胶垫龟裂或关闭不严引起渗漏油、油标玻璃裂纹或破损引起的漏油等。

(3) 多次放油后未作补充造成油位过低。

(4) 气温突降且原来油量不足造成油位过低。

油断路器油位异常的处理方法如下。

(1) 油位降低应检查有无渗漏油，若是由于渗漏油造成油位过低，应观察渗漏油的速度，根据油位和渗漏油的速度确定缺陷等级上报处理。在处理前运行人员应加强监视，做好事故预想和应急处理准备。

(2) 油位过高应上报缺陷，加强监视，做好事故预想和应急处理准备。

(3) 油断路器严重缺油时，禁止将其直接断开。应按照分间闭锁的处理方法将断路器退出运行，以防断路器突然跳闸，造成设备的更大损坏。

2. 油色异常

正常情况下，断路器中的油呈浅黄色，油断路器在运行中，可能会因多次切断故障电流而造成油中游离碳增多，使油色变黑，造成油断路器灭弧性能下降。断路器油色变黑后，能否继续运行，应根据以下方法处理。

(1) 油断路器切断故障电流的次数达到规定值的，应将重合闸退出，并安排换油或检修。

(2) 油断路器切断故障电流的次数未达到规定值而油变黑，应根据油的击穿电压和油质化验分析来确定是否对断路器进行换油检修工作。

九、SF_6 断路器气压异常的原因及处理方法

发现 SF_6 断路器有气压报警或气压闭锁信号发出，应检查气压表指示，将表计读数与 SF_6 压力温度曲线比较，以确定是否有误。

1. 造成 SF_6 断路器压力降低的原因

(1) SF_6 系统有漏气现象。如瓷套与法兰胶合处胶合不良；瓷套的胶垫连接处胶垫老化或位置未放正；滑动密封处密封圈损伤，或滑动杆光洁度不够；管接头处及自动封阀处固定不紧或有杂物；压力表特别是接头处密封垫损伤等造成漏气。

(2) SF_6 密度继电器失灵。

(3) 表计指示有误。

(4) SF_6 断路器气压异常。

2. SF_6 断路器压力降低的处理方法

正常运行中用 SF_6 气体密度继电器监视气体密度的变化，当运行中 SF_6 密度继电器报警时，则说明断路器有压力异常现象。此时应记录 SF_6 压力值，并将表计的数值根据环境温度折算成标准温度下的压力值，判断压力值是否在规定的范围内。

(1) 当发出压力告警信号时，应及时检查压力表指示，根据温度和压力信号指示判断信号发出是否正确并判断断路器是否有漏气现象；若没有明显漏气现象，应汇报检修人员进行带电补气，补气后继续监视气压；若有漏气现象（有刺激性气味或“嘶嘶”声），应立即远离故障断路器，汇报调度，及时转移负荷或改变运行方式，将故障断路器停电处理。

(2) 发出 SF_6 气体闭锁压力信号时，说明气体压力下降较多，漏气严重；这时，断路器跳、合闸回路已被闭锁。

十、真空断路器真空度降低的原因及处理方法

真空断路器是利用真空的高介质强度灭弧，真空度必须保证在 0.013Pa 以上，才能可靠的运行，若低于此真空度，则不能灭弧。正常巡视检查时要注意玻璃屏蔽罩的颜色应无异常。特别要注意断路器分闸时的弧光颜色，真空度正常情况下弧光呈微蓝色，若真空度降低则变为橙红色。

1. 造成真空断路器真空度降低的原因

(1) 使用材料气密情况不良。

(2) 金属波纹管密封质量不良。

(3) 在调试过程中，行程超过波纹管的范围，或超程过大，受冲击力太大。

2. 真空断路器真空度下降的处理方法

如果断路器在运行中，发现真空度降低，严禁对断路器进行停、送电操作，立即断开断路器的控制电源，采取措施，将故障断路器退出运行。

十一、断路器拒绝合闸原因及处理方法

1. 断路器拒绝合闸的原因

(1) 控制回路熔断器熔断或接触不良。

(2) 操作把手接点接触不良。

(3) 防止跳跃继电器接点接触不良。

(4) 直流接触器故障。

(5) 合闸回路导线断线。

(6) 合闸线圈断线。

(7) 液压异常，合闸闭锁。

2. 断路器拒绝合闸的处理方法

(1) 检查监控系统是否有断路器控制回路断线或闭锁信号。如有上述信号应暂停操作，待处理恢复后再进行操作。对于带有旁路母线的主变压器或出线断路器，可用旁路断路器代路送电，无法代路时，保持断路器停电状态，等待处理。

(2) 检查监控机“五防”闭锁是否开放，检查“五防”钥匙传输是否正常，可重新传输“五防”操作指令。

(3) 检查监控机与“五防”机连接是否正常。如连接不正常，多是传输线接触不良，值班人员能处理的应立即处理，不能处理的报专业人员处理。

(4) 检查断路器操动机构有无异常现象。如有异常现象，按照操动机构异常处理的方法处理。

(5) 检查直流母线电压是否过低。如过低，可调节蓄电池组端电压或充电机整定值，使电压达到规定值。

(6) 经以上检查查不出拒绝合闸原因时，应按危急缺陷报调度和工区，由检修人员处理，值班人员做好检修准备。有旁路母线的可将拒动断路器用旁路断路器代送。

十二、断路器拒绝分闸原因及处理方法

1. 断路器拒绝分闸的原因

(1) 操作电源熔断器是否熔断，断路器辅助接点接触不良。

(2) 分闸机构松脱或卡死，弹簧机构未储能。

(3) 断路器发生拒绝分闸时，应立即将断路器操作电源瞬间分合一下，防止烧坏分闸线圈。

(4) 断路器故障跳闸后，若绝缘子有裂纹，SF_6 气体泄漏或其他不正常现象，即使未达到规定次数，也应及时汇报有关领导及检修部门，听候处理。

(5) 断路器一次分、合不成，可再操作一次（但应确定不是继电保护动作而合不上），如仍然分、合不成应检查原因，并立即向调度汇报。

(6) 当断路器 SF_6 压力降低至发“SF_6 压力降低禁止分合闸”，不准手动操作，应切断断路器直流操作电源，并挂“禁止分闸”标示牌，并向调度汇报。

(7) 断路器运行中发出“控制回路断线”信号时，断路器位置信号灯熄灭。此时说明断路器正在非自动状态，已不能进行正常操作，要及时汇报处理。

2. 断路器拒绝分闸的处理方法

操作时断路器分不开，不存在对用户供电的问题，但为了防止越级跳闸事故的发生，应立即汇报调度，迅速采取措施。

(1) 按照断路器拒绝合闸的处理方法检查控制回路和“五防”系统。

(2) 仍不能分闸的，带有自由脱扣机构的断路器可到断路器操动机构处按下“紧急分闸”按钮分闸。

(3) 没有自由脱扣机构的断路器或者采用“紧急分闸”按钮仍不能分闸的断路器，采取禁止分闸的措施：可断开断路器控制电源；或者断开断路器操动机构电源（液压机构油泵电源、弹簧机构电机电源、气动机构气泵电源）；若断路器已被电气闭锁，有机械闭锁卡具的应安装机械闭锁卡具，将断路器机械闭锁在合闸位置。

(4) 按照不同的主接线方式和拒分断路器的位置，采用倒闸操作的方法将拒分断路器退出运行，做好安全措施，报调度和检修人员处理。

第三节　隔　离　开　关

在电力系统中，隔离开关主要作用是将电气设备与带电的电网隔离，以保证被隔离的设备能安全地进行检修；同时还可以改变运行方式，在双母线接线中可利用隔离开关将设备从一组母线切换到另一组母线上。隔离开关没有专门的灭弧装置，操作中防止带负荷拉合隔离开关、防止带电和接地开关的操作。此外，由于隔离开关具有一定的自然灭弧能力，按规程规定可用隔离开关直接拉合电气设备。

一、隔离开关的作用

隔离开关可以进行下列操作。

(1) 拉合无故障的电压互感器和避雷器。

(2) 拉合空载母线。

(3) 拉合电流互感器。

(4) 拉合变压器中性点接地开关。

(5) 拉合 630kVA 以下空载变压器。

二、隔离开关异常

隔离开关发生下列情况时应立即汇报当值调度员及有关领导，听候处理。

(1) 隔离开关绝缘子破裂。

(2) 各部导电回路接头严重发红，发热等。

(3) 隔离开关放电或闪络。

三、隔离开关操作的一般要求

(1) 线路停电时，必须按先拉开断路器，再拉开线路侧隔离开关，最后拉开母线侧隔离开关的顺序，送电操作时与之相反。这种操作顺序是为了防止发生带负荷拉、合隔离开关事故时，出现越级跳闸，使事故扩大。一旦发生带负荷拉、合隔离开关，故障点始终位于断路器的负荷侧，从而可由该断路器切断可能发生的弧光短路事故，不致使事故扩大。

(2) 操作隔离开关前检查断路器确在断开位置方可进行，拉合必须迅速平稳，终了时不得冲击过猛。因机构卡涩或接触过紧或瓷柱有裂纹而不能拉合时不能强行操作，应汇报调度员及上级领导和相关单位。

（3）运行中隔离开关严重过热时，立即向调度员汇报并加强监视。

（4）隔离开关操动机构的正常操作要求

1）隔离开关电动操动机构电动机电源操作前合上，操作后拉开。

2）手动隔离开关操动机构把手的销子操作后应锁好。

四、隔离开关拉不开或合不上时的处理

（1）电动操动机构隔离开关拉不开或合不上时，应立即停止操作，检查隔离开关操作电源，检查隔离开关机构箱中的切换开关是否在远方，是否满足逻辑闭锁条件以及机构箱门是否关好，电气操作回路等是否完好。

（2）因隔离开关本身传动机构故障不能操作时，应向调度员汇报，并做好倒负荷及停电处理的准备。

（3）隔离开关合不到位时可以拉开后重新再合一次。检查操作电源及电气回路是否完好，对于电动操作的隔离开关应检查机械传动装置否到位，如不到位应手动操作将隔离开关合到位，如机械传动装置已到位，应汇报调度，并通知检修部门处理。

五、隔离开关误操作的处理

（1）隔离开关带负荷拉开时，应在弧光未断之前，迅速将其合上；如隔离开关全部断开，则禁止再合上。

（2）隔离开关带负荷误合闸时，无论何种情况，决不允许再拉开。

六、隔离开关接头过热的原因及处理方法

在运行中隔离开关接头发热主要是由负荷过大、触头氧化接触不良和操作时没有完全合到位引起的。

隔离开关接头过热的处理方法如下。

（1）若接头属轻微过热，应加强巡视，在高峰负荷时用红外测温装置等监测温度，严密监视接头过热是否在发展。

（2）隔离开关触头过热，可用绝缘拉杆轻轻调整接触面，继续观察其发热是否减弱。如发现有三相合后位置不同期现象，可用相应电压等级的绝缘棒将隔离开关的三相触头顶到位，但要小心从事，以防滑脱而造成事故。事后应加强监视，防止继续发热。对室内隔离开关，还应加强通风及降温措施。

（3）若接头严重过热应立即汇报调度，根据本站接线形式采用倒母线或旁路代替运行及降低负荷等方法进行紧急处理。若接头已发红变形，负荷不能马上转移的，应立即停电检修。

停运操作方法有如下4种。

（1）负荷侧隔离开关可将回路断路器和线路转冷备用。

（2）母线侧隔离开关需拉开回路断路器并将母线转冷备用，双母线接线可先将该线路倒换至另一条母线运行，发热的母线隔离开关在以后的母线停用（双母接线的还必须该回路同时停用）时，进行处理。

（3）主变压器侧隔离开关需将该回路断路器和主变压器转冷备用。

（4）专用旁路接线中，如果某一回路母线侧或线路侧隔离开关发热，可用旁路替代该线路运行，发热的隔离开关安排停电检修。

七、隔离开关绝缘子损坏的处理方法

运行中的隔离开关如果被发现支柱绝缘子有裂纹和裙边有轻微外伤或破损的，或者有断裂、闪络的，应立即汇报调度及上级主管部门，尽快处理，在停电处理前应加强监视。

(1) 隔离开关支柱绝缘子有裂纹的应禁止操作，与母线连接的隔离开关其支柱绝缘子有裂纹的应尽可能采取母线与回路同时停电的处理方法。

(2) 绝缘子裙边有轻微外伤或破损，可采取停电后修补涂的手段；外伤或破损严重则应立即停电更换处理。

八、隔离开关操作卡滞或拒动的原因及处理方法

隔离开关有时在操作中会发生卡滞或分、合不到位现象。

1. 原因

(1) 传动机构断裂或销子脱落。

(2) 传动机构和隔离开关转动轴处生锈或调整不到位。

(3) 隔离开关接头熔焊或冰冻等。

(4) 小车开关轨道变形，动、静触头不在一个水平面或者闭锁钩抬不起来等会造成小车推不到位；触头过热熔焊、闭锁钩打不开等会造成小车拉不出来。

2. 处理方法

(1) 先检查操作步骤是否正确，是否符合“五防”逻辑造成隔离开关机械或电气闭锁。

(2) 遥控操作时，隔离开关拒动，应检查隔离开关“五防”闭锁是否开放，如未开放应检查操作步骤是否正确、“五防”机与监控机信号传输是否正常、“五防”程序运行是否正确等，处理后再进行操作。

(3) 隔离开关电动操作拒动。

(4) 检查其操动机构是否正常、传动机构各部分元件有无明显卡滞现象。若操动机构有问题，应进行处理，恢复正常后进行操作。

(5) 检查传动部件有无脱落、断开，方向接头等部件是否变形、断损。如传动部件故障，应汇报调度，停电处理。

(6) 静触头是否有卡滞现象。在操作时发生动触头与静触头有抵触时，不应强行操作，否则可能造成支持绝缘子的破坏而造成事故，应停电处理。

第四节　互　感　器

在电力系统的运行中，互感器将高电压、大电流变换为低电压、小电流，互感器二次侧连接着继电保护和自动装置、仪表或监控系统、电能计量等设备，对电力系统的稳定、可靠运行起着至关重要的作用。

一、电压互感器操作要求及注意事项

(1) 停用电压互感器应先断开电压互感器二次侧隔离开关，再断开电压互感器一次侧隔离开关。

(2) 在电压互感器的二次回路上工作应注意不得造成二次短路或接地。

(3) 停用电压互感器时应考虑低频率、距离、电压、方向、母差保护、故障录波器等装置误动。

（4）停用电压互感器须考虑电能表的计量问题。

二、电流互感器操作要求及注意事项

（1）在电流互感器的二次回路上操作应注意不得造成二次开路。

（2）差动保护电流互感器的二次回路上有操作或工作时，应考虑退出差动保护。

（3）电流互感器的二次回路上有工作时，应考虑电能表的计量问题。

（4）电流互感器进行电流试验时，应将该电流互感器的二次短路并接地。

（5）电压互感器回路的投切操作要求：先拉电压互感器二次侧断路器，再拉电压互感器一次侧隔离开关，送电时按相反顺序进行。

三、互感器需要立即停用的情况

1. 电压互感器

（1）高压熔断器连续熔断2～3次。

（2）内部发热，本体或接头处温度过高。

（3）内部有放电声或其他噪声。

（4）严重漏油、流胶或喷油，从油位指示器中看不到油位。

（5）内部发出焦臭味、冒烟或着火。

（6）套管严重污浊、破裂放电，套管、引线与外壳之间有火花放电。

（7）金属膨胀器异常膨胀变形。

（8）二次电压异常波动。

（9）SF_6气体压力表为零。

2. 电流互感器

（1）漏油，从油位指示器中看不到油位。

（2）有噼啪声或其他噪声。

（3）内部发出焦臭味且冒烟。

（4）设备严重放电或瓷质部分有明显裂纹。

（5）SF_6气体压力表为零。

（6）瓷质部分严重污浊、破损或闪络放电。

（7）金属膨胀器异常膨胀、变形。

（8）主导流部分接触不良，引起发热变色。

四、电压互感器的常见异常现象及原因分析

1. 本体、引线接头过热

电压互感器内部匝间、层间短路或接地时，高压熔断器可能不熔断，引起本体过热甚至可能会冒烟起火。接头部分接触不良或氧化腐蚀造成接触电阻增大，也会发生过热现象。

2. 内部声音异常或有放电声

内部有放电时会发出“噼啪”的响声或其他噪声时，可能是由于内部短路、接地、夹紧螺栓松动引起的。

3. 互感器喷油、流胶或外壳开裂变形

互感器内或引线出口处有严重喷油、漏油或流胶现象。此现象可能是由于套管破裂、密封件老化、四周螺栓吃力不均造成的。

4. 内部发出焦臭味、冒烟、着火

内部发出焦臭味、冒烟、着火，此情况说明内部发热严重，绝缘已受损或烧坏。

5. 套管破裂、放电，引线与外壳之间有火花放电

套管严重破裂、放电，引线与外壳之间有火花放电现象，可能是由于套管受外力破坏，或者套管材质不良，在气温变化时破裂；也有可能是外绝缘严重污浊、受潮造成的。

五、电压互感器本体渗漏油的现象及处理方法

1. 现象

长期渗油或严重漏油，会引起互感器严重缺油，若此时同步发生油位指示器堵塞，出现假油位，运行人员未能及时发现，会使互感器铁芯暴露在空气中，造成绝缘老化加速，过电压时引起互感器内部绝缘闪络，使互感器烧毁或爆炸。

2. 处理方法

(1) 电压互感器本体渗漏油若不严重，并且油位正常，应加强监视。

(2) 电压互感器本体渗漏油严重，并且油位未低于下限，但一时又不能停电检修，应加强监视，增加巡视的次数；若低于下限，则应将电压互感器停电。

(3) 电容式电压互感器电容单元渗油应立即停电处理。

六、电压互感器二次小开关连续跳开或熔断器连续熔断

1. 现象

(1) 熔断相电压为零，完好相电压不变，与熔断相有关的线电压降低。

(2) 有功功率表、无功功率表指示降低，电能表走慢。

(3) 接有故障录波器时，可能引起录波器低电压启动动作。

(4) 中央信号屏发出“电压回路断线”光字牌。

2. 原因

(1) 低压侧有短路或者低压负荷过大，以及低压侧熔断器选择不当等。

(2) 小开关本身机械故障造成脱扣。

3. 处理方法

(1) 先将可能误动的保护和自动装置退出，如距离保护、备用电源自动投入装置等，退出主变压器保护电压回路断线侧启动其他侧的复合电压等，并汇报调度。

(2) 检查是否是二次熔断器、小开关端子线头接触不良，可拨动底座夹片使熔断器或小开关接触良好，或者上紧松动的端子螺栓。

(3) 在二次熔断器或小开关电源侧测量相电压和线电压判别电源侧是否正常，如熔断器电源侧电压异常，说明故障发生在二次熔断器上侧，应将电压互感器停电，报专业人员处理。

(4) 如电源侧电压正常，熔断器出线侧电压异常说明熔断器熔断或小开关接触不良，应更换熔断器，更换后再次熔断不得再换，不得加大熔断器容量。如判断属于小开关接触不良，可在退出可能误动的保护和自动装置的情况下，试拉合小开关几次。如二次熔断器连续熔断、小开关合不上或更换熔断器后故障不消除，应通知专业人员检查二次回路中有无短路、接地或开路故障点。

(5) 二次回路恢复正常后投入所断开的保护和自动装置。

七、电压互感器高压侧熔断器熔断

1. 现象

(1) 熔断相电压降低但不为零，完好相电压不变，与熔断相有关的线电压降低。

（2）有功功率表、无功功率表指示降低，电能表走慢。

（3）接有故障录波器的可能引起录波器低电压启动动作。

（4）中央信号屏发出电压回路断线、母线单相接地及掉牌未复归光字牌。

2. 原因

（1）电压互感器绕组发生匝间、层间或相间短路及单相接地等现象。

（2）电压互感器二次绕组或二次回路故障。二次回路故障可能造成电压互感器过电流，若二次侧熔断器容量选择不合理，也有可能造成一次侧熔断器熔断。

（3）过电压。当中性点不接地系统中发生单相接地时，其他两相对地电压升高到相电压的根号三倍；或由于间歇性电弧接地，可能产生数倍的过电压。过电压会使互感器严重饱和，使电流急剧增加而造成熔断器熔断。

（4）系统发生铁磁谐振，电压互感器上将产生过电压或过电流。电流的激增，除了造成一次侧熔断器熔断外，还常导致电压互感器的烧毁事故。

（5）熔断器接触部位锈蚀，接触不良造成过热引起熔断器熔断。

3. 处理方法

（1）退出可能误动的保护和自动装置。

（2）将电压互感器停电，做好安全措施，检查电压互感器外部有无故障，更换熔断器，恢复运行。如再次熔断则可判断为电压互感器内部故障，这时应申请停用该互感器。

（3）处理良好后，投入所断开的保护和自动装置。短时间内不能恢复正常时，经检查确认二次熔断器以下的回路中无短路或接地故障，可汇报调度，先使一次母线并列后，合上电压互感器二次并列开关，投入所退出的保护及自动装置。

八、电压互感器二次输出电压波动或异常

电磁式电压互感器二次电压明显降低，可能是下节绝缘支架放电击穿或下节一次绕组匝间短路。

1. 电压波动原因

（1）二次接线松动、接触不良。

（2）分压器低压端子未接地或未接载波线圈。

（3）电容单元可能被间断击穿。

（4）铁磁谐振等。

2. 二次电压低原因

（1）二次接线不良或接触不良。

（2）电磁单元故障或电容单元损坏等。

3. 二次电压高的原因

（1）电容单元损坏。

（2）分压电容接地端未接地。

（3）开口三角形电压异常升高，其引起的主要原因可能为某相互感器的电容单元故障，某相二次回路绝缘损坏、绕组断线。

4. 处理方法

如果电压互感器二次输出电压波动或过低不是由于熔断器熔断、二次小开关跳闸或二次回路故障造成的，按以下原则处理。

（1）电磁式电压互感器从发现二次电压降低到互感器爆炸的时间很短，应尽快汇报调度，采取停电措施。这期间，不得靠近该异常互感器。

（2）电容式电压互感器二次电压降低及升高在排除二次回路异常后，则应申请停用该电压互感器。

九、铁磁谐振

铁磁谐振常发生在中性点不接地系统中。电压互感器铁磁谐振常受到的激发有两种：一种是电源对只带电压互感器的空母线合闸；另一种是发生单相接地。电压互感器铁磁谐振可能是基波的，也可能是分频的，甚至是高频的，经常发生的是基波和分频谐振。

根据运行经验，当电源对只带有电压互感器的空母线突然合闸时易产生基波谐振。基波谐振的现象是两相对地电压升高，一相降低，或是两相对地电压降低，一相升高。当发生单相接地时易产生分频谐振。分频谐振的现象是三相电压同时升高或依次轮流升高，电压表指针在同范围内低频（每秒一次左右）摆动。铁磁谐振时线电压表指示不变。

1. 电压互感器发生铁磁谐振的危害

（1）因低频摆动产生高电压，引起绝缘闪络或避雷器爆炸。

（2）产生高值零序电压分量，出现虚幻接地现象和不正确的接地指示。

（3）使电压互感器一次线圈通过相当大的电流，在一次熔断器未熔断时使电压互感器烧毁。

（4）造成一次熔断器熔断。

2. 处理方法

（1）当只带有电压互感器的空载母线产生基波谐振时，应立即投入一个备用设备，改变电网参数，消除谐振。送电时，应避免用带有均压电容的断路器向只带有电磁式电压互感器的空载母线充电，可先对母线充电后再投入电压互感器或者带一条线路送电。

（2）发生单相接地引起分频谐振时，应立即切除接地故障点。或者在线路侧投入一个单相负荷，由于分频谐振具有零序分量性质，故此时投入三相对称负荷不起作用。

（3）如谐振不消除，应拉开电源开关，将母线停电。

（4）谐振造成一次熔断器熔断后，谐振可自行消除。但可能带来保护和自动装置的误动作，此时应迅速处理误动作的后果，然后迅速更换一次熔断器，恢复电压互感器的运行。

（5）由于谐振时电压互感器一次侧电流很大，所以禁止用拉开电压互感器隔离开关或取下一次熔断器的方法来消除谐振。

（6）电压互感器故障时，应将可能误动（备自投、距离保护）的保护停用。但不得将故障电压互感器所在母线的差动保护停用。

（7）电压互感器二次电压异常检查时，在退出可能误动的保护和自动装置前，不得随意断开二次小开关或取下三相熔断器，防止由于三相电压同时消失造成保护或自动装置误动。

（8）故障电压互感器二次回路在隔离故障点前，禁止与其他电压互感器二次回路并列。

（9）隔离异常电压互感器，双母线接线可将故障电压互感器母线空出，用母联断路器、分段断路器停电（禁止用隔离开关分合故障电压互感器），单母线或单母线分段接线拉开主进断路器，将故障电压互感器停运。

（10）电压互感器着火，切断电源后，用合适的灭火器灭火。

十、电压互感器着火现象及处理方法

1. 现象

(1) 互感器内部有劈啪声或其他噪音。

(2) 从互感器内部发出强烈臭味或冒烟。

(3) 瓷套破裂，并有严重放电现象。

(4) 互感器的膨胀器异常伸长顶起上盖。

(5) 互感器严重漏油及电容式电压互感器电容单元渗漏油。

2. 处理方法

(1) 立即汇报调度停电处理。

(2) 应注意有接地故障时，应用断路器切除故障点，只有在无接地故障且保证人身安全的情况下，方可用隔离开关断开故障设备。

(3) 应注意着火时，应在停电后用干式灭火器或沙子灭火。

十一、电流互感器的常见异常现象及原因分析

电流互感器故障会导致表计显示不正常、电能计量装置计量不准确、继电保护及自动装置发出告警信号等，严重时会造成保护及自动装置误动作。

1. 本体过热、冒烟

本体过热、冒烟的原因可能是负荷过大、一次侧接线接触不良、接头表面氧化或铜铝过渡板质量不良、内部故障、二次回路开路等。

2. 套管闪络

套管严重破裂或套管、引线与外壳之间有火花放电。

3. 干式电流互感器外壳开裂

干式电流互感器外壳开裂会造成内部绝缘暴露在空气中，加快内部绝缘的老化。裂纹处会积聚污浊物质，在雨、雪、雾天等空气湿度大的天气发生闪络或接地。

干式电流互感器外壳开裂有以下原因。

(1) 长期过负荷运行造成互感器过热，使内部材料膨胀过大。

(2) 内部故障，绝缘材料由于过热膨胀或气化。

(3) 安装不合格，使外壳承受过大的机械应力。

(4) 外壳材质不良等制造原因。

十二、电流互感器声音异常及处理方法

电流互感器正常运行时无声音，如有声音即是异常现象。

1. 原因

(1) 铁芯松动，发出不随一次负荷变化的“嗡嗡”声。某些离开叠层的硅钢片，在空负荷（或轻负荷）时，会有一定的“嗡嗡”声。

(2) 二次开路，因磁饱和及磁通的非正弦性，使硅钢片震荡且震荡不均匀而发出较大的噪声。

(3) 电流互感器严重过负荷时，铁芯会发出噪声。

(4) 半导体漆涂刷不均匀形成的内部电晕。

(5) 末屏开路及绝缘损坏放电。

2. 处理方法

(1) 在运行中，若发现电流互感器有异常声音，可从声响、表计指示及保护异常信号情况判断是否是二次回路开路。若是，应处理二次回路开路故障。

(2) 若不属于二次回路开路故障，而是本体故障，应转移负荷并申请停电处理。

(3) 若声音异常较轻，可不立即停电，但必须加强监视，同时向上级调度及主管部门汇报，安排停电处理。

十三、电流互感器二次回路开路的处理方法

(1) 应先分清故障属于哪一组电流回路、开路的相别、对保护有无影响。汇报调度，停用可能误动的保护。

(2) 处理时要防止二次绕组开路而危及设备与人身安全，应穿绝缘靴，戴绝缘手套，使用绝缘良好的工具。

(3) 查明开路位置并设法将开路处进行短路，如果不能进行短路处理时，可向调度申请停电处理。在进行短接处理过程中，必须注意安全，戴绝缘手套，使用合格的绝缘工具，在严格监护下进行。

(4) 尽量减小一次负荷电流。若电流互感器严重损伤，应转移负荷，停电检查处理。

(5) 尽快设法在就近的试验端子上，将电流互感器二次短路，再检查处理开路点。短接时，应使用良好的短路线，并按图纸进行。短接时应在开路点的前级回路中选择适当的位置短接。

(6) 若短接时有火花，说明短接有效。故障点就在短接点以下的回路中，可以进一步查找。

(7) 若短接时无火花，可能是短接无效。故障点可能在短接点以上的回路中，可以逐点向前变换短接点，缩小范围。

(8) 在故障范围内，应检查容易发生故障的端子及元件，检查回路有工作时触动过的部位。

(9) 对于检查出的故障，其中能自行处理的，如接线端子等外部元件松动、接触不良等，可立即处理，然后投入所退出的保护。

(10) 不能自行处理的故障或不能自行查明故障，应汇报上级派专业人员处理，或经倒运行方式转移负荷，停电检查处理。

十四、充油式电流互感器严重漏油原因及处理方法

充油式电流互感器严重漏油会使内部的绕组、铁芯暴露在空气中，使绝缘老化加剧或损坏造成接地事故。电流互感器严重漏油原因有密封件老化，瓷套损坏或放油阀关闭不紧、螺栓吃力不均等。渗漏油的处理方法如下。

(1) 本体渗漏油若不严重，并且油位正常，应加强监视。

(2) 本体渗漏油严重，且油位未低于下限，但一时又不能停电检修，应加强监视，增加巡视的次数。若低于下限，则应将互感器停运。

(3) 严重漏油应向调度申请进行停电处理。

十五、电流互感器过负荷运行的原因及处理方法

电流互感器过负荷运行时会有噪声、过热、测量电流误差过大等现象。电流互感器不允许长期过负荷运行，电流互感器过负荷一方面会使铁芯磁通密度饱和或过饱和，使电流互感器误差增大，测量不准确，不容易掌握实际负荷；另一方面由于磁通增大，使铁芯和二次绕组过热、绝缘老化加快甚至损坏等情况，造成电流互感器烧损，引起短路、接地等事故。

当发现电流互感器过负荷时，应立即向调度汇报，设法转移负荷或减负荷。记录电能表读数，防止由于过负荷造成电能表计量不准确。

第五节 母 线

母线的正常运行状态是指母线在额定条件下，能够长期、连续地汇集、分配和传送额定电流的工作状态。高压母线在运行中发生故障的几率较少，大部分故障都是由于运行时间过长，设备老化而造成的。母线在变电站中起着汇集和分配电流的作用，如果母线发生故障会造成大面积停电，所以发现母线异常应立即进行处理。

下面对高压母线常见异常现象及原因进行分析，并给出处理方法。

一、母线上搭挂杂物

母线上搭挂杂物是母线异常中较为多见的一种，尤其是变电站四周有棉纱、塑料薄膜等易被大风吹起的物品时，极易发生大风吹起塑料薄膜等杂物搭挂到母线或母线绝缘子上，母线上搭挂杂物会降低母线的绝缘性能，可能造成母线接地或短路故障。

如母线上搭挂杂物，则处理方法如下。

（1）发现母线或绝缘子上搭挂有塑料薄膜等杂物时，应立即由两人（一人监护、一人操作）用绝缘杆将杂物挑开，挑开杂物时应注意防止造成短路或接地，如塑料薄膜较长时，为了防止在处理时发生短路，或在用绝缘杆挑起时塑料薄膜由于大风又被吹走，可以先将塑料薄膜缠绕在绝缘杆上，再将其挑走。绝缘杆的金属部分应尽量远离设备的瓷质部分。处理时应小心谨慎，不得用力过猛。

（2）母线架构上有鸟窝等杂物无法用绝缘杆清除时，应报缺陷由检修人员处理，同时应加强监视，做好事故处理准备。

二、母线接触部分过热

母线接触部分过热可通过远红外测温或雨、雪天及夜间巡视发现。

1. 原因

（1）母线容量偏小，运行电流过大。

（2）接头处连接螺栓松动或接触面氧化，使接触电阻增大。

2. 处理方法

发现母线过热时，应尽快报告调度员，采取倒换母线或转移负荷的方法，直至停电检修处理。

（1）单母线可先减少负荷，再将母线停电处理。

（2）双母线可将过热母线上的运行断路器热倒至正常母线上，再将过热母线停电处理。

（3）当母线过热情况比较严重，过热处已烧红，随时可能烧断发生弧光短路时，为防止热倒母线时过热处发生弧光短路造成两条母线全部停电，应采用冷倒母线的方法将过热母线上的断路器倒至正常母线上恢复运行，再将过热母线停电处理。

（4）带有旁路母线时，如母线过热部位在母线与线路连接处，可先用旁路母线将过热处连接的线路代路，将该线路停电，消除过热的根源，再将过热母线停电处理。

(5) 一个半断路器接线（3/2 接线）母线发生过热，可直接将母线停电处理。但是主变压器没有进串运行的应先转移负荷，保证母线停电后运行主变压器不会过负荷。

三、母线绝缘子破损放电

母线绝缘子在雷雨、冰雹等恶劣天气或者过电压运行时，易发生破损或放电现象，如母线绝缘子放电可听到放电的“噼啪”声，有时在夜间或光线较暗时可看到放电的蓝色闪光。

1. 原因

(1) 表面污秽严重，尤其在污秽严重地区的变电站，含有大量硅钙的氧化物粉尘落在绝缘子表面，形成固体和不易被雨水冲走的薄膜。阴雨天气，这些粉尘薄膜能够导电，使绝缘子表面耐压降低，泄漏电流增大，导致绝缘子对地放电。

(2) 系统短路冲击、气温骤变等使绝缘子上产生很大的应力，造成绝缘子断裂破损。

(3) 长时间未清扫，污染过大、脏污。

(4) 施工时造成机械损伤。

(5) 系统过电压击穿。

(6) 大风、冰雹等恶劣天气影响。

2. 处理方法

发现母线绝缘子断裂、破损、放电等异常情况时，应立即报告调度员，请求停电处理。在停电更换绝缘子前，应加强对破损绝缘子的监视，增加巡视检查次数，并做好事故处理准备。

(1) 单母线接线应将母线停电处理。

(2) 双母线接线应视绝缘子破损程度、天气情况等采用热倒母线或冷倒母线的方法将异常绝缘子所在母线上的开关倒出后，将母线停电处理。如发现绝缘子裂纹，在晴天时可采用热倒母线处理；而在雨、雪等天气，为了防止在倒母线时裂纹进水造成闪络接地，使两条母线全部跳闸，宜采用冷倒母线的方式处理。

(3) 一个半断路器接线（3/2 接线）母线绝缘子异常，可直接将母线停电处理。但是主变压器没有进串运行的应先转移负荷，保证母线停电后运行主变压器不会过负荷。

四、软母线弧垂过大，松股、散股、断股或者室内母线铝排变形

(1) 软母线断股的原因可能是施工时造成机械损伤，冬季气候影响造成导线内部张力过大。

(2) 室内母线铝排变形的原因可能是外力机械损伤，较大短路电流产生的电动力作用。

五、硬母线伸缩接头部分断裂破损

硬母线伸缩接头在使用中有时会发生部分软连接片断裂或破损的现象，这主要是由于使用时间过长，伸缩接头热胀冷缩运动造成的。如软连接片断裂部分占全部连接片比例较大会使母线伸缩接头部分电阻增大，长期通过电流时发热。

六、母线电压异常

电网监视控制点电压规定，超出电力系统调度规定的电压曲线数值的±5%，且延续时间超过 1h 或超过规定数值的±10%，且延续时间超过 30min 为电压异常。母线电压异常分为电压过高和电压过低两种。

1. 电压过高的原因

(1) 系统电压过高。

(2) 负荷大量减少。
(3) 变压器带大量容性负荷运行，无功补偿容量过大。
(4) 变压器分接头位置调整偏高。
2. 电压过低的原因
(1) 上一级电压过低，超过规定值。
(2) 负荷过大或过负荷运行。
(3) 无功补偿容量不足，功率因数过低。
(4) 变压器分接头位置调整偏低。
3. 处理方法
母线电压异常包括电压过低和电压过高两种情况，下面分别进行处理。
(1) 电压过低的处理
1) 投入电容器组，增加无功补偿容量。对装有调相机的变电站，应增加其无功功率。
2) 根据调度命令，改变运行方式或调整有载调压变压器分接开关，提高输出电压。
3) 汇报调度，由调度进行调整。
4) 根据调度命令，拉闸限制负荷。
(2) 电压过高的处理
1) 退出电容器组，减小无功补偿容量。对装有调相机的变电站，应减小其无功功率。
2) 调整有载变压器分接开关，降低输出电压。
3) 汇报调度，由调度进行调整。

第六节　防　雷　设　备

一、避雷器外绝缘污秽、污闪或冰闪

1. 现象及原因

避雷器外绝缘在污染严重的环境下，容易积聚污秽。瓷套管表面有污损时，会使避雷器的放电特性降低，严重的情况下避雷器会击穿。同时，污损在雨、雪、雾等潮湿的天气时也会成为瓷套表面闪络的原因。

2. 处理方法

(1) 发现避雷器外绝缘套有闪络放电现象后，应立即向调度及上级汇报。
(2) 若闪络严重，应申请停电进行处理。
(3) 若不能停电处理，应用红外线检测设备对避雷器进行检测，并加强对避雷器的监视，做好事故处理准备。

二、避雷器瓷套破裂

1. 现象及原因

由于避雷器是密封性结构，如果瓷套管上发生裂缝，则外部的潮气会侵入瓷套管内部，引起绝缘降低，造成接地事故。避雷器瓷套破裂的原因有承受雷电流的作用、恶劣天气、外力破坏或者质量不良等。

2. 处理方法

(1) 避雷器瓷套裂纹严重，可能造成接地者，需停电更换，禁止用隔离开关停用故障的

避雷器。

（2）避雷器瓷套裂纹较小，如天气正常，应请示调度停下避雷器，更换为合格的避雷器；如天气不正常（雷雨），应尽可能不使避雷器退出运行，待雷雨后再处理。如果因瓷质裂纹已造成闪络，但未接地者，在可能条件下应将避雷器停用。

三、避雷器引线断损或松脱

1. 现象及原因

当避雷器接线端子的紧固不良时，因风的压力或积雪等会使引线脱落，或加上雷击过电压产生电火花，有时会造成导线熔断。

2. 处理方法

（1）发现避雷器引线断损或松脱后，立即向调度及上级主管部门汇报，申请停电处理。

（2）运行人员要做好现场的安全措施，以便检修人员对故障设备进行检查。

四、避雷器泄漏电流超标

1. 现象及原因

运行中的避雷器应经常检查其泄漏电流值，泄漏电流比基准值偏大或偏小都属于泄漏电流超标。避雷器泄漏电流超标有如下原因。

（1）天气影响，如雨、雾天气，空气湿度过大等。

（2）避雷器内部故障，避雷器内部材料烧损会造成泄漏电流偏小或为零；内部绝缘性能降低会造成泄漏电流偏大。

（3）泄漏电流表故障。泄漏电流表故障包括内部逆水、表针断裂、指示刻度脱落或掉色、接地线断裂等。

2. 处理方法

（1）立即向调度及上级主管部门汇报。

（2）与近期的巡视记录进行对比分析。

（3）用红外线检测仪对避雷器的温度进行测量。

（4）若确认不属于表计故障，则可能为内部故障，应申请停电处理。

五、避雷针和接地装置

1. 现象及原因

（1）避雷针由于结构简单，运行中的异常较少，主要有锈蚀、倾斜、断裂或基础损坏等。发生异常主要是由于运行时间较长、防腐处理不合格、外力破坏、安装工艺不合格、通过过大的雷电流等造成的。

（2）接地电阻过大。接地装置在变电站中起着设备工作接地和保护接地的作用，如果接地电阻过大，会造成以下危害。

1）发生接地故障时，使中性点电压偏移增大，可能使健全相和中性点电压过高，超过绝缘要求的水平而造成设备损坏。

2）在雷击或雷电波袭击时，由于电流很大，会产生很高的残压，使附近的设备遭受到反击的威胁，并降低接地网本身保护设备带电导体的耐雷水平，使设备损坏。

3）设备外壳和架构接地不良，可能带电运行，造成人身触电。

4）发生误操作如带接地线合闸或带电挂地线时造成人身触电。

（3）接地体、设备接地引下线锈蚀、断裂，接地电阻不合格等。接地装置异常有如下原因。

1）运行时间较长，防腐处理不够。

2）外力破坏。

3）通过过大的接地故障电流造成过热烧损。

2. 处理方法

（1）发现避雷针和接地装置发生锈蚀、断裂和倾斜等异常现象时，应按缺陷汇报调度和上级。

（2）对倾斜和部分断裂的避雷针观察其倒伏的方向，防止由于避雷针倒伏在设备上造成事故，同时巡视时应尽量远离故障避雷针。

（3）设置安全围网，提醒人员不要接近接地装置异常的设备，更不要接触其外壳和架构。

（4）异常未消除前，对设备加强监视，制定应急处理措施，做好事故预想。

六、避雷器的异常情况

避雷器发生下列异常情况之一时应及时汇报有关部门尽快处理。

（1）避雷器的上，下引线接头松脱或折断。

（2）避雷器瓷套管破裂放电。

（3）避雷器内部有异常响声或放电声。

（4）220kV避雷器的绝缘底部瓷质裂纹。

（5）避雷器放电后，连接引线严重烧伤或断裂，或雷电流放电计数器损坏。

（6）避雷器、避雷针接地不良，阻值过大。全站总接地网接地电阻超过规定值。

（7）避雷器三相泄漏电流比较，差值超过平均值20%或与安装时的泄漏电流值相比，超过原来数值20%。

第七节 补 偿 装 置

补偿装置主要有并联电容器组、电抗器、接地变压器、消弧线圈及静止无功补偿器等。补偿装置在变电站中主要起着补偿系统的无功功率，维持系统电压的作用。消弧线圈和接地变压器可以补偿小电流接地系统接地电流。线路并联电抗器可以补偿线路的容性充电电流，限制系统电压升高和操作过电压的产生，保证线路的可靠运行。母线串联电抗器可以限制短路电流，维持母线有较高的残压。而电容器组串联电抗器可以限制高次谐波，降低电抗。

一、电容器正常运行中的一般要求

（1）正常运行情况下电容器的投切由运行人员根据系统电压高低及功率情况按调度部门确定的电压曲线范围自行投切，或根据当值调度员的命令投切。

（2）利用电容器及主变压器有载调压调整母线电压时，当母线电压偏低应先投电容器，如仍不满足电压要求，再通过主变压器有载调压进行调整。当母线电压偏高应先停电容器，如仍不满足电压要求，再通过主变压器有载调压进行调整。

（3）电流超过允许值时应停用电容器。

（4）电容器断路器分闸后，一般应间隔1min才能再次进行合闸操作，防止合闸瞬间电源电压极性正好和电容器上残留电荷的极性相反，损坏电容器。

（5）电容器断路器合闸操作时，若由于断路器机构问题，断路器未合上，不可连续进行合闸操作。

（6）电容器停用检修时，应经充分放电后才能开始工作。

（7）接有电容器的母线突然失电，同时电容器失压保护未动作或电容器开关未跳开时，运行人员应立即拉开电容器断路器。

（8）空母线恢复送电时应先合上各线路断路器，再根据母线电压及系统情况，决定是否投入电容器。

（9）为防止过电压和当空载变压器投入时，可能与电容器发生铁磁谐振产生的过电压，在主变压器投入运行后，再投入电容器，在主变压器停止运行前，先停用电容器。

二、电抗器正常运行中的一般要求

（1）电抗器应在额定电流下运行，最高不应超过额定电流的1.3倍。

（2）电抗器应在额定电压下运行，如电抗器使用电压低于母线额定电压的1.1倍时应将电抗器停用。

（3）正常运行时，电抗器周围环境温度不应超过40℃。

（4）系统发生单相接地时，不准带电检查该系统上的电抗器。

三、补偿装置需要立即停运的情况

补偿装置发生异常，会影响变电站无功补偿能力，造成系统电压质量降低，所以发现补偿装置异常应及时进行处理。

1. 电容器组

（1）电容器发生爆炸。

（2）触头严重发热或电容器外壳示温蜡片熔化。

（3）电容器外壳温度超过55℃或室温超过40℃，采取降温措施无效时。

（4）电容器套管发生破裂并有闪络放电。

（5）电容器严重喷油或起火。

（6）电容器外壳明显膨胀或有油质流出。

（7）三相电流不平衡超过5％以上。

（8）由于内部放电或外部放电造成声音异常。

（9）密集型并联电容器压力释放阀动作。

2. 电抗器

（1）干式电抗器接头及包封表面异常过热、冒烟，接头处严重发红、发热。

（2）干式电抗器出现沿面放电。

（3）绝缘子有明显裂纹或倾斜变形。

（4）并联电抗器包封表面有严重开裂现象。

（5）表面涂层变色、龟裂、脱落或有爬电痕迹。

（6）电抗器起火。

3. 接地变压器或消弧线圈

（1）设备漏油，从油位指示器中看不到油位。

（2）设备内部有放电声响。

（3）一次导流部分接触不良，引起发热变色。

(4) 设备严重放电或瓷质部分有明显裂纹。

(5) 绝缘污秽严重，存在污闪可能。

(6) 阻尼电阻发热、烧毁或接地变压器温度异常升高。

(7) 设备的试验、油化验等主要指标超过相关规定，由试验人员判定不能继续运行。

(8) 消弧线圈本体或接地变压器外壳膨胀或开裂。

四、补偿装置需要加强监视的情况

1. 电容器组

电容器组有以下异常现象时应查找原因、采取措施尽快停电处理。

(1) 电容器组渗油时，如渗油不严重，可不申请停电处理，只需要按照缺陷管理制度上报缺陷，但必须随时监视；若渗油严重，必须申请停电进行处理。

(2) 电容器温度过高，必须严密监视和控制环境温度，如室温过高，应改善通风条件或采取冷却措施控制温度在允许范围内，如控制不住则应停电处理。在高温、长时间运行的情况下应定时对电容器进行温度检测。如系电容器本身的问题或触点温度过高则应停电处理。

(3) 由于外部固定螺钉或支架松动等外部原因造成声音异常。

(4) 电容器单台熔断器熔断后有以下处理。

1) 严格控制运行电压。

2) 将电容器组停电并充分放电后更换熔断器，投入后继续熔断，应退出该组电容器。

3) 报缺陷由检修人员测量绝缘，对于双极对地绝缘电阻不合格或交流耐压不合格的应及时更换。

4) 因熔断器熔断引起相间电流不平衡接近2.5%时，应更换故障电容器或拆除其他相电容器进行调整。

(5) 发现电容器三相电流不平衡度不超过5%时，应立即检查系统电压是否平衡、单台电容器熔丝是否熔断，查出原因后报调度或检修单位处理。如无上述现象，可能是电容器组容量发生变化，应尽快将该组电容器退出运行，报检修单位处理。

(6) 母线电压超过电容器额定电压后，过电压倍数及运行持续时间按规定执行。

(7) 电容器运行电流超过额定电流，但不到1.3倍时应尽快采取停电处理措施。

2. 电抗器

电抗器有以下异常时应加强监视并尽快退出运行。

(1) 设备有过热点，接地体发热，围网、围栏等异常发热。若发现电抗器有局部发热现象，则应减少该电抗器的负荷，并加强通风。必要时可采用临时措施，采用轴流风扇冷却(户内设备)，待有机会停电时，再进行处理。

(2) 包封表面存在爬电痕迹以及裂纹现象，应加强监视并尽快退出运行。

(3) 支持绝缘子有倾斜变形（或位移），暂不影响继续运行。

(4) 有撑条松动或脱落情况，应加强监视并尽快退出运行。

3. 接地变压器或消弧线圈

接地变压器或消弧线圈有以下异常时，应查找原因、采取措施并尽快退出运行。

(1) 设备渗漏油，但还能够看到油位。

(2) 红外测量设备内部异常发热。

(3) 工作、保护接地失效。

(4) 瓷质部分有掉瓷现象，不影响继续运行。

(5) 绝缘油中有微量水分，游离碳呈淡黑色。

(6) 二次回路绝缘下降，但不超过 30%。

(7) 中性点位移电压大于 15%相电压。

(8) 设备不清洁、有锈蚀现象。

五、并联电容器组渗漏油

1. 现象

电容器在运行中如外壳或下部有油渍则可能是发生了渗漏油，渗漏油会使电容器中的浸渍剂减少，内部元件易受潮从而导致局部击穿。

2. 原因

(1) 搬运、安装、检修时造成法兰或焊接处损伤，使法兰焊接出现裂缝。

(2) 接线时拧螺钉过紧、瓷套焊接出现损伤。

(3) 产品制造缺陷。

(4) 温度急剧变化，由于热胀冷缩使外壳开裂。

(5) 在长期运行中漆层脱落，外壳严重锈蚀。

(6) 设计不合理，如使用硬排连接，由于热胀冷缩，极易拉断电容器套管。

3. 处理方法

电容器组渗油时应查找原因，如渗油不严重，可不申请停电处理，只需要按照缺陷管理制度上报缺陷，但必须随时监视；若渗油严重，必须申请停电进行处理。

六、油浸高压电抗器渗漏油

1. 现象和原因

(1) 阀门系统。蝶阀胶垫材质安装不良，放油阀精度不高，螺纹处渗漏。

(2) 胶垫、接线螺钉、高压套管基座、电流互感器出线接线螺钉胶垫密封不良无弹性，小绝缘子破裂渗漏。

(3) 胶垫因材质不良龟裂失去弹性，不密封而渗漏。

(4) 高压套管升高座法兰、油箱外表、油箱法兰等焊接处因材质薄加工粗糙形成渗漏等。

2. 处理方法

(1) 轻微漏油或渗油属于一般缺陷，可加强监视，报调度和工区，安排计划处理。

(2) 严重漏油应申请停电处理，在停电前加强监视，做好事故预想和应急处理准备。

七、接地变压器和消弧线圈渗漏油

接地变压器和消弧线圈发生渗漏油时能在其外壳或下部看到油渍或油滴，渗漏油会造成油面降低，使绝缘暴露在空气中，使绝缘材料老化加剧，绝缘性能降低。渗漏油还会使绝缘油中进入空气，造成绝缘油劣化。渗漏油的原因有如下 4 种。

(1) 外壳密封不良。

(2) 油标管与外壳间有缝隙。

(3) 放油或加油后阀门关闭不严密。

(4) 油位过高，温度升高时有油从上部溢出。

八、高压电容器组常见异常现象及原因分析

1. 电容器外壳膨胀

运行中电容器的外壳可能发生鼓肚等变形现象。巡视时注意检查。其原因有如下几类。

(1) 介质内产生局部放电，使介质分解而析出气体。

(2) 部分元件击穿或极对外壳击穿，使介质析出气体。

(3) 运行电压过高或拉开断路器时重燃引起的操作过电压作用。

(4) 运行温度过高，内部介质膨胀过大。

2. 单台电容器熔丝熔断

单台电容器熔丝熔断的现象可通过巡视发现，有时也会反映为电容器组三相电流不平衡。其原因有如下几类。

(1) 过电流。

(2) 电容器内部短路。

(3) 外壳绝缘故障。

3. 温升过高，接头过热或熔化

通过红外测温、示温蜡片或雨雪天观察能够发现电容器或接头温度过高的现象。其原因有如下几类。

(1) 电容器组冷却条件变差，如室内布置的电容器通风不良，环境温度过高，电容器布置过密等。

(2) 系统中的高次谐波电流影响。

(3) 频繁切合电容器，使电容器反复承受过电压的作用。

(4) 电容器内部元件故障，介质老化、介质损耗增大。

(5) 电容器组过电压或过电流运行。

4. 声音异常

声音异常的原因有如下几类。

(1) 内部故障击穿放电。

(2) 外绝缘放电闪络。

(3) 固定螺钉或支架等松动。

5. 过电流运行

运行中的电容器可能发生过电流运行的现象。其原因有如下几类。

(1) 过电压。

(2) 高次谐波影响。

(3) 运行中的电容器容量发生变化，容量增大。

6. 过电压运行

过电压运行的原因有如下几类。

(1) 电网电压过高。

(2) 电容器未根据无功负荷的变化及时退出，造成补偿容量过大。

(3) 系统中发生谐振过电压。

7. 套管破裂或放电，瓷绝缘子表面闪络

电容器套管表面脏污或环境污染，再遇上恶劣天气（如雨、雪）和遇有过电压时，可能

产生表面闪络放电，引起电容器损坏或跳闸。电容器套管破裂会使套管绝缘性能降低，在雨雪天气，裂缝处进水造成闪络接地，冬天融雪水进入套管裂缝处结冰会造成套管破裂。

8. 三相电流不平衡

电容器组在运行中，容量发生变化或者分散布置电容器组某相有单只电容器熔丝熔断造成三相容量不平衡，会引起电容器三相电流不平衡。

九、电抗器常见异常现象及原因分析

变电站中的电抗器分为串联电抗器和并联电抗器两种。串联在电容器组内的电抗器，用以减小电容器组涌流倍数及抑制谐波电压，仿真变电抗器属于这种接线。并联电抗器接在主变压器低压侧，用于补偿输电线路的容性无功功率，维持系统电压稳定。下面分析电抗器常见的异常现象及原因。

1. 声音异常

电抗器正常运行时，发出均匀的“嗡嗡”声，如果声音比平时增大或有其他声音都属于声音异常。其原因有如下几为类。

(1) 响声均匀，但比平时增大，可能是电网电压较高，发生单相过电压或产生谐振过电压等，可结合电压表计的指示进行综合判断。

(2) 有杂音，可能是零部件松动或内部原因造成的。

(3) 有放电声，外表放电多半是污秽严重或接头接触不良造成的；内部放电声多半是不接地部件静电放电、线圈匝间放电等。

(4) 对于干式空芯电抗器，在运行中或拉开后经常会听到“咔咔”声，这是电抗器由于热胀冷缩而发出的正常声音，如有其他异声，可能是紧固件、螺钉等松动或是内部放电造成的。

处理声音异常情况的方法如下。

(1) 高压电抗器响声均匀，但比平时增大，应加强监视。

(2) 高压电抗器有杂音，首先检查有无零部件松动，查看电流表、电压表指示是否正常。以上检查未见异常时，有可能是内部原因造成的，应报上级。

(3) 高压电抗器有放电声，应仔细检查判明放电声是来自表面还是由内部发出，外表放电多半是污秽严重或接头接触不良造成的，应停电处理；内部放电声多半是不接地部件静电放电、线圈匝间放电等。这时应严密监视，及时上报调度和工区。

2. 温度异常

温度异常一般表现为油浸电抗器温度计指示偏高或已经发出超温报警，干式电抗器接头及包封表面过热、冒烟。

电抗器过热原因如下。

(1) 过电压运行。

(2) 温升的设计裕度取得过小，使设计值与国标规定的温升限值很接近。

(3) 制造的原因，如绕制绕组时，线轴的配重不够、绕制速度过快和停机均可造成绕组松紧度不好和绕组电阻的变化。

(4) 附近有铁磁性材料形成铁磁环路，造成电抗器漏磁损耗过大。

(5) 接线端子与绕组焊接处的焊接电阻由于焊接质量的问题产生附加电阻，该焊接电阻产生附加损耗使接线端子处温升过高；另外，在焊接时由于接头设计不当、焊缝深宽比太大，焊道太小，热脆性等原因产生的焊缝金属裂纹都将降低焊接质量，增大焊接电阻，也会造成焊接处温度升高。

电抗器过热的处理方法有检查油位、油色有无异常，并结合无功负荷、电压高低、环境温度分析对照，初步判明高压电抗器内部有无问题。报告上级，等候处理。

3. 套管闪络放电

套管闪络放电会导致发热老化，绝缘下降引发爆炸。其原因有如下几类。

(1) 表面粉尘污秽过多，阴雨雾天气因电场不均匀发生放电。

(2) 系统出现过电压，套管内存在隐患而放电闪络击穿。

(3) 高压套管制造质量不良，末屏出线焊接不良或小绝缘子芯轴与接地螺套不同心，接触不良以及末屏不接地，导致电位提高而逐步损坏形成放电闪络。

(4) 引线断股或散股。

4. 油浸式电抗器油位异常

(1) 油位过低，主要原因是电抗器严重渗漏油、气温过低、油枕储量不足、气囊漏气等。

(2) 油位过高，当环境温度很高，高压电抗器油枕储油较多时，可能出现油位高信号。

油浸式电抗器油位异常的处理方法如下。

(1) 油位偏低或偏高时，应加强监视，报缺陷处理。

(2) 由于渗漏油造成油位过低，应汇报调度申请停电处理。

5. 油浸式电抗器呼吸器硅胶变色过快

油浸式电抗器呼吸器硅胶变色过快，可能是由于硅胶罐有裂纹破损，呼吸管道密封不严，油封罩内无油或油位太低，胶垫龟裂不合格，螺钉松动或安装不良等使湿空气未经油过滤而直接进入硅胶罐中。

6. 电抗器包封表面有爬电痕迹、裂纹或沿面放电

电抗器在户外的大气条件下运行一段时间后，其表面会有污物沉积，同时表面喷涂的绝缘材料也会出现粉化现象，形成污层。在大雾或雨天，表面污层会受潮，导致表面泄漏电流增大，产生热量。这使得表面电场集中区域的水分蒸发较快，造成表面部分区域出现干区，引起局部表面电阻改变。电流在该中断处形成很小的局部电弧。随着时间的增长，电弧将发展合并，在表面形成树枝状放电烧痕，引起沿面树枝状放电，绝大多数树枝状放电产生于电抗器端部表面与星状板相接触的区域。而匝间短路是树枝状放电的进一步发展，即短路线匝中电流剧增，温度升高到使线匝绝缘损坏，高温下导线熔化。

7. 支持绝缘子有倾斜变形或位移、绝缘子裂纹

电抗器安装时支持绝缘子受力不均匀、基础沉陷或地震等都会造成支持绝缘子倾斜变形或绝缘子破裂。变电站中常见的是由于电抗器基础沉陷造成支持绝缘子倾斜变形或破裂。另外，绝缘子受到冰雹或大风刮起的杂物碰撞也会造成破损裂纹。

8. 接地体、围网、围栏等异常发热

在电抗器轴向位置有接地网，径向位置有设备、遮栏、构架等，都可能因金属体构成闭环造成较严重的漏磁问题，对周围环境造成严重影响。若有闭环回路，如地网、构架、金属遮栏等，其漏磁感应环流达数百安培。这不仅增大损耗，更因其建立的反向磁场同电抗器的部分绕组耦合而产生严重问题，如是径向位置有闭环，将使电抗器绕组过热或局部过热，相

当于电抗器二次侧短路；如是轴向位置存在闭环，将使电抗器电流增大和电位分布改变，故漏磁问题并不能简单地认为只是发热或增加损耗。

十、接地变压器和消弧线圈的常见异常现象及原因分析

接地变压器和消弧线圈出现故障和系统中的故障及异常运行情况有很密切的关系。接地变压器和消弧线圈一般只有在系统有接地、断线及三相电流严重不对称时，才有较大的电流通过，内部故障的现象才会显现出来。

1. 内部有放电声

巡视时如听到接地变压器和消弧线圈内部有“噼啪”声或“吱吱”声，则可能是内部发生了放电现象，内部放电会造成绝缘过热烧损，甚至击穿造成事故。其原因有如下两类。

(1) 绕组绝缘损坏，对外壳或铁芯放电。

(2) 铁芯接地不良，在感应电压作用下对外壳放电。

2. 套管污秽严重、破裂、放电或接地

(1) 接地变压器和消弧线圈安装地点空气污染较重、长期得不到清扫等会造成套管污秽严重。在雨、雪、大雾等潮湿天气，套管上的污秽与水相结合会形成导电带，造成套管放电或接地。

(2) 套管安装质量不良，受力不均匀或者受到恶劣天气（如冰雹等）影响会使套管破损裂纹，套管破裂后潮气侵入套管内部使套管绝缘性能下降，严重时也会造成套管放电或接地。

3. 本体温度（或温升）超过极限值、冒烟甚至着火

接地变压器和消弧线圈内部放电、分接开关接触不良、主变压器中性点电压位移过大或者长时间通过接地电流时都会产生温升过高现象，严重时会造成接地变压器和消弧线圈内部绝缘材料烧坏、冒烟甚至起火。

4. 分接开关接触不良

消弧线圈分接位置调整不到位、分接头接触部分生锈或有油膜会造成分接开关接触不良。分接开关接触不良会造成在通过接地补偿电流时发生过热现象，严重时会使设备烧损。

5. 接地变压器和消弧线圈外壳鼓包或开裂

接地变压器和消弧线圈外壳膨胀、开裂缺陷常会伴随发生渗漏油现象。其原因有如下几类。

(1) 内部过热使绝缘油膨胀或气化，外壳承受过高的压力造成膨胀或开裂。

(2) 地震等外力破坏使外壳承受过高的应力作用发生开裂。

(3) 外壳焊接质量不良造成开裂。

6. 中性点位移电压大于15%相电压

中性点位移电压大于15%相电压的原因有如下几类。

(1) 系统中有接地故障。

(2) 系统负荷严重不平衡。

(3) 系统电源非全相运行。

(4) 谐振过电压。

7. 一次导流部分发热变色

由于导流部分接触不良，引起过热。

8. 设备的试验、油化验等主要指标超过相关规定

十一、将故障接地变压器或消弧线圈退出运行的方法

（1）在系统存在接地故障的情况下，不得停用消弧线圈，且应严格对其上层油温加强监视，其值最高不得超过95℃，并迅速查找和处理单相接地故障，应注意允许带单相接地故障运行时间不得超过2h，否则应将故障线路断开，停用消弧线圈。

（2）若接地故障已查明，将接地故障切除以后，检查接地信号已消失，中性点位移电压很小时，方可用隔离开关将消弧线圈拉开。

（3）若接地故障点未查明，或中性点位移电压超过相电压的15%时，接地信号未消失，不准用隔离开关拉开消弧线圈，但可作如下处理。

1）投入备用变压器或备用电源。

2）将接有消弧线圈的变压器各侧断路器断开。

3）拉开消弧线圈的隔离开关，隔离故障。

4）恢复原运行方式。

第八节　站用交、直流系统

站用交、直流系统在变电站内起着非常重要的作用，站用交、直流系统的正常运行为变电站高压设备正常运行的保障。380V/220V交流系统为站内设备提供操作电源、加热电源、冷却器电源，还是直流系统的上级电源。直流系统为事故照明、操作、信号、保护和自动装置提供电源。

一、站用交流消失

1. 现象

（1）正常照明全部或部分失去。

（2）直流硅整流装置跳闸，事故照明切换。

（3）变压器冷却电源失去，风扇、油泵停转。

（4）站用交流电压表、电流表指示为零。

2. 影响

（1）造成主变压器风冷装置停止运行，影响主变压器的出力甚至造成被迫停运。

（2）开关交流储能电源或电动隔离开关操作电源中断，影响正常操作。

（3）设备加热/除湿装置和空调系统停止运行，影响设备正常运行。

（4）直流充电机电源消失，影响直流系统可靠运行。长时间不能恢复时造成蓄电池过放电，直流失电使保护和自动装置停止运行，事故时拒动，严重威胁电网和设备安全运行。

3. 原因

（1）高压侧电源中断会造成站用电全部消失。

（2）站用变压器或者高压侧引线故障，高压侧断路器跳闸或高压熔断器熔断。

（3）低压母线故障，造成站用变压器低压侧断路器跳闸或熔断器熔断。

（4）站用变压器低压侧自投装置在高压侧失电或低压断路器跳闸后未动作。

（5）站用电低压回路故障。如回路过热烧断、缺相运行、分路熔断器熔断、分路小开关跳闸等。

4. 处理方法

（1）先区分是否是由于站用变压器高压侧失压，如高压侧电压消失，应检查处理站用变压器高压母线失电的故障。

（2）检查站用变压器高压侧断路器是否跳闸（或高压侧熔断器熔断），如跳闸（或熔断）应检查站用变压器有无异常，高压侧引线是否短路。高压侧断路器跳闸未查明原因前不得试送电；高压侧熔断器熔断可将站用变压器转检修做好安全措施后更换熔断器，试送电，再次熔断应查明原因并处理。

（3）检查工作电源跳闸闸后备用电源是否已正常切换，若未自动切换应手动切换，保证站用负荷正常供电，再检查处理自投装置拒动的原因。

1）若因自投断路器没有打在投入位置，则应立即将其打到投入，使备用电源能正常投入运行。

2）若因自投回路故障使分段断路器自投失败，则应手动拉开工作变压器低压侧断路器，手合低压分段断路器，使停电母线恢复供电。

3）电源恢复正常以后，运行人员应当对各回路的设备进行巡查，检查各设备是否已正常投入运行，对没有投入运行的则应手动投入。事后汇报调度及有关部门。

（4）如分路失电，应检查分路断路器是否跳闸、熔断器是否熔断、引线接头是否烧断以及线路有无断线故障等。

1）当交流配电屏各分路的低压断路器跳闸时，允许立即强送电一次，如不成功，则查明故障原因。

2）各分路配电箱的熔丝熔断时，允许用相同规格的熔丝更换一次。在更换之前，应先将该回路的低压断路器或隔离开关退出，换上熔丝后，再合上。严禁带负荷或在带电回路换熔丝，以免电弧伤人。再次熔断则应查明原因，消除故障后再送；严禁增大熔丝规格或使用铜、铁丝代替熔丝。

（5）对站内交流负荷失电进行紧急处理，主要有投入事故照明、监视主变压器温度、监视直流系统电压等。

1）在站用电失去期间要注意减少直流负荷，检查站内主变压器负荷及温度，保护运行情况等。

2）恢复站用电时，必须首先保证尽快恢复主变压器强油循环冷却装置和直流充电机电源。

二、站用变压器常见异常及原因分析

（1）站用变压器内有放电声，原因有内部分接头接触不良、内部局部绝缘性能下降、变压器油绝缘性能下降等。

（2）站用变压器冒烟着火，一般是由变压器内部故障短路、过热引起的。

（3）站用变压器渗漏油，原因有密封件老化，四周螺栓吃力不均、有砂眼、油标管破损等。

（4）油位降低，油色变黑。油位异常有以下原因。

1）假油位，由于油标管堵塞，油枕呼吸器堵塞所致。

2）变压器严重漏油，因工作需要多次放油后未做补充，或气温过低油量不足所致。油色变黑是油内杂质和氧化物增多所致。

(5) 呼吸器硅胶变色。呼吸器硅胶一般为蓝色或白色。当硅胶颜色变为粉红色时，表明硅胶已受潮并且失效。硅胶变色的原因有以下几点。

1) 长时间天气阴雨，空气湿度较大，因吸湿量大而过快变色。

2) 硅胶玻璃罩有裂纹、破损。

3) 呼吸器下部油封罩内无油或油位太低，起不到良好的油封作用，使湿空气未经油滤而直接进入硅胶罐内。

4) 呼吸器安装不良，如胶垫龟裂不合格、螺栓松动、安装不密封等。

三、站用变压器下列情况应尽快检修

站用变压器有下列情况之一者，应立即投入备用变压器，停用故障变压器检修。

(1) 站用变压器内部音响很大或异常，有爆裂声。

(2) 在正常负荷和冷却条件下，站用变压器温度不正常并不断上升。

(3) 套管有严重的破损和放电现象。

(4) 引线接头过热变色或烧断。

(5) 高压熔断器连续熔断。

(6) 严重渗漏油，油位计中已看不到油面。

四、直流系统接地

1. 直流接地的现象

(1)“直流接地”光字牌亮。

(2) 直流绝缘装置显示一极对地电压降低，另外一极电压升高。

(3) 发生其他异常现象，如直流熔断器熔断，误发信号，断路器误动、拒动等。

2. 直流接地的危害

直流系统发生一点接地是常见的异常运行状态，虽不直接产生恶果，但危害性很大。如直流系统发生一点接地后，在同一极的另一地点再发生接地或另一极的一点发生接地时，就构成两点接地短路，将造成继电保护、信号、自动装置误动、拒动，或造成电源熔断器熔断，保护及自动装置失去电源。

(1) 直流正极接地，有造成保护及自动装置误动的可能。因为一般跳合闸线圈、继电器线圈正常与负极电源接通，若这些回路中再发生一点接地，因两接地点使正极电源被接通，构成回路就可能引起误动作。

(2) 直流负极接地，可能使继电保护、自动装置拒绝动作。因为回路中若再发生某一点接地时，则跳（合）闸线圈被接地点短接而不能动作。

(3) 直流系统正、负极各有一点接地，会造成短路使熔断器熔断，使保护及自动装置、控制回路失去电源。

3. 直流接地的原因

(1) 人为原因，如误碰、接线错误、工具使用不当等。

(2) 直流回路严重污秽、受潮，接线盒、端子箱、机构箱进水造成直流绝缘下降或接地。

(3) 直流回路绝缘材料不合格、老化，绝缘受损引起直流接地。如磨伤、砸伤、压伤或过电流引起的烧伤，靠近发热元件（如灯泡、加热器）引起的烧伤等。

(4) 大风刮动，使带电线头与接地体相碰造成接地。

（5）小动物爬入或异物跌落造成直流接地。

（6）由于带电体与接地体、直流带电体与交流带电体之间的距离过小等，当直流回路出现过电压时，将间隙击穿，形成直流接地。

（7）二次回路连接的设备元件组装不合理或错误及平时不易发现的潜伏性接地故障。如交流电经高阻混入直流系统，某些平时不通电的回路，一旦通电，就出现接地。

（8）直流系统运行方式不当，如一个直流系统中两套绝缘监测装置同时投入造成直流做接地现象，造成绝缘监察故障误报。

4. 处理方法

（1）直流接地查找处理原则

直流接地的查找，应先判明故障的极性，利用直流绝缘监测装置测量正、负极对地电压，判明是正极接地或负极接地，然后按如下顺序和方法查找。

1）分清接地极性，初步分析故障原因。如二次回路是否有工作或设备相关操作；是否因天气影响，如梅雨、潮湿、进水等。若二次回路上有检修试验工作，应立即停止，检查接地现象是否消失。

2）直流接地时，有直流接地检测仪的使用检测仪查找接地回路。

3）将直流系统分开为相对独立的系统，即分网法缩小查找范围，应注意查找过程中不能使保护或控制直流失去。

4）对不重要的直流馈线，可采用瞬时停电法查找有无接地点。拉路查找的顺序是：①先找事故照明、信号回路、通信用电源回路，后找其他回路；②先找主合闸回路，后找保护回路；③先找室外设备，后找室内设备；④先找简单保护回路，后找复杂回路。

5）对于较为重要的直流馈线，可采用转移负荷法查找支路上有无接地点，即先合上另一条直流母线馈线开关使直流负荷由两条母线并联供电，再拉开接地直流母线上的馈线开关，将直流负荷从一条直流母线转移至另一条直流母线，观察接地是否也随回路转移至另一条直流母线，来判断该直流馈线有无接地。如无接地应倒回原来运行方式。

6）查出接地线路后恢复线路运行，再分别断开该线路所带的设备直流电源开关，找出接地点。未找到具体接地点时应断开接地线路直流开关，不得使直流系统长期带接地运行。

7）若查找不成功，未找出接地线路，应通知上级有关部门，由专业人员进行查找。

（2）直流接地处理注意事项。

1）查找直流接地时，必须由两人及以上配合进行，其中一人操作，一人监护，防止人身触电，做好安全监护。

2）发生直流接地时，禁止在二次回路上进行工作。

3）尽量避免在高峰负荷时进行接地查找。

4）防止人为造成短路或另一点接地。

5）瞬断直流电源前，应经调度员同意，断开电源的时间一般不应超过3s，不论回路中有无故障、接地信号是否消失，均应及时投入。

6）断开直流熔断器时，应先断正极、后断负极，投入时顺序相反。不得只断开正极，以防止断开一极时，接地点发生“转移”而不易查找。

7）防止保护误动作，在瞬断操作电源前，解除可能误动的保护，操作电源给上后再投入保护。

8）禁止使用灯泡查找直流接地故障。

9）使用仪表检查时，应使用高内阻电压表，表计内阻不低于2000Ω/V。

10）运行人员不得打开继电器和保护箱。

（3）用以上方法查找直流接地，有时找不到接地点，可能的原因如下。

1）直流接地发生在充电设备、蓄电池本身和直流母线上。

2）当直流采取环网供电方式时，如不首先使环网解列，不能找到接地点。

3）发生直流串电（寄生回路）、同极两点接地、直流系统绝缘不良多处虚接地等情况，在拉路查找时，往往不能一下全部拉掉接地点，因而仍然有接地现象存在。

五、直流电压消失

1. 现象

（1）直流电压消失伴随有电源指示灯灭，发出“直流电源消失”、“控制回路断线”、“保护直流电源消失”或“保护装置异常”等光字信号及熔丝熔断等现象。

（2）控制盘上指示灯、信号、音响等全部或部分失去功能。

2. 危害

（1）变电站直流电压消失将导致控制回路、保护及自动装置等设备不能正常工作，在操作或系统发生故障、设备异常时，控制回路不能正常动作，事故无法有效切除，事故范围扩大并使一次设备受到损害。

（2）使采用直流作为储能电源的断路器操动机构失去储能电源，造成断路器合闸后不能自动储能。

（3）监控机、“五防”机等采用UPS电源的设备供电质量和可靠性下降。

（4）交流照明断电后，事故照明不能启动，影响运行人员检查处理设备故障。

3. 原因

（1）熔断器或小开关容量小或不匹配，在大负荷冲击下造成熔丝熔断，导致部分回路直流电压消失。

（2）熔断器或小开关质量不合格，接触不良导致直流电压消失。

（3）直流两点接地或短路造成熔丝熔断导致直流消失。

（4）直流系统断线。

（5）由于酸腐蚀、脱焊或烧熔使得直流蓄电池之间接条断路，使后备电源失去，导致在充电机（或称硅整流）故障或站用交流失去时引起全站直流电压消失。

4. 处理方法

（1）直流电压消失后，应汇报调度，停用相关保护，防止造成保护误动。

（2）检查直流开关是否跳闸（或熔断器是否熔断），如跳闸试合直流开关（或更换容量满足要求的合格熔断器）。

（3）直流开关合不上或熔断器再次熔断应报专业人员处理。

六、直流母线电压过高或过低

直流母线电压过低会造成断路器、保护及自动装置动作不可靠现象；若电压过高又会使长期带电的电气设备过热损坏或增加继电保护、自动装置误动的可能。

1. 直流母线电压过低的原因

（1）直流负荷过大。

(2) 蓄电池组欠充电。

(3) 直流电压调整不当。

2. 直流母线电压过高的原因

(1) 直流负荷由于故障等原因大量减少。

(2) 蓄电池组过充电。

(3) 直流电压调整不当。

(4) 直流控制母线和合闸母线间的降压硅堆击穿，造成直流控制母线电压过高。

3. 处理方法

直流母线电压不正常，过低或过高时，有电压调整装置的应调整直流电压至正常范围，再检查处理造成电压异常的原因。

(1) 直流母线电压过低处理。

1) 检查充电装置是否正常，是否有直流输出。如充电装置退出运行应将其重新投入。

2) 检查浮充电流是否正常，直流负荷是否突然增大。若属直流负荷突然增大时，应迅速调整直流母线电压，使母线电压保持在正常值。

3) 检查蓄电池是否有严重损坏。

(2) 直流母线电压过高处理。

1) 检查充电机充电方式是否正确，如充电机长时间运行在“均充”方式会造成直流母线电压过高。

2) 检查浮充电流是否过大，如浮充电流过大造成电压过高，应降低浮充电流，使母线电压恢复正常。

3) 检查直流负荷是否大量减少。

4) 如果控制母线直流电压过高，应检查降压硅堆是否击穿。

(3) 交、直流回路串电处理。交、直流回路串电的故障现象是直流盘表指示正常，但有直流电压过高、过低、接地等信号同时不规则出现。处理方法与查找直流接地处理方法相同，但此时很容易造成保护误动，应做好安全措施和事故预想。

七、蓄电池组常见异常

1. 现象

(1) 过充电。该异常的现象是正极板的颜色较鲜艳，电池的气泡较多，电压高于2.2V，脱落物大部分是从正极板脱落的；过充电会造成正极板提前损坏。

(2) 欠充电。该异常的现象是正极板的颜色不鲜明，电池的气泡较少，电压低于2.1V，脱落物大部分是从负极板脱落的，比重低，放电时端电压下降快；欠充电将使负极板硫化，使容量降低。

(3) 铅酸蓄电池比重过高或过低。铅酸蓄电池运行中保养维护不及时，未及时添加蒸馏水或电解液会造成比重过高或过低现象。过充电和欠充电也会造成比重过高或过低现象。

(4) 单只电池电压过低或过高。其原因有维护不当、尾电池充电不及时、电池质量不良等。

2. 处理方法

(1) 蓄电池在运行中发现下列异常应报告上级进行处理。

1) 容器破损、电解液漏出。

2）蓄电池组绝缘降低，造成直流接地，清扫后仍不能消除时。

（2）防酸蓄电池故障及处理。

1）防酸蓄电池内部极板短路或开路，应更换蓄电池。

2）长期处于浮充运行方式的防酸蓄电池，极板表面逐渐会产生白色的硫酸铅结晶体，通常称之为硫化。处理方法是对故障蓄电池加强监视，增加对其电压、比重的测试次数，报缺陷处理。

3）防酸蓄电池底部沉淀物过多，用吸管清除沉淀物，并补充配置的标准电解液。

4）防酸蓄电池极板弯曲、龟裂、变形，若经核对性充放电容量仍然达不到80%以上，此蓄电池应更换。

5）防酸蓄电池绝缘降低，当绝缘电阻值低于现场规定时，将会发出接地信号，且正对地或负对地均能测到电压时，应对蓄电池外壳和绝缘支架用酒精擦拭，改善蓄电池室的通风条件，降低湿度，绝缘将会得到提高。

（3）阀控密封铅酸蓄电池故障及处理。

1）阀控密封铅酸蓄电池壳体变形。一般造成的原因有充电电流过大、充电电压超过了2.4*N* V、内部有短路或局部放电、温升超标、安全阀动作失灵等原因造成内部压力升高。其处理方法是减小充电电流，降低充电电压，检查安全阀是否堵死。

2）运行中浮充电压正常，但一放电，电压很快下降到终止电压值。其一般原因是蓄电池内部失水干涸、电解物质变质，处理方法是更换蓄电池。

（4）镉镍蓄电池故障处理。镉镍蓄电池会发生容量下降，放电电压低的故障，处理办法是更换电解液或者更换无法修复的电池。

（5）如蓄电池接线断路，应到蓄电池室内对蓄电池逐个进行检查，发现接线断开时，可临时采用容量满足要求的跨线将断路的蓄电池跨接，即将断路电池相邻两个电池正、负极相连，并立即通知专业人员检查处理。

八、蓄电池的一般运行要求

（1）蓄电池室的温度应保持在5～25℃之间。

（2）正常运行时蓄电池应在浮充电机状态下工作，满足蓄电池的自放电。

（3）蓄电池外壳无裂纹，无渗漏现象，蓄电池的连接处无腐蚀。

（4）正常情况下蓄电池以浮充电方式运行，每节电池电压不得低于2.15V±0.05V；充电电流略大于负荷电流。每节蓄电池电压应保持2.2～2.3V，温度不超过室温10℃。

（5）蓄电池每年进行一次均衡充放电，典型电池电压每天测量一次。每月固定号电池普测一次。

（6）因工作需要在蓄电池旁进行明火作业时，应在做好安全措施的基础上报上级主管部门批准。

第九节 二 次 设 备

二次设备异常会影响运行人员对一次设备运行参数、状态的监视和判断，处理不及时会造成电能质量降低、丢失电量、设备异常运行不能及时发现并引起事故，造成保护和自动装置误动或拒动以及误判断等。

一、二次回路异常处理的一般原则

（1）必须按实际的图纸进行工作。

（2）停用保护和自动装置，必须经调度同意。

（3）在互感器二次回路上查找故障时，必须考虑对保护及自动装置的影响，防止误动或拒动。

（4）投、退直流熔断器时，应考虑对保护的影响，防止直流消失或投入时误动跳闸。取直流电源熔断器时，应先取正极，后取负极；装熔断器时，顺序与此相反。目的是为了防止因寄生回路而误动跳闸。

（5）带电用表计测量时，必须使用高内阻电压表（如万用表等），防止误动跳闸。

（6）防止造成电流互感器二次开路，电压互感器二次短路或接地。

（7）使用的工具应合格并绝缘良好，尽量使必须外露的金属部分减少，防止发生接地、短路或人身触电。

（8）拆动二次接线端子，应先核对图纸及端子标号，做好记录和明显的标记，及时恢复所拆接线，并应核对无误，检查接触是否良好。

（9）凡因查找故障，需要作模拟试验、保护和断路器传动试验时，试验之前，必须汇报调度。根据调度命令，先断开该设备启动失灵保护、远方跳闸的回路。防止万一出现所传动的断路器不能跳闸，失灵保护和远方跳闸误动作，将造成母线停电的恶性事故。

二、二次回路故障查找的一般步骤

（1）根据故障现象和图纸分析故障可能的原因。

（2）保持原状，进行外部检查和观察。

（3）检查出故障可能性大的、容易出问题的或常出问题的薄弱点。

（4）用缩小范围法逐步查找。

（5）使用正确的方法，查明故障点并排除故障。

三、交流失电

保护或自动装置交流失电会造成装置告警或闭锁，发出告警信号和电压或电流回路断线信号。交流失电包括失去交流电压和交流电流断线两种情况。

1. 影响

（1）交流电压消失主要影响距离保护、方向高频保护、零序保护、复合电压闭锁过电流保护、零序电压闭锁零序过电流保护、备用电源自投装置、故障录波器等接入电压量的保护和自动装置。

（2）交流电流消失主要影响相差高频保护、光纤差动保护、母差保护、变压器差动保护、失灵保护、零序保护、电流速断和过电流保护、零序横差保护、故障录波器等接入电流量的保护。

2. 现象

交流电压消失的现象有“电压互感器回路断线”光字牌亮，警铃响，有功功率表指示不正常，电压表指示为零或三相电压不一致，电能表停走或走慢，低电压继电器动作，同期鉴定继电器发出响声等。除上述现象外，还可能发出“接地”信号，绝缘监视电压表指示值比正常值偏低等。

3. 原因

（1）电压互感器高、低压侧的熔断器熔断或二次侧断路器跳闸。

（2）电压回路接头松动或断线。

（3）电压切换回路辅助触点和电压切换开关接触不良。其所造成的电压回路断线现象主要发生在操作后。其主要原因有电压互感器隔离开关辅助触点接触不良、回路断线；双母线接线方式，母线侧隔离开关辅助触点接触不良，这种现象常发生在倒闸操作过程中；电压切换继电器断线或触点接触不良、继电器损坏、端子排线头松动、保护装置本身问题等；交流切换回路直流电源熔断器熔断或小开关跳闸；误操作，在电压互感器二次侧未并列的情况下将电压互感器停运。

4. 处理方法

（1）交流电压消失处理。

1）退出距离保护、备用电源自投等装置，其他如母差或主变压器后备等保护电压闭锁会开放引起装置告警，但不会引起误动作，不需退出。

2）检查其他装置有无交流电压消失信号，检查监控系统显示的母线电压是否正常，如监控装置显示不正常或其他设备也有交流电压消失信号，应检查电压互感器二次回路是否正常。

3）检查装置交流电压二次侧断路器是否跳闸（或熔断器是否熔断），如二次侧断路器跳闸应试合二次侧断路器（或更换熔断器），处理好后汇报调度投入退出的保护或自动装置。若二次侧断路器合闸后再次跳开（或熔断器再次熔断），应查找装置回路中有无接地或短路点。

4）检查隔离开关辅助触点切换是否到位，若属隔离开关辅助触点切换不到位，可在现场处理隔离开关的限位接点，若属隔离开关本身辅助触点行程问题，应请专业人员对辅助触点进行行程调整或更换。

5）若交流“电压回路断线”、保护“直流回路断线”同时报警，说明直流电源有问题。应先处理直流回路故障，更换直流回路熔断器（或试合二次侧断路器），若无问题再投入保护。

（2）交流电流回路断线处理。

1）交流电流回路开路应退出母线差动保护、主变压器差动保护和光纤差动保护等保护装置。

2）检查处理开路点，正常后投入所退出的保护装置，不能处理时报专业人员处理。

四、交流电流回路开路

电流互感器是将大电流变换为一定量标准电流（1A或5A）的设备，正常运行时是接近于短路的变压器，其二次侧电流的大小决定于一次电流，若二次回路开路，二次侧电流等于零，一次回路所产生的磁势将全部作用于励磁，二次绕组上将感应很高的电压，峰值可达几千上万伏，严重威胁人身和二次侧设备的安全。同时，由于磁饱和，铁损耗增大，发热严重，易烧损设备，也易导致保护的误动和拒动。因此，电流回路断线开路是非常危险的。

1. 现象

（1）三相电流表指示不一致（某相电流为零），功率指示降低，计量表计转慢或停转。

（2）差动断线或电流回路断线光字牌亮。

（3）电流互感器二次回路端子、元件线头等放电、打火。

（4）电流互感器本体有异常声音或发热、冒烟等现象。

（5）二次侧电流回路、二次侧设备有放电、冒火现象，严重时绝缘击穿。

（6）由负序、零序电流启动的继电保护和自动装置频繁动作，但不一定出口跳闸（还有其他条件闭锁），继电保护和自动装置闭锁（具有二次断线闭锁功能）、误动或拒动。

（7）仪表、继电保护和自动装置等冒烟烧坏。

2. 原因

（1）二次侧设备（如继电器、端子排等）部件设计制造不良或安装不良。

（2）工作失误，如二次电流回路的线头漏接或未接好，验收时又未能发现，造成开路。

（3）二次侧电流端子接头压接不紧，长时间氧化、振动或回路电流大造成接线发热烧断。

（4）室外端子箱、接线盒进水受潮，端子螺丝和垫片锈蚀严重，锈断或发热烧断。

（5）电流端子操作错误或未拧紧等。

五、中央信号

中央信号异常会影响运行人员对设备运行状况的监视和判断。

1. 现象。

（1）中央信号监视灯不亮或闪光。

（2）喇叭或警铃试验时不响或报警不能复归。

（3）光字牌试验时不亮或运行中常亮。

2. 原因

（1）电源熔断器熔断或小开关跳闸造成装置失电。

（2）灯泡烧坏或电阻与灯座断线。

（3）端子松动、接触不良造成电源中断。

（4）继电器质量不合格，线圈烧断或者接点接触不良、粘连等。

（5）喇叭或警铃损坏。

3. 处理方法

（1）检查信号回路电源是否正常，如小开关跳闸（或熔断器熔断）应试合二次侧断路器（或更换熔断器），再次跳闸（或熔断）应检查回路中有无接地或短路点，处理后再恢复送电。

（2）断路器事故跳闸后，蜂鸣器不响时首先按信号试验按钮，蜂鸣器仍不响，则说明事故信号装置故障。这时，应检查冲击继电器及蜂鸣器是否断线或接触不良，电源熔断器是否熔断或接触不良。若按试验按钮蜂鸣器响，则应检查控制开关和断路器的不对应启动回路，包括断路器辅助触点（或位置继电器触点）、控制开关触点及辅助电阻等。

（3）在设备发生异常工作状态时，预告信号警铃不响、光字牌不亮，可能的原因是光字牌中两灯泡均已损坏或接触不良、信号电源熔断器熔断或接触不良、启动该信号的继电器的触点接触不良等。此时，应用转换开关检查光字牌，若所有光字牌均不亮，就要检查信号电源，若只有个别不亮，则应更换灯泡。

（4）若光字牌信号发出，警铃不响，首先应按预告信号试验按钮，若警铃还是不响，则说明预告信号装置故障，这时应检查冲击继电器及警铃是否断线或接触不良。若按试验按钮后警铃响，则应检查光字牌信号转换开关的触点是否导通、连接线是否断线或接触不良。

六、继电保护和自动装置异常处理原则

(1) 严禁打开装置机箱进行查找或处理。

(2) 停用保护和自动装置，必须经调度同意。

(3) 投、退直流电源时，应注意考虑对保护的影响，防止直流消失或投入时误动跳闸。

(4) 继电保护和自动装置在运行中，发生下列情况之一者，应退出有关装置，汇报调度和上级，通知专业人员处理。

1) 继电器有明显故障，接点振动很大或位置不正确，有误动作的可能。

2) 装置出现异常可能误动。

3) 电压回路断线或者电流回路开路可能造成误动时。

(5) 因查找故障，需要作模拟试验、保护和断路器传动试验时，传动试验之前必须汇报调度。根据调度命令，先断开该设备启动失灵保护、远方跳闸的回路。防止出现所传动的断路器不能跳闸，失灵保护和远方跳闸误动作，造成误停电的恶性事故。

七、装置告警灯亮

1. 原因

(1) 装置软件故障。

(2) 装置硬件自检故障或内部通信出错。

(3) 电压互感器断线、电流互感器断线或极性错误等。

(4) 断路器或隔离开关等位置开入异常。如某些型号的保护功能投退后未复归，保护定值区改变后未复位确认，母差保护隔离开关变位后未复归确认等。

2. 处理方法

(1) 按复归按钮复归，如不能复归则根据显示信息检查告警原因，能处理的进行处理，不能处理的报专业人员处理。如四方系列保护装置在投退功能连接片后会发开入变位告警，按复归按钮复归即可恢复正常运行。

(2) 检查有无交流电压回路断线或差流异常信号，如因交流失电引起保护告警，应退出可能误动的保护或自动装置，再处理交流失电。

(3) 装置自检告警应观察保护告警信息，打印故障报告，按照现场规程或保护说明书进行处理，不能准确判断时报专业人员处理。

八、高频或光纤保护通道

通道异常时，发出通道异常信号或高频测试时信号显示不正常。

1. 高频通道的原因

(1) 对端收发信机异常或故障。

(2) 高频收发信机故障。

(3) 线路载波故障或导频消失。

(4) 由于天气等环境因素影响，通道信号衰减过大。

(5) 功率放大器电源未复归，信号不能复归。

(6) 高频通道受严重干扰，如线路结合滤波器内部避雷器击穿放电，产生高次谐波，影响高频保护，造成高频保护频繁发出信号。

(7) 结合滤波器接地隔离开关工作后未拉开。

2. 光纤通道异常的原因

（1）光端机故障。

（2）光纤接头断开。

（3）光纤中继设备故障或断电。

3. 处理方法

通道故障时应立即向调度汇报，然后再处理通道异常。

（1）高频通道异常处理方法

1）闭锁式的高频方向保护，通道异常时应申请停用，以防止区外故障造成误动。

2）对允许式的高频方向保护，通道异常时将失去速断功能，按调度命令投退。

3）高频相差保护通道异常时应申请停用，以防止保护误动。

4）高频闭锁距离、零序保护在通道异常时，保护将无法正确动作，应申请改为普通距离、零序保护运行。

5）发信机长期发信，可能为发信机内部元件故障，应申请停用；若对侧长期发信，本侧长期收信，可能为对侧发信机内部故障，应汇报调度处理。

6）运行人员无法处理时应通知专业人员处理，在通道恢复正常前，不得投入退出的保护。

（2）光纤通道异常处理。

1）检查光端机运行是否正常，如光端机运行异常可重新启动一次。

2）检查光纤插头是否松脱或断线，如松脱可重新插好。

九、故障录波装置

1. 现象

（1）录波装置在事故时不启动。

（2）录波器后台电脑死机。

（3）录波器频繁启动。

（4）显示器黑屏。

2. 原因

（1）交流回路异常。

（2）电源中断。

（3）装置硬件故障。

（4）装置软件缺陷或感染病毒。

3. 处理方法

（1）装置发出“呼唤”信号，后台机启动，但中央信号控制屏无“微机故障录波呼唤”光字牌，应在录波任务完成后再检查信号回路予以消除。

（2）装置频繁发出“呼唤”信号，而系统中无电流、电压冲击时可复归“呼唤”信号。检查其他保护有无告警或动作信号，交流电压、电流回路是否正常。故障录波器交流电压小开关是否跳闸，熔断器有无熔断。若由于交流电压消失造成故障录波频繁启动，可将录波器的电压启动回路暂时退出。

（3）频繁启动或软件死机经调度同意可重新启动，重启不能消除异常应报专业人员处理。

第六章　倒　闸　操　作

第一节　倒闸操作的一般规定

一、倒闸操作的基本概念

（1）倒闸操作系指将电气设备按预期目的由一种状态转换为另一种状态所进行的一系列操作称为倒闸操作。

（2）电气设备分为运行、检修、热备用和冷备用四种状态。

1）运行状态，是指设备的隔离开关及断路器都在合上位置，将电源至受电端的电路接通（包括辅助设备，如电压互感器、避雷器等）。

2）热备用状态，是指设备只靠断路器断开而隔离开关仍在合上位置，相关接地开关断开。

3）冷备用状态，是指设备的断路器及隔离开关（如接线方式中有的话）在断开位置。相关接地开关断开。

4）检修状态，是指设备电气间隔的所有断路器、隔离开关均断开，验电并装设接地线，悬挂指示牌，并装好临时遮拦。

例如，具体设备的检修状态有如下几种。

（1）"断路器检修"是指断路器及两侧隔离开关均在断开位置，断路器控制回路熔断器取下或断开空气开关，两侧装设接地线或合上接地开关，断路器连接到母差保护的电流互感器回路应拆开并短接。

（2）"线路检修"是指线路断路器及两侧隔离开关均断开位置，如果线路有电压互感器且装有隔离开关时，应将该电压互感器陶隔离开关拉开，并取下低压侧熔断器或断开低压断路器，在线路侧装设接地线或合上接地开关。

（3）"主变压器检修"是指变压器的各侧断路器及隔离开关均在断开位置，并在变压器各侧装设接地线或合上接地开关，断开变压器的相关辅助设备电源。

（4）"母线检修"是指连接该母线上的所有断路器（包括母联、分段）及隔离开关均在断开位置，该母线上的电压互感器及避雷器改为冷备用状态或检修状态，并在该母线上装设接地线或合上接地开关。

二、倒闸操作的指令

倒闸操作指令是由电网值班调度员下达的操作指令，完成将一个电气设备由一种状态转变为另一种状态的特定的操作。电气设备单元由一种状态转换为另一种状态有时只需要一个操作任务就可以完成，有时也需要多个操作任务来完成。根据值班调度员或运行值班负责人的指令，受令人复诵无误后执行。发布指令应准确、清晰，使用规范的调度术语和设备双重名称，即设备名称和编号。发令人和受令人应先互报单位和姓名，发布指令的全过程（包括对方复诵指令）和听取指令的报告时双方都要录音并做好记录。操作人员（包括监护人）应了解操作目的和操作顺序。对指令有疑问时应向发令人询问清楚无误后执行。

调度操作指令是电网调度员向变电站值班人员下达一个倒闸操作任务的命令形式。调度操作指令分为逐项指令、综合指令、口头指令三种。

(1) 逐项指令，值班调度员下达的涉及两个及以上变电站共同完成的操作。值班调度员接操作规定分别对不同单位逐项下达操作指令，接受令单位应严格按照指令的顺序逐个进行操作。

(2) 综合指令，值班调度员下达的只涉及一个变电站的调度指令。该指令具体的操作步骤和内容以及安全措施，均由接受令单位运行值班员按现场规程自行拟定。

(3) 口头指令，值班调度员口头下达的调度指令。变电站的继电保护和自动装置的投、退等，可以下达口头指令。在事故处理的情况下，为加快事故处理的速度，也可以下达口头指令。

三、倒闸操作流程

倒闸操作流程如下。

1. 值班长接受操作预令 → 2. 确定操作人员，下达操作任务 → 3. 分析填票要点及注意事项 →

4. 结合预令及工作票内容填写操作票 → 5. 逐级审核操作票、签名-模拟预演、核对操作票 →

6. 准备操作工具、进行操作前的危险点分析 → 7. 受调度正式操作令进行操作 →

8. 检查操作设备，无问题后向值班长汇报交令 → 9. 值班长向调度汇报、操作全部结束

四、尽量避免倒闸操作的情况

(1) 变电站交接班时间内。

(2) 负荷处于高峰时段。

(3) 系统稳定性薄弱期间。

(4) 雷雨、大风等天气。

(5) 系统发生事故时。

(6) 有特殊供电要求。

五、进行倒闸操作的必备条件

(1) 变电站值班人员须经过安全教育培训、技术培训、熟悉工作业务和有关规程制度，经上岗考试合格、有关主管领导批准后，方能接受调度指令，进行操作或监护工作。

(2) 要有与现场设备和运行方式一致的一次系统模拟图，要有与实际相符的现场运行规程，继电保护自动装置的二次回路图纸及定值整定计算书。

(3) 设备应达到防误操作的要求，不能达到的必须经上级部门批准。

(4) 倒闸操作必须使用统一的电网调度术语及操作术语。

(5) 要有合格的安全工器具、操作工具、接地线等设施，并设有专门的存放地点。

(6) 现场一、二次设备应有正确、清晰的标示牌，设备的名称、编号、分合位指示、运动方向指示、切换位置指示以及相别标识齐全。

(7) 有值班调度员、运行值班负责人正式发布的指令（规范的操作术语），并使用经事先审核合格的操作票。

(8) 下列三种情况应加挂机械锁。机械锁要一把钥匙开一把锁，钥匙要编号并妥善保管。

1) 未装防误闭锁装置或闭锁装置失灵的隔离开关手柄和网门。

2) 当电气设备处于冷备用且网门闭锁失去作用时的有电间隔网门。

3) 设备检修时，回路中的各来电侧隔离开关操作手柄和电动操作隔离开关机构箱的箱门。

六、倒闸操作中的问题及处理方法

(1) 操作中如发现闭锁装置失灵时，不得擅自解锁。防误闭锁装置不得随意退出运行，停用防误闭锁装置应经本单位总工程师批准；短时间退出防误闭锁装置时，应经变电站站长或发电厂当班值长批准，并应按程序尽快投入。

(2) 操作中出现影响操作安全的设备缺陷，应立即汇报值班调度员，并初步检查缺陷情况，由调度员决定是否停止操作。

(3) 操作中发现系统异常，应立即汇报值班调度员，得到值班调度员同意后，才能继续操作。

(4) 操作中发现操作票有错误，应立即停止操作，将操作票改正后才能继续操作。

(5) 操作中发生误操作事故，应立即汇报调度，采取有效措施，将事故控制在最小范围内，严禁隐瞒事故。

七、可自行操作的情况

可不经调度许可，能自行操作的情况如下，但操作后须汇报调度。

(1) 将直接对人员生命有威胁的设备停电。

(2) 确定在无来电可能的情况下，将已损坏的设备停电。

(3) 确认母线失电，拉开连接在失电母线上的所有断路器。

八、倒闸操作的基本要求

(1) 停电拉闸操作应按照断路器→负荷侧隔离开关→电源侧隔离开关的顺序依次进行，送电合闸操作应按与上述相反的顺序进行。严禁带负荷拉合隔离开关。

(2) 开始操作前，应先在模拟图（或微机防误装置、微机监控装置）上进行核对性模拟预演，无误后，再进行操作。操作前应先核对设备名称、编号和位置，操作中应认真执行监护复诵制度（单人操作时也应高声唱票），宜全过程录音。操作过程中应按操作票填写的顺序逐项操作。每操作完一步，应检查无误后做一个“√”记号，全部操作完毕后进行复查。

(3) 监护操作时，操作人在操作过程中不得有任何未经监护人同意的操作行为。

(4) 操作中发生疑问时，应立即停止操作并向发令人报告。待发令人再行许可后，方可进行操作。不准擅自更改操作票，不准随意解除闭锁装置。解锁工具（钥匙）应封存保管，所有操作人员和检修人员严禁擅自使用解锁工具。若遇特殊情况，应经值班调度员、值长或站长批准，方能使用解锁工具。单人操作、检修人员在倒闸操作过程中严禁解锁。如需解锁，应待增派运行人员到现场后，履行批准手续后处理。解锁工具使用后应及时封存。

(5) 用绝缘棒拉合隔离开关或经传动机构拉合断路器和隔离开关，均应戴绝缘手套。雨天操作室外高压设备时，绝缘棒应有防雨罩，还应穿绝缘靴。接地网电阻不符合要求的，晴天也应穿绝缘靴。雷电时，一般不进行倒闸操作，禁止在就地进行倒闸操作。

(6) 装卸高压熔断器，应戴护目眼镜和绝缘手套，必要时使用绝缘夹钳，并站在绝缘垫或绝缘台上。

(7) 断路器遮断容量应满足电网要求。如遮断容量不够，应将操动机构用墙或金属板与该断路器隔开，应进行远方操作，重合闸装置应停用。

(8) 电气设备停电后（包括事故停电），在未拉开有关隔离开关和做好安全措施前，不得触及设备或进入遮栏，以防突然来电。

(9) 单人操作时不得进行登高或登杆操作。

（10）电气设备操作后的位置检查应以设备实际位置为准，无法看到实际位置时，可通过设备机械位置指示、电气指示、仪表及各种遥测、遥信信号的变化，且至少应有两个及以上指示已同时发生对应变化，才能确认该设备已操作到位。

（11）在发生人身触电事故时，为了抢救触电人，可以不经许可断开有关设备的电源，但事后应立即报告调度和上级部门。

九、倒闸操作的分类

（1）监护操作：由两人进行同一项的操作。监护操作时，其中一人对设备较为熟悉者作监护。特别重要和复杂的倒闸操作，由熟练的运行人员操作，运行值班负责人监护。

（2）单人操作：由一人完成的操作。

1）单人值班的变电站操作时，运行人员根据发令人用电话传达的操作指令填用操作票，复诵无误。

2）实行单人操作的设备、项目及运行人员需经设备运行管理单位批准，人员应通过专项考核。

（3）检修人员操作：由检修人员完成的操作。

1）经设备运行管理单位考试合格、批准的本企业的检修人员，可进行220kV及以下的电气设备由热备用至检修或由检修至热备用的监护操作，监护人应是同一单位的检修人员或设备运行人员。

2）检修人员进行操作的接、发令程序及安全要求应由设备运行管理单位总工程师（技术负责人）审定，并报相关部门和调度机构备案。

第二节　操　作　票

一、操作程序规定

（1）断路器停、送电和并、解列的操作前后，必须检查开关实际位置和表计指示。

（2）检查断路器必须在开位后，才允许进行合上或拉开断路器两侧隔离开关的操作，并检查操作后的隔离开关位置。

（3）同一母线两元件由联络隔离开关互代，先合上联络隔离开关，后拉开被代配断路器及两侧隔离开关。

（4）用旁路（预备线）断路器代送操作时，必须首先检查各线路的分路隔离开关在开位后，才允许进行代配的操作。

（5）操作直流熔断器的操作顺序为停电时，先拉开正极，后拉开负极；送电时先合负极，后合正极。

（6）设备检修时，操作直流、动力熔断器要拉开。

（7）设备送电，相应方式的保护跳闸连接片应在投入位置。

（8）停电操作必须按照断路器，负荷侧隔离开关、母线侧隔离开关顺序依次操作，送电的顺序与此相反。

（9）变压器停送电和并解列操作按下列原则进行。

1）中性点直接接地系统中，变压器停送电操作前，必须先将变压器中性点直接接地后，才可进行操作。

2）一般情况下，如变压器高、低压侧均有电源，送电时应先从高压侧充电，低压侧并列。停电时先在低压侧解列，再从高压侧停电。

（10）母线倒闸操作。

1）用母联断路器对母线充电，必须带快速保护；无母联断路器，有条件时用外来电源充电；无条件时检查母线无问题后用隔离开关充电。

2）倒母线时，拉开母联断路器的操作直流保险。

3）有断口电容的断路器向空母线充电或停电时，为防止该电容与母线电压互感器谐振，可采用停电压互感器、带主变压器、带消弧线圈等办法。

（11）装设接地线时，应执行三相分别验电后立即装设接地线，不得间断、在开关柜内断路器侧装设接地线时，应执行在断路器两侧首先三相分别验电后再装设接地线。

二、操作票的填写

（1）操作票要统一编号，按编号顺序依次使用。

（2）操作票应根据值班调度员或值班负责人下达的操作计划和操作综合令填写。调度发布操作计划和倒闸操作令时，必须用双重名称（设备名称和编号），同时要录音。运行单位要由值长、值班负责人或指定受令权的值班员受令，认真地进行复诵，并将接受的操作计划和倒闸操作命令完整、无误、及时地记录在操作记录簿中。

（3）操作票应根据电气安全操作的相关规程和规定填写。

（4）调度下达操作预备令时，对操作票中的任务、计划时间、操作项目和注意事项要逐字下达，并明确操作令的类别。

（5）根据调度下达的操作计划填写操作票时，在需要得到调度命令才能执行的操作项目前一项，要注明“联系调度”字样，综合操作令“联系调度”字样不必写在操作票内。

（6）操作票填写要字迹工整，清楚，提倡用仿宋体，不得任意涂改（设备名称、编号、拉、合字样不准修改），如有个别错字、漏字要修改时，必须保证清晰，应用红笔在错字上画两条“＝”线，然后在横线上部或后边写上正确的字，漏字用“∨”填上，每页修改不应超过3个字，禁止涂改和刀刮。

（7）操作票规定由操作人填写。特殊情况下，需要由前一班人员填写时，接班的操作人员必须认真细致地审查，确认无误后，由操作人、监护人、班长或值长签字后执行。大型复杂操作（如改变运行方式、倒母线、全所停电、多回路同时停电等），值长、所长（运行专工）必须认真审核操作系并签字。

（8）填入操作票的检查项目。

1）检查开关操作后的实际位置。

2）并、解列（包括系统并解列、变压器并解列、双回线并解列、用旁路代送、倒母线）检查负荷分配（检查三相电流平衡）并在该项的末尾记上实际电流数值。

3）在操作地点看不见隔离开关的实际开、合位置，要检查隔离开关操作后的实际位置。

4）由旁路母线代送时，必须检查各线路旁路隔离开关在开位，隔离开关编号和名称不必一一填写。

5）检修设备送电前，检查送电范围内接地线确已拆除，可列为一项总的检查项目。

6）接地开关每拉开一组，即应检查确已拉开。

检查项目可以只写设备编号。

(9) 操作任务栏内和操作主变压器的各侧断路器要填写电压等级。

(10) 操作人要明确操作任务和顺序，对操作命令有疑问时，应及时提出，明确后填写操作票。

(11) 保护、交直流操作熔断器、动力熔断器、重合闸只填写名称。

(12) 操作票填写完后，空余部分应盖“以下空白”章以示终结。备注栏内不许填写操作项目。

三、操作时的联系

(1) 运行人员在业务联系时要先说明单位、姓名、时间。

(2) 业务联系中必须使用调度术语，采用双重名称，语言要简明扼要，不准掺杂与本次联系无关的事项。

(3) 一次联系多件事时不得含混，使双方都要逐一明确，并一一落实。

(4) 业务联系必须有始有终，中途一般不得换人，必须更换联系人时，须交待清楚，防止偏差。

(5) 双方对所有联系事项都要一一认真记录清楚，并通过复诵核对无误。

(6) 在业务和操作联系中，必须录音；否则负后果责任。

四、操作票的执行

(1) 开始操作前，应先在模拟图板上进行核对模拟预演，并在操作票模拟预演栏内打蓝色“√”，确无误后再进行实际操作。

(2) 操作必须按操作票内容，逐项逐字的严格认真执行，不得跳项、漏项，更不得有操作票不用、离开操作票凭记忆盲目操作。

(3) 在操作中监护人和操作人的关系是指挥和被指挥的关系。操作人必须听从监护人指挥，如果监护人有错误，操作人有权消绝操作并向上级报告。

(4) 操作时操作人在前，监护人在后，时刻注意行动路线。操作时节奏鲜明、动作明确，操作前后要有看电流、电力、电压表和灯光指示的意识，双方都有核对所要操作项目的责任。

(5) 操作时严格执行“四对照”即对照设备名称、编号、位置和拉合方向。

(6) 操作时，监护人唱票，操作人手指设备名称、编号复诵，核对无误后，监护人发出“对！解锁”命令。操作人解锁后，手握把手，监护人发出“对！执行”命令，操作人即按正确拉合方向进行操作。

(7) 每项操作完成打一个红色的“√”，严禁全部完成或提前打“√”。每检查一组地线即在地线号上打“√”。

(8) 现场操作票中“联系调度”的项目后填写发令人员姓名及时间。

(9) 调度发布正式操作令时，现场不再重新记录，但必须对照操作票中的相应项目，并以此项目逐字复诵，调度听取复诵（使用双重名称，即名称、编号）无误后，发布“可以执行”命令。

(10) 执行一个倒闸操作任务，中途严禁换人，在执行倒闸操作中严禁做与操作无关的事。在操作过程中监护人要自始至终认真监护，没有监护人的命令，操作人不得擅自操作。

(11) 变电站预计同时停、送电的多回线路接受调度一个指令，可以填写一张操作票。

在特殊情况下（如系统运行方式改变等），因故不能操作或不需要的操作项目，必须有值班调度员的命令和值班负责人的许可。确认无误操作的可能，方可进行操作。不需要操作的项目，可以在执行记号栏内打“×”，并在操作票的备注栏内注明原因。已打“×”的项目再需操作时，必须重新填写操作票。

（12）一份操作票（一个操作任务）规定由一组人员操作，监护人手中只能持一份操作票。但由于操作项目过多，现场距主控室较远，可以分两组人员操作。分组操作时，要填写一式两份总的操作顺序的操作票，值班长按上述操作统一指挥进行操作。这样的操作只适用于有良好通信对话联系装置的单位，并要认真履行复诵，两份操作票均填写操作时间，严禁用手示等方法进行联系操作。

（13）须联系调度后方可操作的项目，要记录操作结束时间。

（14）操作终了（结束）应盖“已执行”章，作废票应盖“作废”章，均盖在操作项目栏右下角。

五、操作票用术语

（1）多油断路器、低压断路器、少油断路器、六氟化硫断路器、小车断路器统称断路器。跌落式熔断器，统称跌落熔断器。

（2）断路器、隔离开关、接地开关以及直流控制回路、电压互感器、熔断器（或搬闸）统一用“拉开”、“合上”，小车断路器的闸刀位置用“拉至”、“推至”。

（3）操作直流称“操作直流熔断器”，动力交、直流称“动力隔离开关”或“动力熔断器”。

（4）检查断路器、隔离开关位置用“在合位”、“在开位”。

（5）地线用“拆除、装设”。

（6）检查×、×、×号共×组地线确已拆除。

（7）检查表计。停电时用“确无指示”送电时用“指示正确”。

（8）验电用“三相验电，确无电压”表示。

（9）继电保护回路连的切换用“投入、停用”。

操作票术语举例如下。

（1）拉开或合上断路器。

“拉开（合上）哈长线2803断路器”。

（2）检查断路器隔离开关的位置。

“检查2803断路器在开位（在合位）”。

（3）操作、动力熔断器的操作。

“拉开（合上）哈长线断路器操作直流熔断器”。

“拉开（合上）哈长线断路器动力熔断器”。

（4）验电。

“在哈长线2803断路器与电流互感器间三相验电，确无电压”。

（5）装拆地线。

“在哈长线2803断路器与电流互感器间装设1号接地线”。

“拆除哈长线2803断路器与电流互感器间1号接地线”。

（6）“检查哈长线所装1号接地线确已拆除”。

(7) 检查表计。

“检查 2803 断路器表计确无指示”。

“检查 2803 断路器表计指示正确”。

(8) 投、停保护。

“投入(停用)哈长线断路器重合闸连接片”。

“投入 1 号主变压器重瓦斯保护连接片至跳闸位置”。

六、不用操作票的操作和事故处理使用操作票的规定

1. 不用操作票操作的规定

(1) 投入、停用 1 个连接片。

(2) 拉合断路器的单一操作，拆除全厂(站)仅有的一组地线(接地开关)。

(3) 多条线路的限电，但必须做好笔录，严格执行复诵制。

(4) 事故处理的操作，原则上可不用操作票，如果时间允许，要执行操作票；对调度已经下令操作，如操作票未填写完，运行值班人员要按调度指令严格执行监护制和“四对照”进行操作。

2. 事故处理使用操作票的规定

对有的单位已有标准操作票样本的，在事故处理时必须按调度指令，严格执行标准操作票进行操作。

七、操作票检查标准

发生下列情形之一者为不合格操作票。

(1) 每页修改超过三个字。

(2) 操作内容并项、漏项、跳项。

(3) 两个操作任务合开一份操作票。

(4) 漏画“√”或多画“√”。

(5) 操作项目顺序不对，不按规定填写操作时间者。

(6) 设备名称、编号、拉、合关键字修改者。

(7) 操作票代替签名、漏签名或盖名章者。

(8)“已执行”、“作废”、“以下空白”章漏盖者。

(9) 操作票不统一编号，缺页者。

(10) 与规定的操作术语不相符者。

(11) 不按规定填写双重名称者。

(12) 票面字迹潦草、任意涂改、刀刮者。

第三节 断 路 器 操 作

一、断路器操作一般原则

(1) 断路器操作前，断路器本体、操动机构及控制回路应完好，有关继电保护及自动装置已按规定投停。应检查保护确在正常投入状态，防止断路器无保护运行。

(2) 开关送电前检查送电范围内接地线已全部拆除(接地开关已拉开)。防止带地线合闸。

(3) 断路器停电操作必须按照断路器→负荷侧隔离开关→母线侧隔离开关的顺序依次操

作，送电合闸操作应按上述相反的顺序进行。

(4) 若断路器检修，应在该断路器两侧验明三相无电后挂接地线（或合上接地开关），并断开该断路器的合闸电源和控制电源。

(5) 对于双母线接线，断路器恢复时应明确运行于哪条母线。

(6) 操作主变压器断路器，停电时应先拉开负荷侧，后拉开电源侧，送电时顺序相反。拉合主变压器电源侧断路器前，主变压器中性点必须直接接地。

(7) 断路器检修时，其母差二次电流回路上有工作时，在断路器投入运行前，应先停用母差保护，再合上断路器。母差保护只有在带负荷测相量正确后方可投入。

(8) 环路（或双回路）中必须相位相同才可以合环操作，新建或大修后的环网线路，必须核相，正确后才允许合环操作。合环操作前，应调整环路内的潮流分布；在220、110kV环路阻抗较大的环路中，合环点两侧电压差最大不超过30%，相角差不大于30°（或经过计算确定其最大允许值）；检查开环处两侧的相角差。合环或解环前应考虑合环或解环后的潮流及电压变化，还应考虑环网内所有断路器继电保护和安全自动装置的整定值变更和使用状态，各设备潮流的变化不超过系统稳定、继电保护的限额，电压的变动不应超过规定范围，变压器中性点接地方式及时调整。必要时先调整潮流，减少解环、合环的波动。用母联断路器解环时要注意解环后，继电保护电压应取本母线电压互感器。

(9) 正常情况下的并列操作一般采取准同期法。只有经过计算、试验、分析并经本单位主管生产的领导（总工程师）批准后，才允许采用非同期法。准同期并列的条件：①相序相同；②频率相等，但在事故情况下允许经长距离输电的两个系统频率差不超过0.5Hz并列；③电压相等，220kV系统允许电压差不大于10%时并列，在特殊情况下允许电压差不超过20%时并列。系统内各主要联络线断路器应装设并列装置。

(10) 系统在进行解列操作时，应将解列点的有功潮流调至零、无功潮流调至最小，一般为小容量的系统向大容量的系统输送少量负荷，然后拉开解列断路器。220kV系统，进行解列操作时应考虑到限制操作过电压的措施，使操作过程中220kV电压波动不大于10%。当系统需解列成几个部分时，事先应平衡有功和无功负荷，使解列后的每个部分系统频率和电压的变动都在允许范围以内。

二、断路器操作注意事项

(1) 断路器停电前，对终端线路应先检查负荷是否为零；对并列运行的线路，在一条线路停电前应考虑有关保护定值的调整，并注意在该线路拉开后另一线路是否过负荷；对联络线应考虑拉开后是否会引起本站电源线过负荷。如有疑问应问清调度后再操作。

(2) 断路器分闸后，若发现绿灯不亮而红灯已熄灭，应立刻断开该断路器的控制电源开关（或取下熔断器），以防跳闸线圈烧毁。

(3) 对于手车断路器拉出后，应观察隔离挡板是否可靠封闭。

(4) 断路器检修时，必须断开该断路器二次回路所有电源开关（或取下熔断器），停用相应的母差跳该断路器及断路器失灵启动连接片。

(5) 断路器检修后恢复运行操作前，应检查送电范围内所有安全措施确已拆除，断路器分闸位置指示正确且确在分闸位置，断路器二次回路所有电源开关已合上（或放上熔断器）；油断路器油色、油位应正常，SF_6断路器气体压力应在规定范围之内；断路器为液压、气压操动机构，储能装置压力应在允许范围内。

（6）断路器合闸前，必须检查有关继电保护已恢复至停电前状态，其母差电流互感器端子已可靠接入差动回路，并投入相应的母差跳闸及断路器失灵启动连接片。

（7）长期停运超过6个月的断路器，在正式执行操作前应向调度申请在冷备用（或检修）状态下远方试操作2～3次，无异常后，方能按调度操作指令填写操作票进行实际操作。

（8）用断路器对终端线路送电时，如发现电流表指示到最大刻度（或电流显示过大），说明合于故障，继电保护应动作跳闸，如未跳闸应立即手动拉开该断路器；对联络线送电时，有一定数值的电流是正常的；对主变压器进行充电合闸时，电流表会瞬间指示（或电流瞬间显示）较大数值后马上又返回，这是变压器正常励磁涌流所引起的。

1）一般情况下，运行中的断路器凡能够电动操作的，不应就地手动操作。断路器无自由脱扣的机构严禁就地操作。特殊情况下，如遇远方操作断路器分闸失灵，方可允许手动机械分闸或者手动就地操作按钮分闸；需注意的是对于装有自动重合闸的断路器，为防止手动分闸后重合，应先停用重合闸再进行手动分闸。

2）正常操作断路器时必须在远方采用三相操作。分相操作只允许对空载线路的充电和切断，如新设备启动时的定相操作。

3）远方用控制开关（或按钮）操作断路器时，不要用力过猛，以免损坏控制开关（或按钮），操作时不要返回太快，应待相应的位置指示灯亮时，才能松开控制开关（或按钮）自动返回，以免断路器操作失灵。

4）断路器操作后的位置检查，应通过断路器红绿灯指示、电流表（电压表、功率表）指示、断路器（三相）机械位置指示以及各种遥测、遥信信号的变化等方面判断。遥控操作的断路器，至少应有两个及以上指示同时发生变化，才能确认该断路器已操作到位。装有三相表计的断路器应检查三相电流基本平衡。

5）断路器切断故障电流次数，比现场规程规定的次数少一次时，若需再合闸运行可根据现场要求停用该断路器的自动重合闸装置。

6）操作中若发现断路器本体有明显故障或严重缺陷，当跳闸可能导致断路器爆炸时，应立即切除该断路器的跳闸电源，报告当值调度员和上级有关领导。

三、断路器操作中异常情况的处理

（1）用220kV断路器进行并列或解列操作，因操动机构失灵造成两相断路器断开，一相断路器合上的情况时，不准将断开的两相再合上，而应迅速将原合上的一相断路器拉开。如果断路器已合上两相，则应将断开的一相再合一次，若不成即拉开合上的两相断路器。

（2）断路器分闸遥控失灵，检查断路器运行正常，如现场规定允许进行近控操作时，必须进行三相同步操作，不得进行分相操作。如合闸遥控失灵，则禁止进行现场近控合闸。

（3）接入系统中的断路器由于某种原因造成操作压力下降，并低于规定值时，严禁对断路器进行停、送电操作。运行中的断路器如发现有严重缺陷而不能跳闸的（如断路器已处于闭锁分闸状态），应立即改为非自动（装设非自动连接片的断路器投入非自动连接片，无非自动连接片的断路器拉开断路器的直流控制电源），并迅速报告值班调度员后进行处理。

（4）断路器出现非全相分闸时，应立即设法将未分闸相拉开，如仍拉不开应利用母联或旁路切除，之后通过隔离开关将故障断路器隔离。

（5）断路器操作时，如不能进行分合闸，说明分合闸回路有问题。这时应首先检查分合闸指示灯，分闸前红灯应亮，合闸前绿灯应亮。如灯不亮则应检查指示灯是否损坏，若未损坏则说明分合闸回路中断。如灯亮而不能分合闸，则可能是由于分闸时控制开关合闸触点或合闸时跳闸触点未接通的缘故。

(6) 当断路器的控制开关在分闸后位置时，发现红绿灯均不亮，但断路器实际位置在合上状态，则表示由于断路器操动机构原因不能分闸。这时由于防跳继电器动合触点闭合，使其自保持而跳闸线圈常通电，为防止烧坏跳闸线圈，运行人员应立即断开断路器控制电源，使防跳继电器失磁而返回。

第四节 隔离开关操作

一、隔离开关操作一般原则

(1) 严禁用隔离开关拉合带负荷设备及带负荷线路。在不能用或没有断路器操作的回路中允许利用隔离开关进行以下操作。

1) 拉、合 220kV 及以下空母线。

2) 拉、合励磁电流不超过 2A 的空载变压器和电容电流不超过 5A 的空载线路。

3) 拉、合无接地指示的电压互感器以及变压器中性线上的消弧线圈。

4) 拉、合无雷雨时的避雷器。

5) 拉、合变压器中性点接地开关。

6) 同一个变电站内同一电压等级的环路中可进行隔离开关解合环操作，但环路中的所有断路器应暂时改为“非自动”。例如：正常倒母线操作；断路器跳合闸闭锁，用旁路断路器代路的操作过程中，用隔离开关拉、合旁路断路器与被代路断路器间的环路电流；拉合一个半断路器接线（3/2 接线）方式的母线环流。

7) 通过计算或试验，主管单位总工程师批准的其他专项操作，必须利用隔离开关进行特殊操作时，应尽可能在天气好、空气湿度小和风向有利的条件下进行。

(2) 隔离开关与断路器或母线回路停送电操作时，应遵循断路器或母线操作的一般原则。

(3) 对于分相操作机构的隔离开关，在合闸操作时应先合 U、W 相，最后合 V 相；在分闸操作时应先拉开 V 相，再拉开其他两相。

(4) 装有微机“五防”闭锁的隔离开关操作时，应使用微机防误闭锁装置，禁止随意解锁进行操作。

二、隔离开关操作注意事项

(1) 操作隔离开关时，断路器必须在分闸位置，并经核对编号无误后，方可操作。

(2) 手动操作隔离开关前，应先拔出操动机构的定位销子再进行分合闸；操作后应及时检查定位销子已销牢，以防止隔离开关自动分合闸而造成事故。

(3) 电动操作隔离开关前，应先合上该隔离开关的控制电源，操作后应及时断开，以防止隔离开关自动分合闸而造成事故。若电动操作失灵而改为手动操作时，应在手动操作前断开该隔离开关的控制电源，方可操作。

(4) 隔离开关分闸操作时，如动触头刚离开静触头时就发生弧光，应迅速合上并停止操作，检查是否为误操作而引起的电弧。操作人员在操作隔离开关前，应先判断拉开该隔离开关时是否会产生弧光，切断环流或充电电流时产生的弧光是正常现象。

(5) 隔离开关合闸操作时，当合到底时发现有弧光或为误合时，不准再将隔离开关拉开，以免由于误操作而发生带负荷拉隔离开关，扩大事故。

(6) 隔离开关操作后，应检查操作良好，合闸时三相同期且接触良好；分闸时三相断口张开角度或拉开距离符合要求。正常后及时加锁，以防止误操作。

(7) 用绝缘棒拉合隔离开关或经传动机构拉合隔离开关时，均应戴绝缘手套；雨天操作室外高压设备时，绝缘棒应有防雨罩，还应穿绝缘靴。

(8) 无论用手动或绝缘杆操作隔离开关分闸时，都应果断而迅速。当离开固定触头时应迅速，以便迅速消弧；但在分闸终了时要缓慢些，防止操动机构和支持绝缘子损坏，最后应检查定位销子已销牢。

(9) 隔离开关与接地开关之间的机械闭锁应灵活可靠。

(10) 远方操作的隔离开关，不得带电压就地手动操作，以免失去电气闭锁或因分相操作引起非对称开断，而影响继电保护的正常运行。

(11) 操作时若发现隔离开关支持绝缘子严重破损、传动杆严重损坏等严重缺陷时，严禁对其进行操作，报告当值调度员和上级有关领导。

(12) 接地线（接地开关）是为设备检修配备的安全接地装置。合接地开关或装设接地线之前必须在停电设备上验电，确保无电压，然后再合接地开关或装设地线。

(13) 验电前必须检查验电器本身是否良好。装接地线时，应先装接地端，操作时必须戴绝缘手套。合接地开关（分相操作的）或在设备上装设地线时，应先操作靠近人的那一相，然后再操作其他相，拉开或拆除时与此顺序相反。对电容器、电抗器、变压器、双回架空线路、电缆线路必须先充分放电后再验电接地。

(14) 接地开关和接地线要有编号。接地线要存放在固定地点，存放的位置也应编号，以便使用和存取时对号入座，使用时应注明接地设备的名称。

三、隔离开关操作中异常情况的处理

(1) 装有电动操动机构的隔离开关如遇电动失灵，应检查原因，查明与此隔离开关有联锁关系的所有断路器、隔离开关、接地开关的实际位置，确认允许进行操作时，必须履行解锁申请手续并执行解锁操作规定，才可解锁进行手动操作。手动操作时应拉开该隔离开关的控制电源。

(2) 若刚一拉错隔离开关，就发现电弧时应急速合上；若隔离开关已全部拉开，不允许再合上。若是单极隔离开关，操作一相后发现拉错，而其他两相不应继续操作。

(3) 若合错隔离开关，甚至在合闸时产生电弧，也不允许再拉开，否则将会造成三相弧光短路。

(4) 隔离开关合闸不到位。隔离开关合闸不到位，主要是检修调试时未调试好或隔离开关操动机构有卡涩现象等原因而引起的。隔离开关合闸不到位，可重新合闸一次，如果无效，对手动操作的隔离开关则可用绝缘棒推入。若为电动操作机构的，则可用手柄朝合闸方向摇上，但不能用力过猛，以免机构断裂。隔离开关合闸不到位，在必要时可申请检修。

(5) 隔离开关分闸不到位。隔离开关分闸不到位，主要是检修调试时未调试好或隔离开关操动机构有卡涩现象等原因而引起的。隔离开关分闸不到位，对手动操作的隔离开关则可用绝缘棒拉开。若为电动操动机构的，则可用手柄朝分闸方向摇上，但不能用力过猛，以免机构断裂。隔离开关分闸不到位，在必要时可申请检修。

(6) 隔离开关电动操作失灵。首先应检查操作无差错，然后检查本回路断路器三相均在分闸位置，断路器母线侧接地开关已拉开；如母联断路器不在运行状态，还应检查另一母线隔离开关已拉开；检查断路器控制电源正常，本回路断路器动断辅助触点应闭合，断路器母线侧接地开关动断辅助触点应闭合，另一母线隔离开关动断辅助触点应闭合；近控、远控停止按钮动断触点应接通，分闸或合闸接触器应完好，隔离开关位置开关应接通，机构本身应无故障等。

第五节　线路停送电

一、线路停送电操作一般原则

(1) 线路送电前应检查送电范围内接地线已全部拆除，接地开关确已拉开。

(2) 线路送电前应检查线路保护按定值单和调度要求全部投入运行，防止线路无保护运行。

(3) 当线路故障跳闸后试送电时，应确保断路器良好，跳闸间隔设备无问题，如有重合闸需停用。

(4) 线路停电操作时必须按先拉开断路器、线路侧隔离开关、母线侧隔离开关的顺序进行。送电操作时顺序与之相反。

(5) 接有线路所用变压器的线路停电前，应将所用变压器二次负载倒出。

(6) 线路断路器送电前，应检查继电保护已按规定投入。断路器合闸送电后，应检查断路器三相确已合上。

(7) 当线路故障跳闸后试送电时，应检查该间隔无异常，检查断路器跳闸次数符合规定，并按调度命令将线路保护的重合闸停用。

(8) 线路如果有异常停电，停电后应在线路侧验电，并装设三相接地短路线或合上线路接地开关，在断路器的操作把手上悬挂"禁止合闸，线路有人工作！"标示牌。

(9) 母线若为3/2接线方式的线路停电时，一般应先拉开中断路器，后拉开边断路器，恢复送电时顺序相反。带有隔离开关的线路停役时，如断路器无工作，在利用断路器将线路停下并转冷备用后，应及时恢复完整串运行。

(10) 在线路停送电操作中，若调度没有下令停投保护及重合闸装置时，保护及重合闸应保持原状态。在任何情况下利用完整保护的断路器向线路送电过程中，其保护必须投入。

二、线路停送电操作注意事项

(1) 严格执行监护唱票复诵制度，认真核对设备的名称和编号，防止误拉开关，严防带负荷拉隔离开关事故。

(2) 电缆线路停电检修和装设接地线前，必须经过多次放电，才能挂接地线。

(3) 为防止空载长线充电时线路末端电压的升高，对线路有电抗器的要求线路送电时应先合电抗器断路器，后合线路断路器。

(4) 防止送电到故障线路上时，造成其他正常运行线路的暂态稳定破坏。

(5) 可能使线路相序发生紊乱的检修，在恢复送电前应进行核相工作。

(6) 线路停、送电操作，应考虑对继电保护及安全自动装置、通信、调度自动化系统的影响。

(7) 线路停电前，应先将线路的负荷倒由备用电源带；对于联络线或双回线，要注意潮流已调整好再断断路器，免得过负荷或电压异常波动。

(8) 母线为 3/2 接线方式的线路停电后需要恢复完整串运行时，要求投入短引线保护，以保护两断路器间的引线；线路停电后不需要恢复完整串运行时，应注意保护的变动，应投入相关线路的停信并联连接片。

(9) 联络线路恢复送电前，即两侧断路器在热备用状态时，两侧值班人员必须进行纵联保护通道交换试验以检验是否正常后，方可决定断路器是否合闸。

三、线路停送电操作中异常情况的处理方法

1. 线路断路器非全相运行

采用单相重合闸的断路器，其操动机构是分相设置的。若断路器的电气控制回路或机械传动部分有缺陷，拉合断路器时极易发生非全相分合故障。线路断路器若非全相运行，会引起系统电流三相不平衡，严重时会造成零序电流保护装置误动，发电机负序电流超标，给电网安全带来危害。

断路器非全相运行的处理方法如下。

(1) 合闸时，断路器若出现一相或两相未合上，应先断开，保持三相全断开。

(2) 分闸时，断路器若出现一相或两相未断开，应将已断开相合上，保持三相全合上。

(3) 故障若发生在联络线的断路器上，应调整两系统的输出功率，尽量减小联络线的功率交换，保持电流不平衡度最小。

(4) 如果允许故障断路器所带的线路停电，则可将线路对端的断路器断开。

(5) 对于 3/2 断路器接线的线路，可断开与故障断路器相邻的断路器，必要时再断线路对端的断路器。

(6) 经旁路母线使旁路断路器与线路故障断路器并联后，用故障断路器线路侧隔离开关拉环路，最后拉开母线侧隔离开关切除故障断路器。

(7) 也可将母联断路器或分段断路器与故障断路器串联，由母联断路器或分段断路器切除故障断路器。

2. 电动隔离开关合闸失灵

应查明原因，检查是否由于机构异常引起失灵，只有在确保操作正确，即该隔离开关相关联的设备状态正确的前提下，才能手动操作合闸，操作前应断开电动隔离开关的控制电源。不论用手动或绝缘拉杆操作隔离开关合闸时，都应迅速而果断。先拔出联锁销子再进行合闸，开始可缓慢一些，当刀片接近隔离开关嘴时要迅速合上，以防止发生弧光。但在合闸终了时要注意用力不可过猛，以免发生冲击而损坏瓷件，最后应检查联锁销子是否销好。

第六节 母 线 停 送 电

一、母线停送电操作一般原则

(1) 母线停电前应将该母线上的负载移出。

(2) 停用母线时应先断开电压互感器低压负载，再断开电压互感器高压侧电源。

(3) 双母线运行，需将一组母线上的所有设备调至另一组母线运行的母线上。

(4) 在倒母线时，母联断路器必须合上，并取下母联断路器的控制直流熔断器，母差保护改为单母运行方式，母差保护电压切换把手切至相应母线位置后方可进行。

(5) 倒母线操作时，应将电压互感器二次回路的电压等进行相应的调整。

(6) 母线送电前应检查母线送电范围内接地线确已全部拆除，接地开关已全部拉开，母线完好无异物后方可进行。

(7) 当母线检修后需投入运行，应检查母线应启用母线充电保护，投入同期把手，用母联开关向空母线充电，充电良好后退出保护。

(8) 母线停电，应将该母线上的所有负载调至另一组母线运行后，再将母联开关由运行转冷备用。

(9) 停用电压互感器时，应按先停二次低压，后停一次高压部分的原则进行。

(10) 倒母线操作前，应将母差保护“投单母运行连接片”投入，并检查母联断路器在运行状态，取下母联断路器控制直流熔断器。

(11) 倒母线时先合上运行母线侧隔离开关，再拉开停电母线侧隔离开关。

(12) 母线检修后送电时，投入母联充电保护，充电正常后退出该连接片。

(13) 停用电压互感器时应考虑低周等保护和自动装置相应的配合，防止保护由于失去交流电压引起保护误动作。

(14) 对于母线上热备用的线路，当需要将热备用线路由一组母线倒至另一组母线时，应先将该线路由热备用转为冷备用，然后再操作调整至另下组母线上热备用，即遵循“先拉、后合”的原则（冷倒），以免发生通过两条母线侧隔离开关合环或解环的误操作事故，这种操作无需将母联断路器改非自动。

(15) 运行中的双母线并列、解列操作必须用断路器来完成。倒母线应考虑各组母线的负荷与电源分布的合理性。一组运行母线及母联断路器停电，应在倒母线操作结束后，拉开母联断路器，再拉开停电母线侧隔离开关，最后拉开运行母线侧隔离开关。

(16) 双母线双母联带分段断路器接线方式倒母线操作时，应逐段进行。一段操作完毕，再进行另一段的倒母线操作。不得将与操作无关的母联、分段断路器改非自动。

(17) 单母线停电时，应先拉开停电母线上所有负荷断路器，后拉开电源断路器，再将所有间隔设备（含母线电压互感器、站用变压器等）转冷备用、最后将母线三相短路接地。恢复时顺序相反。

二、母线停送电操作注意事项

(1) 检修完工的母线在送电前，应检查母线设备完好，无接地点。

(2) 用断路器向母线充电前，应将空母线上只能用隔离开关充电的附属设备，如母线电压互感器、避雷器先行投入。

(3) 运行中的双母线当停用一组母线时，要做好防止运行母线电压互感器对停用母线电压互感器二次反充电的措施，即母线转热备用后，应先断开该母线上电压互感器的所有二次低压断路器（或取下熔断器），再拉开该母线上电压互感器的高压隔离开关（或取下熔断器）。

(4) 运行中的双母线倒母线操作时，应注意线路的继电保护、自动装置（如按频率减负荷）及电能表所用的电压互感器电源的相应切换；如不能切换到运行母线的电压互感器上，则在操作前将这些保护停用。

(5) 无论是回路的倒母线还是母线停电的倒母线操作，在合上（或拉开）某回路母线侧隔离开关后，应及时检查该回路保护电压切换箱所对应的母线指示灯以及微机型母差保护回路的位置指示灯指示正确。母线停电倒母线操作后，在拉开母联断路器之前，应再次检查回路是否已全部倒至另一组运行母线上，并检查母联断路器电流指示为零；当拉开母联断路器后，应检查停电母线上的电压指示为零。

（6）在母线侧隔离开关的合上（或拉开）过程中，如可能发生较大火花时，应依次先合靠母联断路器最近的母线侧隔离开关；拉开的顺序反之，以尽量减小母线侧隔离开关操作时的电位差。

（7）110～220kV母线操作可能出现的谐振过电压，应根据运行经验和试验结果采取防止措施。

可能出现谐振的变电站，在母线和母线电压互感器同时停电时，待停母线转为空母线后，应先拉母线电压互感器隔离开关，后拉母联断路器；母线和母线电压互感器同时恢复运行时，母线和母线电压互感器转冷备用后，先对母线送电，后送母线电压互感器（对母线电压互感器应详细检查，确认无接地）。

（8）35kV及以下母线停送电操作时，一般采用带一条线路停送电来防止谐振过电压。

（9）在母线停送电操作过程中，应尽量避免两个断路器同时热备用于该母线。

（10）带有电容器的母线停送电时，停电前应先拉开电容器断路器，送电后合上电容器断路器，以防母线过电压，危及设备绝缘。

（11）对母线送电时，应使用具有速断保护的断路器（母联、母联兼旁路或线路断路器）进行；若只能用隔离开关向母线送电时，应进行必要的检查确认其设备正常、绝缘良好、连接母线的所有接地线和接地开关已拆除或拉开。

（12）母联断路器微机保护中配有充电保护和过电流保护，如RCS-923等。但因其充电保护不具备手合接点控制及短时退母差保护功能，所以有些单位要求在母线停电再送电或对空母线上断路器冲击时，应投入母差保护中的母联充电保护，送电正确后退出母联充电保护。

（13）用外部电源对母线试送时，需将试送线路本侧方向高频保护（或高频闭锁保护）改停用，若线路配置双光纤保护，线路两侧保护正常投入，将线路送电侧后备保护距离Ⅱ段时间定值调至0.5s。

（14）用变压器向220、110kV母线充电时，变压器中性点必须接地。

（15）用变压器向不接地或经消弧线圈接地系统的母线充电时，应防止出现铁磁谐振或母线三相对地电容不平衡而产生异常过电压；如有可能产生铁磁谐振，应先带适当长度的空线路或采用其他消谐措施。

（16）对GIS母线操作，一般情况下与常规母线相同，现场应检查SF_6的充气压力和密度在规定值内。对GIS母线及相关设备有特殊操作要求时，应事先得到有关部门认可，具体操作方案应得到调度机构同意后方可执行。

三、母线停送电操作中异常情况的处理

（1）在合、拉隔离开关时，若发现微机线路保护或微机母差保护屏上隔离开关位置指示不正确时，应停止操作，查明原因（若为RCS-915AB B微机母线保护，应先将屏上强制开关切至强制接通或强制断开）。

（2）当拉开某一工作母线隔离开关后，若发现合上的备用母线隔离开关接触不好、拉弧，应立即将拉开的隔离开关再合上，再拉开备用母线隔离开关查明原因。

（3）当某一备用母线隔离开关合上后，若发现工作母线隔离开关拉不开时，应待其他回路倒母线结束后，用旁路断路器带该断路器运行，一再拉开备用母线隔离开关，然后用母联断路器隔离工作母线隔离开关查明原因。

四、避雷器停运操作方法

(1) 线路避雷器故障需停电，只需将相应线路停电即可。

(2) 单母线接线母线避雷器故障需停电，需将母线所有设备停电后拉开故障避雷器隔离开关，再恢复母线运行。

(3) 双母线接线母线避雷器故障需停电，如异常现象短时间内不可能造成接地或短路，可将故障避雷器所在母线上的断路器热倒至另一条母线上运行；如异常现象短时间内有可能造成接地或短路，可将故障避雷器所在母线上的断路器冷倒至另一条母线上运行。倒母线后用母联断路器串带故障避雷器，拉开母联断路器将故障避雷器所在母线停电。

五、母线停送电的操作步骤

1. 双母线（分段）某母线停电的操作步骤

(1) 拉开母联断路器操作直流熔断器。

(2) 做相应保护变动。

(3) 合上倒出线另一母线侧母线隔离开关。

(4) 拉开倒出线停电母线侧母线隔离开关。

(5) 合上母联断路器操作直流熔断器。

(6) 做相应保护变动。

(7) 检查母联仪表指示为零。

(8) 拉开母联断路器。

(9) 按顺序拉开母联断路器两侧隔离开关。

(10) 按顺序拉开停电母线电压互感器一次隔离开关和二次熔断器。

(11) 布置安全措施。

2. 双母线（分段）某母线送电的操作步骤

(1) 拆除安全措施。

(2) 投入母联断路器充电保护。

(3) 按顺序合上母联断路器两侧隔离开关。

(4) 合上母联断路器，对空母线充电良好。

(5) 退出母联断路器充电保护。

(6) 拉开母联断路器操作直流熔断器。

(7) 按调令合上倒入线空母线侧母线隔离开关。

(8) 拉开倒入线另一母线侧母线隔离开关。

(9) 合上母联断路器操作直流熔断器。

(10) 做相应保护变动。

第七节 变压器停送电

一、变压器停送电操作一般原则

(1) 主变压器送电前应经试验合格，由检修部门出具可投运结论并经运行人员验收合格后方可投入运行（新投运或大修后的主变压器应经三级验收）。

(2) 主变压器停电时间超过 10 天，必须经试验合格后方可恢复送电。

(3) 送电前要检查主变压器分接头符合运行要求，并检查分接头位置一致。检查送电侧母线电压及变压器分接头位置（大、中型变压器，分接开关是按相设置的，故三相必须在同一分接位置运行），保证送电后各侧电压不超过其相应分接头电压的5%。

(4) 送电前应检查主变压器两侧断路器送电范围内接地线已全部拆除，接地开关已全部拉开。

(5) 送电前应检查主变压器保护按定值单和调度要求投入运行。

(6) 送电操作应选择先从电源侧充电，后合上负荷侧断路器，变压器停电时，必须按照由低压侧到高压侧的顺序依次操作。

(7) 主变压器停、送电前应合上主变压器中性点接地开关，防止操作过电压。操作结束后再按调度要求调整主变压器中性点运行方式。

(8) 2号主变压器充电时，将1号主变压器中性点直接接地零序电流二段停用，充电良好后恢复。

(9) 主变压器停电前应将主变压器所带负载全部移出，严防倒空造成母线停电。

(10) 主变压器送电后应检查主变压器两侧的母线电压符合要求，主变压器强油循环冷却系统运行正常。

(11) 主变压器停电后主变压器强油循环冷却系统应停止运行。

(12) 两台主变压器并列、解列操作时要考虑主变压器潮流的变化，防止其中一台主变压器过负荷。

(13) 新投运或大修后的变压器应进行核相，确认无误后方可并列运行。新投运的变压器一般冲击合闸5次，大修后的冲击合闸3次。

(14) 220kV变压器中性点零序保护和间隙保护投停的顺序。①若间隙保护用电流互感器接于变压器中性点放电间隙与接地点之间，当变压器中性点由经间隙接地改为直接接地时，零序保护应在接地开关合上前投入，间隙保护应在接地开关合上后停用；当变压器中性点由直接接地改为经间隙接地时，间隙保护应在接地开关拉开前投入，零序保护应在接地开关拉开后停用。②若间隙保护电流取自变压器中性点套管电流互感器，则合上中性点接地开关前先投入零序保护，退出间隙保护；拉开中性点接地开关后，投入间隙保护，停用零序保护。

(15) 带有消弧线圈的变压器停电前，必须先将消弧线圈断开后再停电，不得将两台变压器的中性点同时接到一台消弧线圈上。必要时，可用变压器电源开关断开消弧线圈。

(16) 对于中、低压侧具有电源的发电厂、变电站，至少应有一台变压器中性点接地。在双母线运行时，应考虑当母联断路器跳闸后，保证被分开的两个系统至少应有一台变压器中性点接地。

二、变压器操作的注意事项

(1) 变压器由检修转为运行前，应检查其各侧中性点接地开关在合闸位置。

(2) 运行中若需倒换变压器中性点接地方式，应先合上另一台变压器的中性点接地开关后，才能拉开原来的中性点接地开关。

(3) 两台变压器并列运行前，要检查两台变压器有载调压电压分头指示一致；若是有载调压变压器与无励磁调压变压器并联运行时，其分接电压应尽量靠近无励磁调压变压器的分接位置。并列运行的变压器，其调压操作应轮流逐级或同步进行，不得在单台变压器上连续进行两个及以上分接头变换操作。

(4) 两台变压器并列运行时，如果一台变压器需要停电，在未拉开这台变压器断路器之前，应检查总负荷情况，确保一台变压器停电后不会导致另一台变压器过负荷。变压器并列、解列运行要保证操作的准确性，操作前应检查负荷分配情况。

(5) 投入备用的变压器后，应根据表计指示来证实该变压器已带负荷后，方可停下运行的变压器。

(6) 变压器运行，其一侧断路器改为检修时，该断路器的变压器差动电流互感器端子应停用并短接；由和电流回路组成的，另一侧断路器改为检修时，该断路器的电流互感器端子也应停用并短接。断路器送电时恢复正常，此项由现场按运行规程自行操作。

(7) 对三绕组变压器复合电压闭锁过电流保护，如果采用三侧复合电压回路并联闭锁变压器某一侧或各侧过电流，那么变压器任一侧断路器单独停电时，该侧的复合电压将误开放其他两侧过电流。因此，对于上述原理接线的三绕组变压器复合电压闭锁过电流保护，当变压器仅一侧断路器改为冷备用或断路器检修状态时，必须停用该侧的复合电压闭锁连接片。

(8) 对于已停电的变压器，其继电保护若有联跳的，应停用其联跳连接片。

(9) 变压器并列运行有如下条件。

1) 接线组别相同。

2) 电压比相等（允许相差±0.5%）。

3) 短路电压相等（允许相差±10%）。

经验表明，并列运行的变压器容量比一般不宜超过三比一，否则起不到备用的作用。

(10) 冷却器投停注意事项

1) 强油循环冷却变压器运行时，必须投入冷却器。各种负载下投入冷却器的台数，应按制造厂的规定。按温度和（或）负载投切冷却器的自动装置应保持正常。

2) 油浸（自然循环）风冷，顶层油温不超过65℃时，即使风扇停止工作，也允许带额定负载运行。

3) 变压器停电时，其冷却装置应继续运行一段时间再停运，以防止变压器过热而降低绝缘。

4) 变压器投运前应检查保护运行情况。禁止在变压器生产厂家规定的负荷和电压水平以上进行变压器分接头调整操作。

5) 运用中的备用变压器应随时可以投入运行。长期停运者应定期充电，同时投入冷却装置。如系强油循环变压器，充电后不带负载运行时，应轮流投入部分冷却器，其数量不超过制造厂规定空载时的运行台数。

三、变压器停送电操作中异常情况的处理

(1) 强迫油循环风冷变压器在充电过程中，应检查冷却系统运行正常；若异常应查明原因，处理正常后方可带负荷运行。

(2) 变压器电源侧断路器合上后，若发现下列情况之一者，应立即拉开变压器电源侧断路器，将其停运。

1) 声响明显增大，很不正常，内部有爆裂声。

2) 严重漏油或喷油，使油面下降到低于油位计的指示限度。

3) 套管有严重的破损和放电现象。

4) 变压器冒烟着火等。

四、大型变压器停送电的操作步骤

1. 某变压器和断路器由运行转检修的操作步骤

(1) 检查运行主变压器能否带全部负荷。

(2) 合上主变压器直接接地中性点隔离开关。

(3) 拉开主变压器低压侧断路器。

(4) 拉开主变压器中压侧断路器。

(5) 拉开主变压器高压侧断路器。

(6) 按顺序拉开主变压器低压断路器两侧隔离开关。

(7) 按顺序拉开主变压器中压断路器两侧隔离开关。

(8) 按顺序拉开主变压器高压断路器两侧隔离开关。

(9) 将主变压器中性点消弧线圈按要求投到另一台主变压器或停运。

(10) 拉开主变压器高压断路器操作直流熔断器、动力熔断器。

(11) 拉开主变压器中压断路器操作直流熔断器、动力熔断器。

(12) 拉开主变压器低压断路器操作直流熔断器、动力熔断器。

(13) 根据需要变动保护。

(14) 布置安全措施。

上述是主变压器和断路器同时检修的操作步骤，如果主变压器和断路器单独检修，应考虑各自分别布置安全措施。中性点应该安装一组接地线。

2. 某变压器和断路器由检修转运行的操作步骤

(1) 拆除安全措施。

(2) 合上中性点隔离开关。

(3) 合上主变压器高压断路器操作直流熔断器、动力熔断器。

(4) 合上主变压器中压断路器操作直流熔断器、动力熔断器。

(5) 合上主变压器低压断路器操作直流熔断器、动力熔断器。

(6) 按顺序合上主变压器高压断路器两侧隔离开关。

(7) 按顺序合上主变压器中压断路器两侧隔离开关。

(8) 按顺序合上主变压器低压断路器两侧隔离开关。

(9) 停用运行主变压器中性点过电流保护Ⅱ段。

(10) 合上主变压器高压侧断路器。

(11) 合上主变压器中压侧断路器。

(12) 合上主变压器低压侧断路器。

第八节 互感器停送电

一、互感器停送电操作一般原则

(1) 只有一组电压互感器的母线，一般情况下电压互感器和母线同时进行停、送电；若单独停用电压互感器时，应考虑继电保护及自动装置的变动（如距离、方向、解列、低压闭锁保护等）。

(2) 对于双母线或单母线分段接线，两组电压互感器各自运行在相应的母线上，正常情况下二次不并列。当任一组母线电压互感器停电时，因其线路保护的交流电压取自线路所接的母线电压互感器，所以一般二次作相应切换后，再将双母线改单母线即可（即母联或分段断路器改非自动）。但二次不能切换的，任一组母线电压互感器停电时，其所在母线要停电。

（3）两组电压互感器二次并列时，必须先并一次，后并二次，以防止电压互感器二次对一次进行反充电，造成二次熔丝熔断或低压断路器跳闸。

（4）对于母线为3/2接线的任一组母线电压互感器停电时，因其线路保护的交流电压取自线路电压互感器，所以一般不影响线路保护运行。若线路电压互感器停电，其所在线路必须停电。

二、互感器停送电操作注意事项

（1）双母线或单母线分段运行，如果一台电压互感器须停用，操作顺序如下。

1）二次能并列时。

① 先并列两组电压互感器一次侧或确认一次侧已并列。

② 将母线差动保护改为“单母方式”或“互联方式”。

③ 将母联或分段断路器改为非自动。

④ 检查电压并列装置正常后，将其切换至“TV并列”位置，此时相应的指示灯和光字信号发出。

⑤ 断开需停用电压互感器的所有二次侧电压低压断路器（或取下熔断器）。

⑥ 拉开高压隔离开关（或取下熔断器）。

2）二次不能并列时。

① 先停用电压互感器所带的保护及自动装置。

② 断开该电压互感器的所有二次侧电压低压断路器（或取下熔断器）。

③ 拉开高压隔离开关（或取下熔断器）。

电压互感器恢复送电操作顺序与之相反。

（2）允许利用隔离开关拉、合无接地指示的电压互感器。

（3）大修或新更换的电压互感器（含二次回路变动）在投入运行前应该核相并且正确后，方能投入运行。

（4）双母线或单母线分段运行的母线电压互感器操作中，母线差动保护选择性、非选择性、单母线方式和互联方式之间的切换或投退，保护电压回路的切换以及二次回路并列、解列等均按现场运行规程要求进行。若调度有其他要求时，应在操作指令中明确。

（5）两组电压互感器二次电压回路并列时，对电压并列回路是经母联或分段断路器回路运行启动的，母联或分段断路器应改为非自动，且微机型母线差动保护应改为互联或单母线运行方式。

（6）若两组电压互感器二次电压回路不能并列时，对于将失去电压闭锁的微机型母线差动保护，仍可继续运行，但此时不得在母线差动保护二次回路上工作。

（7）为防止反充电，母线电压互感器由运行转冷备用时，必须先断开该电压互感器的所有二次电压低压断路器（或取下熔断器），然后才能拉开高压隔离开关（或取下熔断器）；反之，电压互感器由冷备用转运行时，必须先合上高压隔离开关（或放上熔断器），再合上该电压互感器的所有二次侧电压低压断路器（或放上熔断器）。

三、互感器停送电操作中异常情况的处理

（1）在合上电压互感器二次侧电压低压断路器或放上熔断器后，若发现二次无电压，应停止操作，查明原因。

（2）在电压互感器二次并列，且断开需停用电压互感器的所有二次侧电压低压断路器（或取下熔断器）时，若发现二次侧电压异常或失去，应立即合上停用电压互感器的所有二次侧电压低压断路器（或取下熔丝），将电压并列装置由“电压互感器并列”切至“电压互感器解列”后，再查明原因。

（3）当电压互感器高压侧隔离开关拉不开时，若是双母线接线需倒母线，在倒完母线后，再用母联断路器隔离处理：对于单母线接线的采用转移或倒负荷后，再用电源开关隔离处理。

四、双母线电压互感器停送电的操作步骤

1. 某段电压互感器停电的操作步骤

（1）投入电压互感器二次并列断路器。

（2）检查两段电压互感器并列良好。

（3）拉开该段电压互感器二次熔断器或低压断路器。

（4）拉开该段电压互感器一次熔断器或隔离开关。

（5）布置安全措施。

2. 某段电压互感器送电的操作步骤

（1）拆除安全措施。

（2）合上该段电压互感器一次熔断器或隔离开关。

（3）合上该段电压互感器二次熔断器或低压断路器。

（4）拉开电压互感器二次并列断路器。

第九节 大型复杂操作

一、大型复杂操作一般原则

（1）严格遵循电气设备倒闸操作的一般原则和状态改变的基本顺序。

（2）更换或大修后的电气设备操作。

1）更换或大修后的线路或变压器送电时，必须进行全电压冲击合闸试验。冲击合闸断路器应具有足够的遮断容量，故障跳闸次数需在规定次数之内，继电保护应完整投入运行。选择距电源较远，对负荷影响较小的断路器作冲击合闸点。变压器一般从高压侧充电，对于大修后的变压器冲击 3 次，更换后的变压器冲击 5 次；第一次充电 10min，间隔 10min；其余充电 5min，间隔 5min。对更换或大修后的线路冲击 3 次，每次 5min，间隔 5min。

2）更换或大修后的线路、变压器和电压互感器相位或相序要核对正确，对可能引起变化的，在并列或合环前必须定相或核相。

3）更换或大修后的电流互感器，在出线断路器投入运行前，停用出线断路器保护和母差保护，待出线断路器带负荷测相量正确后方可投入。

4）送电时若设备保护和二次回路无变动或无特殊要求时，其保护必须全部投入运行。

5）操作中，应严格监视被冲击设备的情况，及时发现不正常现象，以便进行处理。

(3) 保护更换和二次回路接线变动后的操作。

1) 母线差动保护（简称母差保护）更换或二次回路接线变动。母差保护应在断路器充电前将其停用，待断路器带负荷测量保护回路的电流极性正确后方可投入。

2) 线路保护更换或二次回路接线变动。线路保护在线路充电时必须全部投入运行，因为即使其电流回路极性不正确，在线路充电时仍能起到保护作用，但带负荷后，若极性不正确，纵联保护以及具有方向性的保护（如距离保护、方向零序保护等）可能误动；因此，在线路带负荷前必须停用纵联保护及方向性的保护，待线路带负荷测量保护回路的电流极性正确后方可投入。

3) 变压器保护更换或二次回路接线变动。变压器保护在变压器充电时必须全部投入运行，因为即使其电流回路极性不正确，在变压器充电时，仍能起到保护作用，但带上负荷后，若极性不正确，差动保护以及具有方向性的保护（如复合电压方向过电流保护、方向零序保护等）可能误动。因此，在变压器带负荷前必须停用差动保护及方向性的保护，待变压器带负荷检测各侧电流、二次侧接线及极性正确后方可投入。

(4) 专用旁路断路器代线路断路器的操作。

以双母线代旁路接线为例，这种接线保留了单母线接线和双母线接线的优点，并设置了旁路母线，其突出优点在于任一回路断路器检修时，该回路不停电，提高了供电可靠性。但是，由于接线复杂，可使配电装置布置困难，而且由于增加了设备，增大了投资。这种接线正常时专用旁路可处于热备用，即：断路器两侧隔离开关在合位，断路器处于分闸状态。当某线路断路器因故退出运行时，用专用旁路断路器代替线路开关运行，以保证不间断线路供电。

1) 旁路断路器应与所代送的出线断路器在同一母线上，否则应倒至同一母线上。

2) 启用旁路母线，必须用旁路断路器对旁路母线充电，充电时要投入旁路断路器全部保护，特别是快速保护。当无专用旁路断路器时，用旁路隔离开关对旁路母线充电前必须对旁路母线进行外观检查。

3) 旁路代送前要检查各线路及主变压器旁路隔离开关均在开位。

4) 旁路保护定值必须与所配代线路保护定值相匹配。

5) 代送解环前要检查负荷分配，防止误停线路。

6) 旁路代送线路时要根据现场规程，考虑停用线路零序三、四段保护，防止合隔离开关时三相不同期，或接触不良，造成线路零序保护误动，倒到正常运行方式后。

7) 代送线路设有高频保护时，要停用高频保护。倒闸结束，经通道检查良好后，按调令投入。

8) 被代送线路倒闸结束后，应停用该线路保护启动失灵连接片，防止保护定检及其他原因失灵保护误动。

9) 被代送线路需切换微机保护时，应将有关跳闸连接片、直流电源、交流电压切换把手由“本线”切换到“旁路”位置。在合旁路断路器前，要将被切换的微机保护失灵连接片由“本线”投至“旁路”位置。

10) 旁路保护和切换过来的微机保护的综重把手应一致，重合闸出口连接片只投一个，防止整定误差造成多次重合闸。

11) 代送双回线时，要停用双回线路保护。

12）正确进行电流互感器二次端子的切换，防止二次开路。电流互感器开路的二次绕组内将感应出很高的电动势，对工作人员的安全，对仪表和继电器以及连接电缆的绝缘都是极其危险的；同时，二次开路时磁路的严重饱和还会使铁芯严重发热，若不能及时发现和处理，会使互感器烧毁和电缆着火。

（5）全站设备停送电。

对于小型终端变电站或者单电源变电站，每年春秋检都可全站停电；设备发生事故，也可造成大型变电站的全站全停，待故障清除后，可进行全站设备送电。

1）主变压器停送电要执行逐级停送电原则。

2）停电时要拉开母线上的电压互感器及所用变的二次熔断器，以防试验时反送电。

3）全站停电可只拉外侧电源隔离开关，内部隔离开关可不拉，但送电时拉、合隔离开关必须全部上票，防止漏项。

4）对全站停送电的倒闸操作可用一张操作票。也可以把高压侧设备、主变压器、低压侧设备各填写一张操作票。

5）全站停电恢复送电前，要全面检查所内所有设备应无异常。接地线要全部拆除。

二、大型复杂操作注意事项

（1）由熟练的运行人员操作，运行值班负责人监护。

（2）操作中发生疑问时，应立即停止操作并向发令人报告。待发令人再行许可后，方可进行操作。不准擅自更改操作票，不准随意解除闭锁装置。

（3）操作前，应由集控站（或变电站）站长或值长组织全体当值人员做好如下准备。

1）必须了解系统的运行方式、继电保护及自动装置等情况；明确操作任务和停送电范围，并做好分工。

2）拟定操作顺序，确定装设接地线的部位、组数及应装设的遮栏和标示牌。明确工作现场邻近带电部位，并制定出相应的防护措施。

3）考虑继电保护及自动装置与一次方式对应变化。按照保护定值通知单认真核对或调整保护定值，正确投退保护跳闸出口连接片和保护功能连接片等。

4）分析操作过程中可能出现的异常及应采取的措施。防止电压互感器二次短路或接地、防止电流互感器二次开路，并做好防止电压互感器、站用变压器二次反送电的措施。

5）根据调度操作指令填写操作票，并经过全体人员讨论通过后，由集控站（或变电站）站长或值长审核批准。

（4）在实际操作中，若运行人员对某条调度操作指令目的没有完全弄清时，应主动向调度提出疑问。

（5）倒闸操作间断及全部操作完毕后，应认真检查设备状况与调度操作指令一致。

（6）选择对稳定影响较小的电源做冲击合闸电源，必要时应适当降低有关联络线的潮流。

（7）长距离高压输电线路在冲击合闸时，应防止导致发电机自励磁及其他内部过电压和末端电压的升高。220kV 线路应考虑充电功率对电压的影响，必要时应采取措施降低电压后冲击。

（8）对电力变压器冲击合闸前，其中性点应临时接地。

（9）对有重大缺陷的设备检修后恢复操作时，也应考虑上述因素。

（10）充电断路器的所有保护定值正确且全部投入，如变压器保护、线路保护等均应投入。

1）为防止充电断路器拒动而扩大事故范围，常用投母联独立过电流保护（定值由调度整定并下令投停）的母联断路器串带出线断路器做保护相量测试。

2）第一次充电常利用保护完备的旁路断路器带路对设备冲击，此时要求旁路断路器保护要投入。

（11）缩短充电断路器的保护动作时限或更改电气量定值。

（12）停用充电断路器的重合闸装置，以防被充电设备故障，断路器跳闸后再重合。

（13）对可能受到影响不能正确工作且又影响其他设备正常运行的保护（如母差保护等）要先停用。

（14）充电时，故障录波装置或行波测距装置等应投入。

（15）设备充电正常后，应将保护定值以及保护状态恢复到正常运行方式。

（16）若母差保护、线路保护或变压器差动等具有方向性的保护装置更换或二次回路接线有变动等，在设备投运后，带负荷前应停用进行相量测试，待正常后方可投入运行。

三、旁路断路器保护及其定值

（1）旁路断路器停电时，如无特殊要求，其继电保护装置应处于投入状态。母联断路器装设的线路保护在运行时除调度特别下令投入外，均不投入。旁路断路器或母联断路器的线路保护只能作一次性有效使用，在带其他断路器时，必须重新调整或核对定值。

（2）旁路断路器带出线断路器运行，由现场自行调整继电保护定值，现场应存有正确无误的继电保护定值单。旁路断路器继电保护更换后，将该旁路断路器带所有出线的定值单一次启用。线路更换继电保护时，旁路断路器继电保护定值单随线路保护定值单的执行而启用。

四、专用旁路代送线路倒闸操作的步骤

1．专用旁路代送线路，线路断路器由运行转检修的操作步骤

（1）检查各出线旁路隔离开关均在开位。

（2）投入旁路失灵保护。

（3）合上旁路断路器给旁路母线充电，并检查充电情况良好。

（4）调整旁路保护定值为所带线路保护定值。

（5）合上被代线路旁路隔离开关。

（6）切换被代线路其他相应保护至旁路。

（7）停用被代线路高频保护。

（8）切换被代电流互感器端子至旁路位置。

（9）合上旁路断路器。

（10）拉开被代线路断路器。

（11）切换被代线路相应高频保护至旁路。

（12）投入旁路高频保护。

（13）按规程要求投入旁路相应零序保护。

（14）按顺序拉开被代线路断路器两侧的隔离开关。

（15）拉开被代线路断路器操作直流熔断器、动力熔断器。

(16) 停用被代线路失灵保护。
(17) 给被代线路断路器做安全措施。
2. 线路断路器由检修转运行恢复送电的操作步骤
(1) 拆除被代线路断路器安全措施。
(2) 合上被代线路断路器两侧隔离开关。
(3) 投入被代线路失灵保护。
(4) 停用旁路高频保护。
(5) 停用旁路相应零序保护。
(6) 切换被代线路相应保护切回本线。
(7) 切换被代电流互感器端子至本线。
(8) 合上被代线路断路器。
(9) 拉开旁路断路器。
(10) 投入被代线路高频保护。
(11) 投入被代线路相应零序保护。
(12) 拉开被代送线路旁路隔离开关。
(13) 按调度要求投入被代线路重合闸。

五、全站停、送电倒闸操作的步骤

1. 全站停电的操作步骤
(1) 拉开低压母线所接的电容器断路器。
(2) 拉开低压母线所接线路断路器。
(3) 拉开主变压器低压侧断路器。
(4) 拉开主变压器高压侧断路器。
(5) 拉开高压母线所接线路断路器。
(6) 拉开低压各线路外侧隔离开关。
(7) 拉开高压各线路外侧隔离开关。
(8) 拉开低压电压互感器一次隔离开关及二次熔断器。
(9) 拉开站用变压器一次隔离开关及二次熔断器。
(10) 拉开高压电压互感器一次隔离开关及二次熔断器。
(11) 拉开各断路器操作直流熔断器、动力熔断器。
(12) 布置安全措施。
2. 全站送电的操作步骤
(1) 拆除安全措施。
(2) 合上各断路器操作直流熔断器、动力熔断器。
(3) 合上低压电压互感器一次隔离开关和二次熔断器。
(4) 合上高压电压互感器一次隔离开关和二次熔断器。
(5) 合上电源线两侧隔离开关。
(6) 合上高压侧转供线两侧隔离开关。
(7) 合上主变压器高压断路器两侧隔离开关。
(8) 合上主变压器低压断路器两侧隔离开关。

(9) 合上低压各线路及电容器断路器两侧隔离开关。

(10) 合上电源线断路器对高压母线充电。

(11) 合上高压侧转供线断路器。

(12) 合上主变压器高压断路器对主变压器充电。

(13) 合上主变压器低压断路器对低压母线充电。

(14) 合上低压各线路断路器。

(15) 根据需要合上电容器断路器。

(16) 合上站用变压器隔离开关及二次熔断器。

第七章　事　故　处　理

电力系统事故是指由于电力系统设备故障或人员工作失误而影响电能供应数量或质量超过规定范围的事件。事故分为人身事故、电网事故和设备事故三大类，其中设备和电网事故又可分为特大事故、重大事故和一般事故。

引起电力系统事故的原因是多方面的，如自然灾害（雷击、树障、山火、覆冰、大风、污闪等）、设备缺陷、管理维护不当、检修质量不好、外力破坏、运行方式不合理、继电保护定值错误（整定计算错误、设备定值错误、定值的自动漂移）、继电保护装置设备损坏、回路绝缘的损坏、二次接线错误、对继电保护装置的误碰与误操作、运行值班员误操作（带负荷分、合隔离开关，带接地线合闸，带电挂地线，走错间隔误分、合断路器，误入室内带电间隔，错投保护连接片、漏退保护连接片等）、设备检修后验收不到位、基建期间遗留的问题、设备事故处理不当造成扩大事故等。

电力系统发生事故或故障时，将造成电气设备破坏、部分或大面积停电事故，而且大面积停电将严重影响社会生产和生活。因此，在电力系统发生事故或设备发生故障时，应及时、准确地处理事故，尽快隔离故障，恢复其他设备送电，减少停电范围，这对电力系统的稳定运行起着重要的作用。特别要防止因事因故处理不当造成的事故扩大或引起电力系统的解列和振荡。

变电站在电力系统中起着变换电压、接受和分配电能、控制电力的流向和调整电力设施的作用。因此，变电站事故是电力系统事故的组成核心。当电力系统发生事故时，变电站运行人员应根据断路器跳闸情况、保护动作情况、表计指示变化情况、监控后台信息和设备故障等现象，迅速准确地判断事故性质，尽快处理，以控制事故范围，减少损失和危害。

第一节　事故处理的一般规定

电气设备事故通常指异常状态中比较严重的或已经造成设备损坏、引起系统运行异常、中止了对用户供电的状态。事故本身是一种异常状态。电力系统中的事故主要是电气设备事故和系统（停电）事故两大类，设备事故将造成系统局部停电，而系统事故又可能导致设备损坏。

一、事故处理的主要任务

（1）尽速限制事故的发展，消除事故的根源，解除对人身和设备的威胁。

（2）用一切可能的方法保持对用户的正常供电，保证站用电源正常。

（3）尽快对已停电的用户恢复供电，对重要用户应优先恢复供电。

（4）及时调整系统的运行方式，使其恢复正常运行方式。

二、变电站事故处理的一般原则

（1）变电站事故和异常处理，必须严格遵守安全工作规程、调度规程、现场运行规程及有关安全工作规定，服从调度指挥，正确执行调度命令。

（2）遇有断路器跳闸事故时，变电站值班人员应立即准确地向有关上级值班调度员报告事故概况。汇报内容包括汇报人姓名、变电站名称、事故发生的时间及现象、断路器跳闸情况、继电保护及自动装置动作情况、频率、电压、潮流的变化及设备状况等，以便调度及时掌握现场情况，并制订合理的处理方案。当值班员对现场作进一步检查后，可将已查明的现场基本情况，在适当的时候再次向调度汇报。当事故处理完毕后，可根据调度的要求，作进一步的补充汇报，并根据调度的要求提供现场的事故报告。

（3）如果对人身和设备的安全没有构成威胁时，应尽力设法保证设备运行，一般情况下，不得轻易停运设备；如果对人身和设备的安全构成威胁时，应尽力设法解除这种威胁；如果危及到人身和设备的安全时，应立即停止设备运行。

（4）在处理事故时，应根据现场情况和有关规程规定，启动备用设备运行，采取必要的安全措施。对未发生事故的设备进行必要的安全隔离，保持其正常运行，防止事故扩大。

（5）在处理事故过程中，首先应保证站用电的安全运行和正常供电。当系统或有关设备事故和异常运行造成站用电停电事故时，应首先处理和恢复站用电的运行，以确保站用电的供电。

（6）事故处理时值班人员应根据当时的断路器跳闸情况、运行方式、天气、工作情况、继电保护及自动装置的动作情况、光字牌信号、事件打印报告、微机保护打印报告、监控系统实时参数（常规变电站表计指示）和设备情况，及时判明事故的性质和范围。

（7）尽快对已停用的用户特别是重要用户的保安电源恢复供电。

（8）当设备损坏无法自行处理时应立即向上级汇报。在检修人员到达现场之前，应先做好现场的安全措施。

（9）为了防止事故的扩大，在事故处理过程中变电站值班人员应与调度保持联系，主动将事故处理的进展情况报告调度。

（10）每次事故处理完后都要做好详细的记录，并根据要求记录在运行日志、事故障碍及断路器跳闸记录本上。运行班长要组织有经验的值班员整理好现场事故处理报告。

（11）当事故未查明，需要检修人员进一步试验或检查时，运行人员不得将继电保护屏的掉牌（亮灯）信号复归，以便专业人员进一步分析。

（12）若故障设备需要检修，现场值班员应根据《电业安全工作规程》的规定布置好安全措施。

三、事故处理的一般步骤

（1）系统发生故障时，变电站运行人员初步判断事故性质和停电范围后迅速向调度汇报故障发生时间、跳闸断路器、继电保护和自动装置的动作情况及其故障后的状态、相关设备潮流变化情况、现场天气情况。

（2）根据初步判断检查保护范围内的所有一次设备故障和异常现象及保护、自动装置动作信息，综合分析判断事故性质，做好相关记录，复归保护信号，把详细情况报告调度。如果人身和设备受到威胁，应立即设法解除这种威胁，并在必要时停止设备的运行。

（3）迅速隔离故障点并尽力设法保持或恢复设备的正常运行。根据应急处理预案和现场运行规程的有关规定采取必要的应急措施，如投入备用电源或设备，对允许强送电的设备进行强送电，停用有可能误动的保护，拉开控制电源解除设备自保持等。

（4）进行检查和试验，判明故障的性质、地点及其范围（在绝大多数的情况下，处理事故的快慢决定于判明事故原因或设备是否完整的迅速程度，电气部分发生的事故常只是由于系统中的某个元件发生了事故，故应力求直接判明事故的原因，使停电部分迅速恢复送电）。如果运行人员自己不能检查出或处理损坏的设备时，应立即通知检修或有关专业人员（如试验、继保等专业人员）前来处理。在检修人员到达之前，运行人员应把工作现场的安全措施做好，如将设备停电、安装接地线、装设围栏和悬挂标示牌等。

（5）除必要的应急处理以外，事故处理的全过程应在调度的统一指挥下进行。

（6）做好事故全过程的详细记录，事故处理结束后编写现场事故报告。

因此，故障处理的一般程序可以概括为及时记录，迅速检查，简明汇报，认真分析，准确判断，隔离故障，限制发展，排除故障，恢复供电，整理资料。

四、事故处理的组织原则

（1）各级当值调度员是领导事故处理的指挥者，应对事故处理的正确性、及时性负责。变电站当班值长是现场事故、异常处理的负责人，应对汇报信息和事故操作处理的正确性负责。因此，变电站运行人员要和值班调度员密切配合，迅速果断地处理事故。在事故处理和异常中必须严格遵守安全工作规程、事故处理规程、调度规程、运行规程及其他有关规定。

（2）发生事故和异常时，运行人员应坚守岗位，服从调度指挥，正确执行当值调度员和值长的命令。值长要将事故和异常现象准确无误地汇报给当值调度员，并迅速执行调度命令。

（3）运行人员如果认为调度命令有误时，应先指出，并作必要解释。但当值班调度员认为自己的命令正确时，变电站运行人员应该立即执行。如果值班调度员的命令直接威胁人身或设备的安全，则在任何情况下均不得执行。当值值长接到此类命令时，应该把拒绝执行命令的理由报告值班调度员和本单位的总工程师，并记录在值班日志中。

（4）如果在交接班时发生事故，而交接班的签字手续尚未完成，交班人员应留在自己的岗位上进行事故处理，接班人员可在上值值长的领导下协助处理事故。

（5）事故处理时，除有关领导和相关专业人员以外，其他人员均不得进入主控制室和事故地点，事前已进入的人员均应迅速离开，便于事故处理。发生事故和异常时，运行人员应及时向站长（工区主任）汇报。站长可以临时代理值长工作，指挥事故处理，但应立即报备值班调度员。

（6）发生事故时，如果不能与值班调度员取得联系，则应按调度规程和现场事故处理规程中有关规定处理。这些规定应经本单位的总工程师批准。

五、事故处理的一般规定

（1）事故和异常处理过程中，运行人员应认真监视监控画面和表计、信号指示。事故及处理过程应在值班日志、事故障碍记录及断路器跳闸等记录簿上做好详细记录。

（2）对设备的检查要认真、仔细，正确判断故障的范围及性质，汇报术语准确并简明扼要，所有电话联系均应录音。

（3）事故处理可以不用操作票，但为了提高操作的正确性，可参考典型操作票操作。操作中应严格执行操作监护制并认真核对设备的位置、名称、编号和拉合方向，防止误操作。事故抢修、试验可以不用工作票，但应使用事故抢修单。所有事故抢修、试验均应履行工作许可手续。事故处理后恢复送电的操作应填写倒闸操作票。

（4）下列各项操作现场运行人员可不待调度指令而自行进行。

1）将直接威胁人身或设备安全的设备停电。

2）确知无来电可能性时，将已损坏的设备隔离。

3）当站用电源部分或全部停电时，恢复其电源。

4）交流电压回路断线或交流电流回路断线时，按规定将有关保护或自动装置停用，防止保护和自动装置误动。

5）单电源负荷线路断路器由于误碰跳闸，将跳闸断路器立即合上。

6）当确认电网频率、电压等参数达到自动装置整定动作值而断路器未动作时，立即手动断开应跳的断路器。

7）当母线失电压时，将连接该母线上的断路器断开（除调度指定保留的断路器外）。

除自行管辖的站用变压器停电处理以外，以上事故紧急处理以后应立即向调度汇报。

8）发生事故后应将事故的详细情况及时汇报给本单位生产领导。发生重大事故或者有人员责任的事故，在事故处理结束以后，运行人员应将事故处理的全过程的资料进行汇总，汇总资料应完整、准确编写出详细的现场事故报告，以便专业人员对事故进行分析。现场事故报告应包括以下内容。

① 发生事故的时间、事故前后的负荷情况等。

② 中央信号、表计指示、断路器跳闸情况和设备告警信息。

③ 保护、自动装置动作情况。

④ 微机保护的打印报告并对其进行的分析。

⑤ 故障录波器打印报告及测距。

⑥ 现场设备的检查情况。

⑦ 事故的处理过程和时间顺序。

⑧ 人员和设备存在的问题。

⑨ 事故初步分析结论。

六、事故处理的注意事项

1. 准确判断事故的性质和影响范围

（1）运行人员在处理故障时应沉着、冷静、果断、有序地将各种故障现象，如断路器动作情况、潮流变化情况、信号报警情况、保护及自动装置动作情况、设备的异常情况，以及事故的处理过程作好记录，并及时向调度汇报。

（2）运行人员在平时应了解全站保护的相互配合和保护范围，充分利用保护和自动装置提供的信息，便于准确分析和判断事故的范围和性质。

（3）运行人员要全面了解保护和自动装置的动作情况，在检查保护和自动装置动作情况时应依次检查，作好记录，防止漏查、漏记信号影响对事故的判断。

（4）为准确分析事故原因和故障查找，在不影响事故处理和停送电的情况下，应尽可能保留事故现场和故障设备的原状。

2. 限制事故的发展和扩大

（1）故障初步判断后，运行人员应到相应的设备处进行仔细地查找和检查，找出故障点和导致故障发生的直接原因。若出现着火、持续异味等危及设备或人身安全的情况，应迅速进行处理，防止事故的进一步扩大。确认故障点后，运行人员要对故障进行有效地隔离，然后在调度的指令下进行恢复送电操作。

(2) 发生越级跳闸事故，要及时拉开保护拒动的断路器和拒分断路器的两侧隔离开关。在操作两侧隔离开关前，一般需要解除“五防”闭锁，因而应提前作好准备，以便缩短事故停电时间。在拉隔离开关前，必须检查向该回路供电的断路器在断开位置，防止带负荷拉隔离开关。

(3) 对于事故紧急处理中的操作，应注意防止系统解列或非同期并列。对于联络线，应经过并列装置合闸，确认线路无电时方可解除同期闭锁合闸。

(4) 用控制开关操作合闸，若合闸不成功，不能简单地判断为合闸失灵，应注意在合间过程中监视表计指示和保护动作信息，防止多次合闸于故障线路或设备，导致事故的扩大。

(5) 加强监视故障后线路、变压器的负荷状况，防止因故障致使负荷转移，造成其他设备长期过负荷运行，及时联系调度消除过负荷。

3. 恢复送电时防止误操作

(1) 恢复送电时应在调度的统一指挥下进行，运行人员应根据调度命令，考虑运行方式变化时本站自动装置、保护的投退和定值的更改，满足新方式的要求。

(2) 恢复送电和调整运行方式时要考虑不同电源系统的操作顺序。

(3) 运行人员在恢复送电时要分清故障设备的影响范围，先隔离故障设备，对于经判断无故障的设备，按调度命令恢复送电，防止误操作导致故障的扩大。

4. 事故时应保证站用交直流系统的正常运行

站用交直流系统是变电站正常运行、操作、监控、通信的保证。交直流系统异常会造成失去保护自动装置、操作、通信、变压器冷却系统电源，将使得事故处理更困难，若在短时间内交直流系统不能恢复，会使事故范围扩大，甚至造成电网事故和大面积停电事故。因此事故处理时应设法保证交直流系统正常供电。

七、继电保护和自动装置运行信号的分类

运行信号可分为以下四类。

(1) 事故信号：保护及自动装置动作，断路器跳闸。

(2) 第一类告警信号：本站设备故障告警，异常运行或过负荷。

(3) 第二类告警信号：系统波动干扰，参数越限。

(4) 第三类告警信号：正常运行信号（如油泵正常打压等）。

第二节 线路事故处理

输电线路在电力系统中分布很广，所发生故障在电力系统故障中所占比例较大，对电网的影响较大，同时，输电线路故障原因很多，情况也比较复杂，主要有站内线路设备支持绝缘子、线路绝缘子闪络，大雾、大雪、雷电、大风等天气原因造成的雷击、风偏舞动、雾闪、冰闪等。输电线路故障是电力系统常见事故，因此掌握输电线路事故的处理原则和处理步骤是对变电运行人员的基本要求。

一、线路故障的类型

线路故障分为单相接地故障，两相短路故障，两相短路接地故障，三相短路故障，按其故障性质又分为瞬时故障和永久故障两种。因此反映到开关的动作上就有不同的情况。

（1）线路瞬间故障断路器跳闸，重合闸重合成功。

（2）线路永久性故障断路器跳闸，重合闸重合不成功。

（3）线路故障断路器跳闸，重合闸未动作。

二、线路事故的主要现象

（1）事故音响、预告警铃响，线路断路器变位，故障线路的电流、功率等遥测值发生变化。

（2）显示线路保护动作、重合闸动作等光字牌。

（3）告警窗显示打压电源启动、故障录波器启动等信号。

（4）故障线路保护屏显示保护动作情况、故障相别、跳闸相别、重合闸动作情况。

三、线路断路器跳闸的一般原因

（1）本线路故障。

（2）相邻线路故障但本线路的保护由于某种原因误动。

（3）线路无故障，断路器由于某种原因误跳。

四、线路单相瞬时性故障的处理原则

线路单相瞬时性故障的过程是单相故障→断路器单相跳闸→经重合闸整定时间→单相重合→系统恢复正常运行。这一过程时间非常短，因此运行人员只能从事故信号、保护及自动装置了解故障情况。

线路单相瞬时性故障有以下处理原则。

（1）线路保护动作跳闸时，运行值班人员应从中央信号、事件打印、保护及自动装置动作情况及时分析故障相别、故障距离、保护的动作情况。

（2）将以上情况和当时的负荷情况及时向调度汇报，便于调度及时、全面地掌握情况，进行分析判断。

（3）若查明重合闸重合成功，且本站录波器确已动作，经询问对方断路器和保护动作情况，确认是本线路内瞬时故障，可作好记录，复归信号，向调度汇报。

（4）到现场检查断路器的实际位置，无论断路器重合与否，都应检查断路器及线路侧所有设备有无短路、接地、闪络、断线、瓷件破损、爆炸、喷油等现象。

（5）检查站内其他设备有无异常。

（6）及时记录保护及自动装置屏上的所有信号。

（7）记录跳闸前后的线路负荷情况。

（8）检查重合闸充电灯是否点亮（重合闸动作后，断路器重合，重合闸经15s充电）。

（9）打印故障录波报告及微机保护报告。

（10）事故处理完毕后，变电站值班长要指定有经验的值班员做好详细的事故障碍记录、断路器跳闸记录等，并根据断路器跳闸情况、保护及自动装置的动作情况、事件记录、故障录波、微机保护打印以及处理情况，整理详细的现场跳闸报告。

（11）根据调度及上级主管部门的要求，将所整理的跳闸报告及时上报。

五、线路单相永久性接地故障的处理原则

线路单相永久性故障的过程是单相故障→断路器单相跳闸→经重合闸整定时间→单相重合→重合于故障→断路器三相跳闸。

线路单相永久性故障有以下处理原则。

（1）线路保护动作跳闸时，运行值班人员应立即查看中央信号、事件打印、保护及自动装置动作情况、重合闸是否重合成功、断路器跳闸情况。

（2）将以上情况和当时的负荷情况及时向调度汇报，便于调度及时、全面地掌握情况，进行分析判断。

（3）到现场检查断路器的实际位置，无论断路器重合与否，都应检查断路器及线路侧所有设备有无短路、接地、闪络、断线、瓷件破损、爆炸、喷油等现象。

（4）检查跳闸断路器有无异常。

（5）检查站内其他设备有无异常。

（6）及时记录保护及自动装置屏上的所有信号。

（7）记录跳闸前后本站相关设备的负荷情况。

（8）打印故障录波报告及微机保护报告。

（9）根据调度的命令进行以下操作。

1）若调度要求强送，则将所有信号复归，根据调度命令试送。

2）若调度确认线路有故障，线路必须由热备用转检修，则按照规定将故障线路转检修，并做好现场的安全措施。

（10）事故处理完毕后，变电站值班长要指定有经验的值班员做好详细的事故障碍记录、断路器跳闸记录等，并根据断路器跳闸情况、保护及自动装置的动作情况、事件记录、故障录波、微机保护打印以及处理情况整理详细的现场跳闸报告。

（11）根据调度及上级主管部门的要求，将所整理的跳闸报告及时上报。

六、其他故障的处理原则

（1）如本站断路器跳闸或重合闸动作重合成功，但无故障波形，且对侧未跳，可能是本侧保护误动或断路器误跳。若经详细检查证实是保护误动，可申请将误动的保护退出运行，根据调度命令试送电；若查明是断路器误跳，则待查明误跳原因后，在确认断路器可以试送时，才能申请调度试送，但若断路器机构故障，则通知专业人员进行处理。

（2）若线路断路器跳闸，重合闸未投入运行，待查明非本站设备故障后，可向调度汇报，按照调度命令试送下次。如查明是本站设备故障引起跳闸，应立即报请专业人员抢修。

（3）若线路断路器跳闸，重合闸未成功，应向调度汇报，如查明确非本站设备故障，而系线路故障引起，应向调度报告，听候处理。

（4）如本线路保护有工作（线路未停电），断路器跳闸，仅故障录波，且对侧断路器未跳，则应立即终止保护人员工作，查明原因，向调度汇报，采取相应的措施后申请试送（此时可能是保护通道漏退或误碰造成）。

（5）500kV并联电抗器保护动作跳闸，而对侧断路器未跳（线路有电压）时，应通过调度通知对侧断开线路断路器。

（6）若线路故障是相间、两相接地短路故障或三相故障，则应听从调度的命令进行处理。

（7）若查明本线路断路器跳闸属于临近线路故障引起，属于越级跳闸，可以申请调度对线路进行试送。

（8）多条线路同时跳闸，现场运行人员应及时打印故障录波报告及微机保护打印报告，分析故障在哪条线路上，然后根据调度的命令对无故障的线路进行试送。

七、线路故障跳闸后不宜强送的情况

（1）充电运行的输电线路。

（2）试运行线路。

（3）线路跳闸后，经备用电源自动投入装置已将负荷转移到其他线路上，不影响供电。

（4）全电缆线路（或电缆较长的线路）保护动作跳闸以后，未查明原因不能试送电。

（5）有带电作业并声明不能强送电的线路。

（6）线路变压器组断路器跳闸，重合闸不成功。

（7）运行人员已发现明显故障现象。

（8）线路断路器有缺陷或遮断容量不够、事故跳闸次数累计超过规定，重合闸装置退出运行、保护动作跳闸后，一般不能试送电。

（9）已掌握有严重缺陷的线路（水淹、杆塔严重倾斜、导线严重断股等）。

（10）低频减载装置、事故联切装置和远控装置，是保证电力系统安全、稳定运行的重要保护装置。线路断路器有上述装置动作跳闸，说明系统中发生了事故，必须向上级调度汇报。虽然被切除的线路上没有接地或短路故障，但在系统还没有恢复正常、没有得到上级调度的命令前，不准合闸送电。

除上述情况外，线路跳闸，重合闸动作重合不成功，按规程规定或请示总工程师批准可以进行强送电一次。强送电不成功，有条件的可以对线路零起升压。强送电时应满足断路器的操作循环要求。

八、继电保护装置信号

运行人员要了解微机保护装置的硬件系统和软件系统构成，掌握保护装置提供的各种信号灯以及液晶显示屏上给出的信息含义，基本上就能正确地分析判断线路故障的地点或范围与故障类型及故障性质。

输配电线路保护装置能够提供给中央信号、遥信和事件记录的主要信息包含事故总信号、装置报警、保护动作、重合闸动作和控制回路断线等。

1. 继电保护装置提供的远动及中央信号的含义

（1）事故总信号。断路器有所配备的保护动作跳闸时，向监控装置发出事故总信号。事故总信号输出开关量来启动事故音响小母线 M708，并发出事故音响信号。

（2）装置报警。装置报警信号分为以下两类。

1）发出告警Ⅰ时（严重告警），告警灯闪亮，退出所有保护的功能，装置闭锁保护出口电源。此时，告警信号继电器动作，发出中央信号，且通过通信同路将信号远传。

2）发出告警Ⅱ时（设备异常告警），告警灯常亮，仅退出相关保护功能，不闭锁保护出口电源。异常信号继电器动作，发出中央信号，且通过通信通道将信号远传。

（3）继电保护动作或保持。当线路发生故障，继电保护动作而跳闸时，保护跳闸信号继电器动作，给出中央信号，且通过通信通道将信号远传。保护跳闸信号为磁保持继电器，保护跳闸时继电器动作并保持，需按信号复归按钮或由通信接口发远方信号复归命令才返回。

（4）重合闸动作（保持）。当线路发生故障跳闸后，重合闸动作合闸时，合闸信号继电器动作，给出中央信号，且通过通信回路将信号远传。重合闸信号继电器为磁保持继电器，重合闸动作时继电器动作并保持，需按信号复归按钮或由通信接口发远方信号复归命令才返回。

(5) 控制回路断线。当控制回路发生断线或直流消失时，装置通过跳闸位置继电器和合闸位置继电器的动断触点串联启动控制回路断线信号。

(6) 装置屏幕上的人机交互画面信息含义。当线路断路器发生变位后，代表断路器状态的画面闪烁，表明该断路器位置发生变化；指示该线路的电流、功率显示数值为零（断路器跳闸后），表示保护动作元件的显示信息变为红色。

2. 装置面板上的信号指示灯含义

不同厂家的线路保护装置面板上的信号指示灯有所不同。220kV 线路保护装置的正面面板上一般包含“运行”、“跳 A”、“跳 B”、“跳 C”、“重合闸”、“充电”、“通道告警”或“通道异常”、“告警”或“TV 断线”指示灯。110kV 及以下线路保护装置的正面面板上一般包含“运行”、“跳闸”、“重合闸”、“报警”、“Ⅰ母”、“Ⅱ母”、“跳位”、“合位”指示灯。

220kV 线路保护装置正面面板上的指示灯含义如下。

(1)“运行”灯为绿色，装置正常运行时点亮，装置闭锁时熄灭（不同厂家可能不同，有些正常运行时绿色灯常亮，当有保护启动时闪烁）。

(2)“跳 A”、“跳 B”、“跳 C”灯为红色，当保护动作出口点亮，“信号复归”后熄灭。

(3)“重合闸”灯为红色，重合闸动作时点亮，“信号复归”后熄灭。

(4)“充电”灯为黄色，当重合充电完成时亮。

(5)“通道告警”灯为红色，正常时灭，当通道异常时点亮。

(6)“告警”灯为黄色，正常时灭，当装置异常时点亮（不同厂家可能不同，有些设有“TV 断线”灯，当发生电压回路断线时点亮）。

110kV 及以下线路保护装置正面面板上的指示灯含义如下。

(1)“运行”为绿色，装置正常运行时点亮，装置闭锁时熄灭（不同厂家可能不同，有些正常运行时绿色灯常亮，当有保护肩动时闪烁）。

(2)“跳闸”为红色，保护动作出口时点亮，“信号复归”后熄灭。

(3)“重合闸”为红色，重合闸动作时点亮，“信号复归”后熄灭。

(4)“告警”灯为黄色，正常灭，当装置异常时点亮。

(5) 断路器位置监视灯“跳位”为绿色，指示当前断路器在跳闸位置；“合位”为红色，指示当前断路器在合闸位置。

(6) 监视线路运行母线（双母线接线）的监视灯“Ⅰ母”、“Ⅱ母”为绿色，点亮代表Ⅰ或Ⅱ母隔离开关在合位。

3. 装置面板上液晶显示的各种信息的含义

当线路发生短路故障，保护动作后，保护装置面板上相应的跳闸灯亮，液晶屏幕自动显示最新一次保护动作报告，当一次动作报告中有多个动作元件时，所有动作元件及测距结果将滚屏显示。保护动作报告中一般包括保护动作序号、启动绝对时间、动作元件序号、动作元件、动作元件跳闸相别、动作相对时间、动作初始状态、开关变位、动作波形、对应故障电流以及故障测距结果等信息。由于不同保护装置的动作报告内容不相同，因此应参照相应的保护装置使用说明书中事故报文信息。

在检查时要清楚哪些是主要信息，哪些是次要信息，然后迅速分析判断出线路故障发生的时间、保护动作顺序、故障相别和地点或故障范围。

(1) 启动绝对时间：表示保护装置启动时的绝对时间，用“年 月 日 时 分 秒”表示。

（2）动作元件跳闸相别：表示故障的相别，例如三相短路时显示UVW；两相相间短路故障时显示UV、VW、WU，单相接地短路时显示U、V、W或UN、VN、WN。

（3）动作元件：表示故障时装置的动作保护功能段，例如纵联保护（高频距离保护、高频零序保护、高频方向保护、光纤差动保护等）、距离保护（相间距离和接地距离保护的“距离Ⅰ段”或“距离Ⅱ段”或“距离Ⅲ段”）、零序电流保护（零序电流Ⅰ段或零序电流Ⅱ段或零序电流Ⅲ段或零序电流Ⅳ段，灵敏Ⅰ段或不灵敏Ⅰ段）等保护功能元件以及重合闸元件。

（4）故障测距结果：表示保护安装处至故障点之间的距离（长度）。

九、线路事故处理步骤

（1）线路保护动作跳闸后，运行值班人员首先应记录事故发生时间、设备名称、开关变位情况、重合闸动作、主要保护动作信号等事故信息。

（2）将以上信息和当时的负荷情况及时汇报调度和有关部门，便于调度及有关人员及时、全面地掌握事故情况，进行分析判断。

（3）检查受事故影响的运行设备运行状况，主要是指双回线路，如一条线路跳闸，另一条线路设备运行状况。

（4）记录保护及自动装置屏上的所有信号，尤其是检查线路故障录波器的测距数据。打印故障录波报告及微机保护报告。

（5）到现场检查故障线路对应的断路器的实际位置，无论重合与否，都应检查断路器及线路侧所有设备有无短路、接地、闪络、瓷件破损、爆炸、喷油等现象。

（6）检查站内其他相关设备有无异常。

（7）将详细检查结果汇报调度和有关部门。

（8）根据调度命令对故障设备进行隔离，恢复无故障设备运行，将故障设备转检修，做好安全措施。

（9）事故处理完毕后，值班人员填写运行日志、断路器分合闸等记录，并根据断路器跳闸情况、保护及自动装置的动作情况、故障录波报告以及处理过程，整理详细的事故处理经过。

十、小电流接地系统发生单相接地时的处理

（1）小电流接地系统发生单相接地时仍可继续运行一段时间，一般不应超过2h。

（2）小电流接地系统发生单相接地时，运行人员应根据光字牌信号、仪表指示判断故障相别、接地性质，做好记录向调度部门汇报。

（3）经调度许可进行分段试拉接地线路，如接地现象消失，应汇报调度，立即停用故障线路。

（4）运行人员检查所内66kV系统中的设备有无异常现象，检查时应自身做好安全措施，穿绝缘靴，必要时应戴绝缘手套，进行接地巡视。如发现明显接地点时，室内不得接近故障点4m，室外不得接近故障点8m，并设置安全遮栏。

［**故障举例**］ 220kV仿真变220kV春东乙线线路故障。

1. 故障设置

220kV春东乙线线路故障设置，如图7-1所示。

2. 现象

（1）警报响，中央信号屏“掉牌未复归”和“故障录波器动作”牌亮，220控制屏春东乙线“保护动作”和“重合闸动作”牌亮，春东乙线开关把手红灯灭，绿灯闪光，如图7-2、图7-3所示。

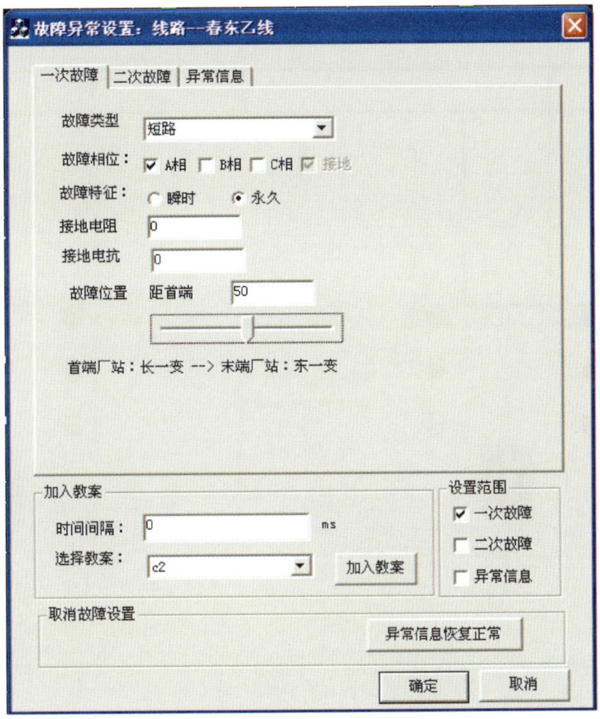

图 7－1　线路故障类型设置

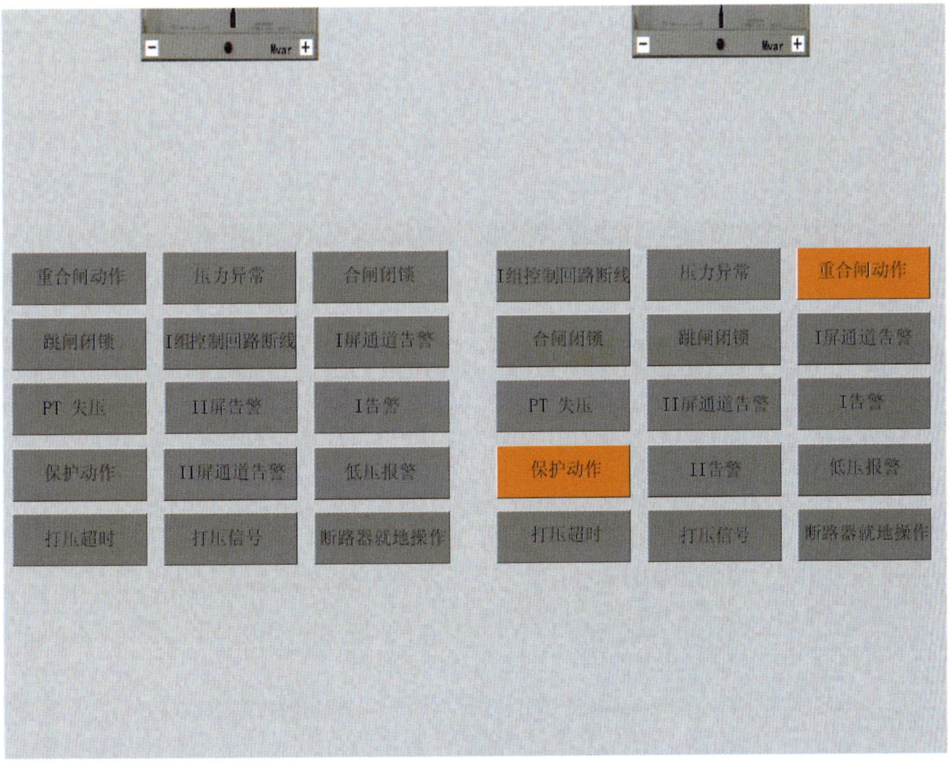

图 7－2　春东乙线光字牌

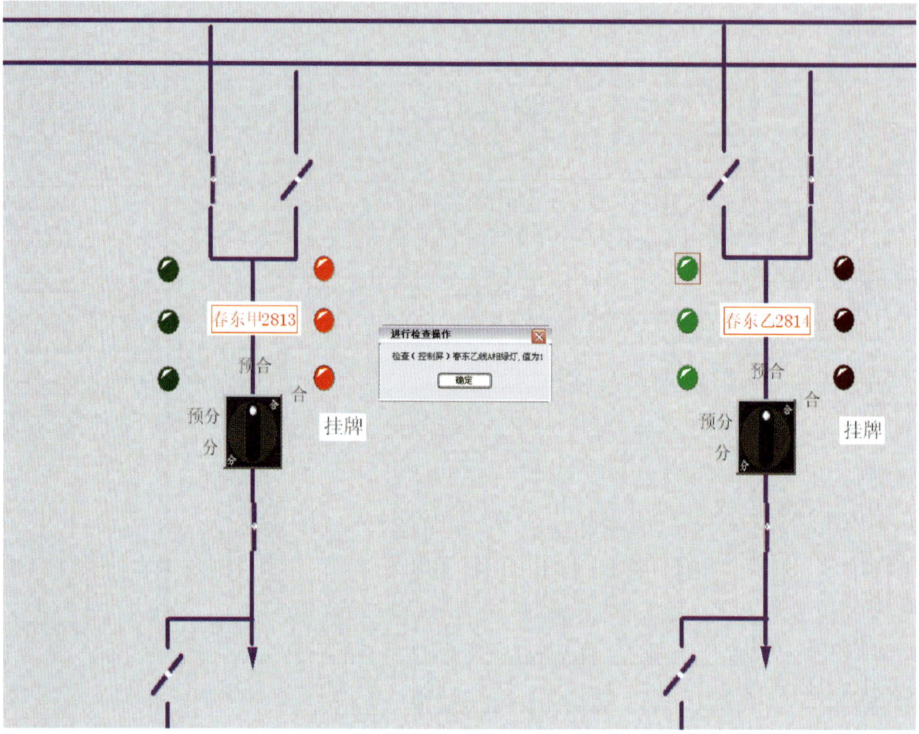

图 7 - 3　春东乙线把手、灯光

（2）春东乙线电流表、功率表无指示，如图 7 - 4 所示。

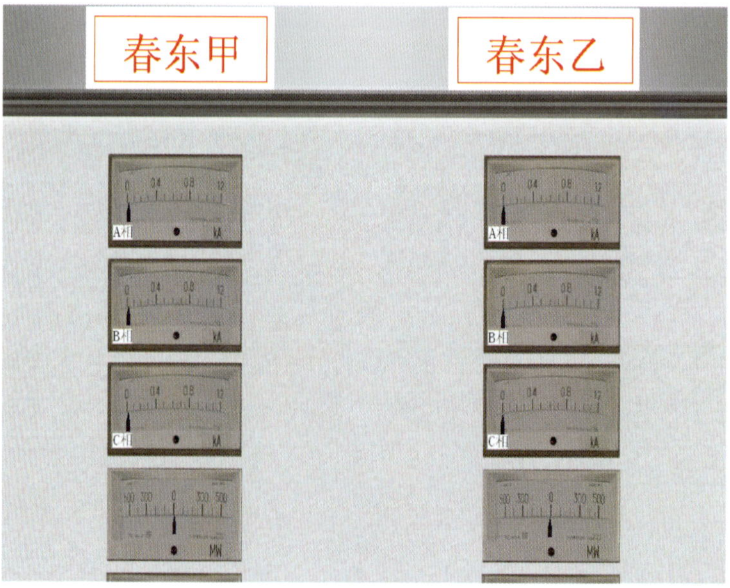

图 7 - 4　春东乙线表计

（3）春东乙纵联差动屏显示“A 相 Ⅰ段阻抗动作 零序Ⅰ段动作 分相差动动作 重合动作 ”，“跳 A”、“跳 B”、“跳 C”、“重合”灯亮。

3. 处理步骤

（1）复归音响，记录时间。

（2）检查表计、光字牌及保护动作情况，并做好记录。

在仿真系统中检查时，分别把鼠标放在光字牌、灯光、表针上点击右键，即可显示出各种的状态，单击“确认”，并在操作记录里显示出所做检查的时间和项目。

单击“保护盘台”，进入“保护室 2”，检查“春东乙纵联差动Ⅰ屏”和“春东乙纵联差动Ⅱ屏”，如图 7－5 所示。

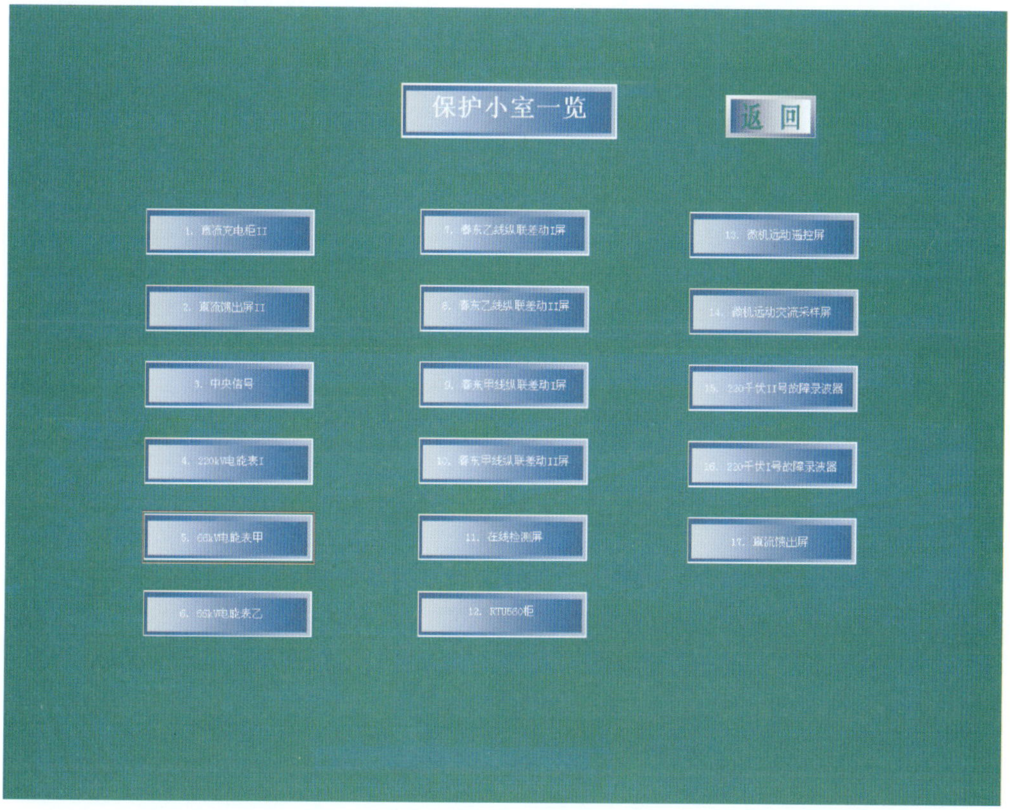

图 7－5 保护室 2

点击进入后，界面会显示此微机保护屏的全屏图，在屏上点击右键会出现如图 7－6 所示对话框。选择“放大”或“放大 2”，配合滚动条上下调节，查看微机保护人机对话窗口的故障显示内容。

显示的故障报文如图 7－7 中蓝色窗口所示。

（3）复归春东乙线断路器把手，复归保护信号。

（4）对春东乙线一次设备进行检查，如图 7－8 所示。

右键点击“合”会弹出对话框，如图 7－9 所示。

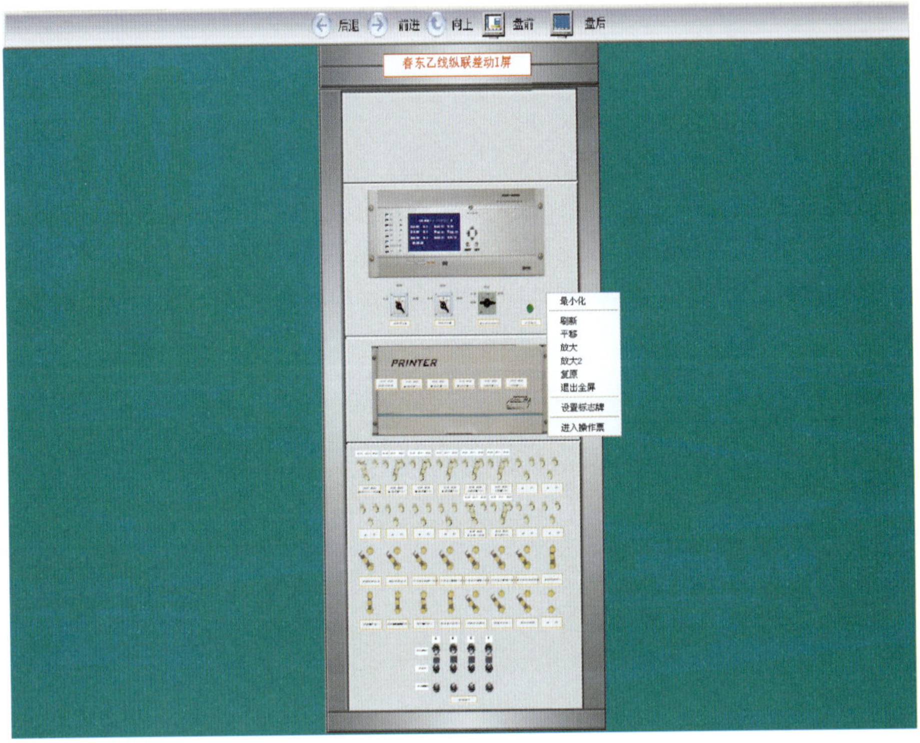

图 7-6　春东乙线保护屏

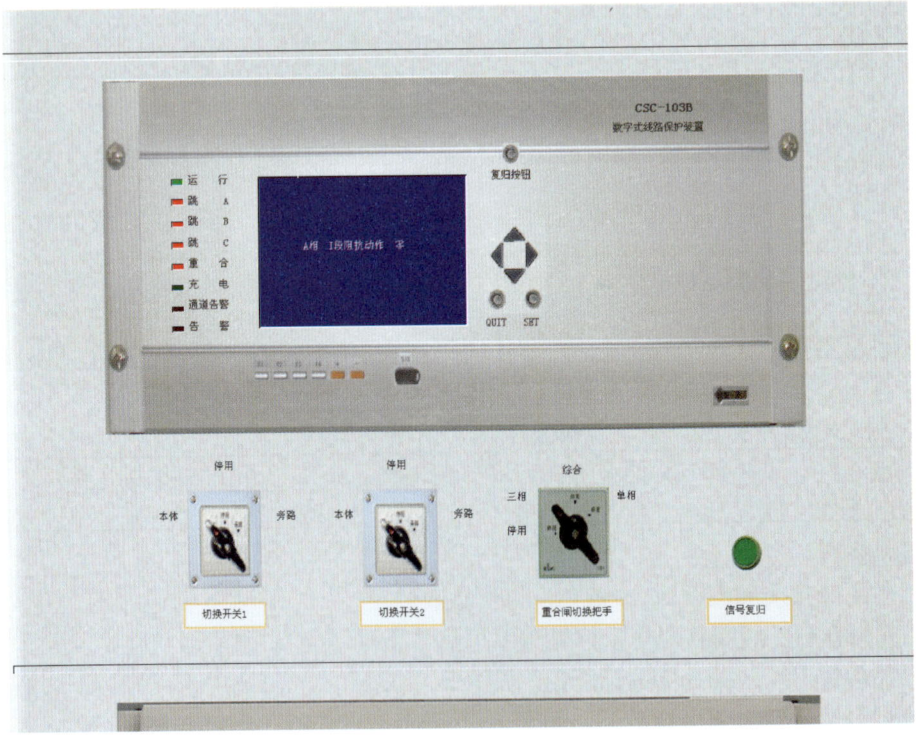

图 7-7　春东乙线微机保护人机对话窗口

图 7-8 故障线路春东乙线断路器、电流互感器、乙隔离开关

图 7-9 春东乙线断路器机构箱

(5) 打印事故报告。

故障报告

2012－05－21 14：38：30.375　春东乙纵联差动Ⅱ屏 CSC103B　差动重合出口
2012－05－21 14：38：30.375　春东乙纵联差动Ⅰ屏 CSC103B　差动重合出口
2012－05－21 14：38：30.250　春东乙纵联差动Ⅱ屏 CSC103B　零序Ⅰ段出口
2012－05－21 14：38：30.250　春东乙纵联差动Ⅱ屏 CSC103B　阻抗Ⅱ段加速出口
2012－05－21 14：38：30.250　春东乙纵联差动Ⅱ屏 CSC103B　Ⅰ段阻抗出口
2012－05－21 14：38：30.250　春东乙纵联差动Ⅱ屏 CSC103B　分相差动出口
2012－05－21 14：38：30.250　春东乙纵联差动Ⅰ屏 CSC103B　零序Ⅰ段出口
2012－05－21 14：38：30.250　春东乙纵联差动Ⅰ屏 CSC103B　阻抗Ⅱ段加速出口
2012－05－21 14：38：30.250　春东乙纵联差动Ⅰ屏 CSC103B　Ⅰ段阻抗出口
2012－05－21 14：38：30.250　春东乙纵联差动Ⅰ屏 CSC103B　分相差动出口
2012－05－21 14：38：29.500　春东乙纵联差动Ⅱ屏 CSC103B　重合闸
2012－05－21 14：38：29.500　春东乙纵联差动Ⅰ屏 CSC103B　重合闸
2012－05－21 14：38：29.000　春东乙纵联差动Ⅱ屏 CSC103B　阻抗Ⅱ段加速出口动作
2012－05－21 14：38：29.000　春东乙纵联差动Ⅰ屏 CSC103B　阻抗Ⅱ段加速出口动作
2012－05－21 14：38：28.875　春东乙纵联差动Ⅱ屏 CSC103B　差动重合出口　动作
2012－05－21 14：38：28.875　春东乙纵联差动Ⅱ屏 CSC103B　分相差动出口　动作
2012－05－21 14：38：28.875　春东乙纵联差动Ⅰ屏 CSC103B　差动重合出口　动作
2012－05－21 14：38：28.875　春东乙纵联差动Ⅰ屏 CSC103B　分相差动出口　动作
2012－05－21 14：38：28.750　春东乙纵联差动Ⅱ屏 CSC103B　零序Ⅰ段出口　动作
2012－05－21 14：38：28.750　春东乙纵联差动Ⅱ屏 CSC103B　Ⅰ段阻抗出口　动作
2012－05－21 14：38：28.750　春东乙纵联差动Ⅰ屏 CSC103B　零序Ⅰ段出口　动作
2012－05－21 14：38：28.750　春东乙纵联差动Ⅰ屏 CSC103B　Ⅰ段阻抗出口　动作
2012－05－21 14：38：28.500　春东乙线 2814 控制回路断线　动作
2012－05－21 14：38：28.375　春东乙线 2814 重合闸动作　动作
2012－05－21 14：38：28.375　春东乙纵联差动Ⅱ屏 CSC103B　重合闸　动作
2012－05－21 14：38：28.375　春东乙纵联差动Ⅰ屏 CSC103B　重合闸　动作
2012－05－21 14：38：26.375　春东乙纵联差动Ⅱ屏 CSC103B　分相差动出口
2012－05－21 14：38：26.375　春东乙纵联差动Ⅰ屏 CSC103B　分相差动出口
2012－05－21 14：38：26.250　春东乙纵联差动Ⅱ屏 CSC103B　零序Ⅰ段出口
2012－05－21 14：38：26.250　春东乙纵联差动Ⅱ屏 CSC103B　Ⅰ段阻抗出口　复归
2012－05－21 14：38：26.250　春东乙纵联差动Ⅰ屏 CSC103B　零序Ⅰ段出口　复归
2012－05－21 14：38：26.250　春东乙纵联差动Ⅰ屏 CSC103B　Ⅰ段阻抗出口　复归
2012－05－21 14：38：26.125　春东乙线 2814 保护动作　动作
2012－05－21 14：38：26.000　春东乙纵联差动Ⅱ屏 CSC103B　分相差动出口　动作
2012－05－21 14：38：26.000　春东乙纵联差动Ⅰ屏 CSC103B　分相差动出口　动作

2012－05－21 14：38：25.875　春东乙纵联差动Ⅱ屏 CSC103B　零序Ⅰ段出口　动作

2012－05－21 14：38：25.875　春东乙纵联差动Ⅱ屏 CSC103B　Ⅰ段阻抗出口　动作

2012－05－21 14：38：25.875　春东乙纵联差动Ⅰ屏 CSC103B　零序Ⅰ段出口 动作

2012－05－21 14：38：25.875　春东乙纵联差动Ⅰ屏 CSC103B　Ⅰ段阻抗出口 动作

（6）将上述情况报告调度。

（7）按调令用春东乙线断路器试送电（试送成功）。

（8）检查一次设备无问题后报告调度。

（9）如果是瞬时故障试送应该成功，若是永久性故障，停电检修线路。拉开春东乙线断路器及两侧隔离开关，合上线路接地开关。

拉隔离开关前要在装备栏显示的情况下，按住键盘左边的 Alt 键并且左键点击装备栏上的钥匙图标。如果画面左上角的状态图表显示为钥匙状态则已进入了开锁模式。因为是事故处理，不属于正常倒闸操作，没有进行模拟预演，没有得到防误闭锁装置的许可，所以需要在保护盘台项目中进入模拟屏（如图 7－10 所示），点击界面右侧中间部位的“无条件解锁”，再回到一次侧设备区（如图 7－11 所示），打开隔离开关机构箱的锁，即可拉开春东乙线断路器两侧的隔离开关，如图 7－12 所示。

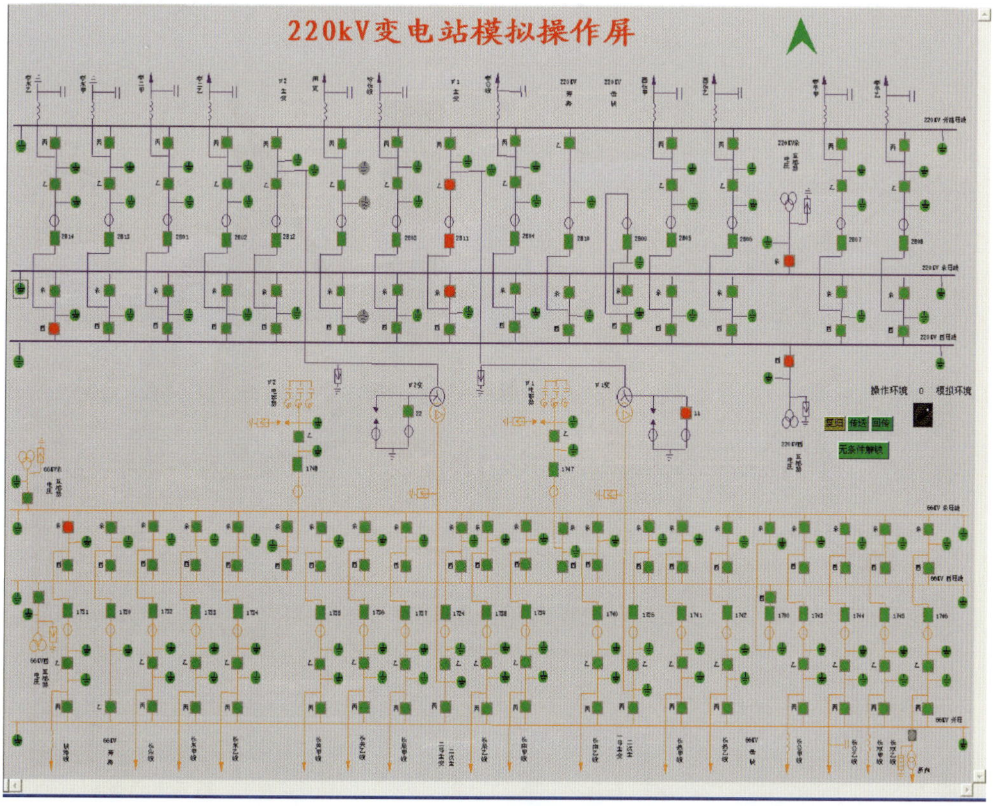

图 7－10　模拟屏

图 7-11　春东乙线隔离开关机构箱

图 7-12　拉开春东乙线隔离开关后状态

合线路接地开关时，应先验电，再合上线路接地开关。验电时，在装备栏显示的情况下，按住键盘左边的 Alt 键并且左键点击装备栏上的验电器图标，如图 7－13 所示。如果画面左上角的状态图表显示为验电器状态则已进入了验电模式。验电前，应该先在有电的设备上验电，左上角验电器的图标应该是红色，证明验电器完好，然后再在断路器和隔离开关都已拉开的故障线路上验电，若图标是灰色证明确无电压，分别在 A、B、C 三相上验电，确无电压后，再合线路接地开关。

图 7－13 验电

在合上线路接地开关之前必须先拉开春东乙线乙隔离开关，单击把手即可合上隔离开关，如图 7－14 所示。线路接地开关合闸后的位置如图 7－15 所示。

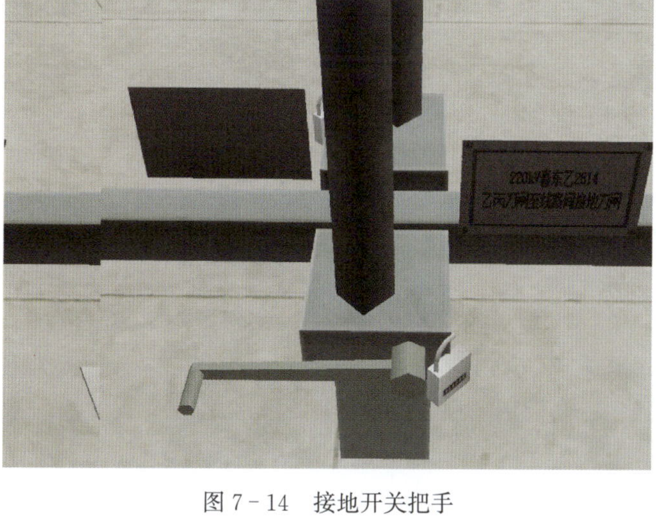

图 7－14 接地开关把手

图7-15 线路接地开关在合闸后位置

(10) 最后做安全措施，在春东乙线断路器的把手上挂“禁止合闸，线路有人工作”的标示牌。

第三节 母线事故处理

母线故障在电力系统故障中所占比例不大，据资料统计，母线故障大约占所有故障的6%～7%。母线故障会造成母线失电压，对整个系统影响较大，后果严重，因为母线上所有的电源点将失去电源，造成大面积停电，有可能使电力系统解列。

一、母线故障跳闸的现象

(1) 警报响，中央信号“信号未复归”灯亮。

(2) 母线保护信号掉牌或保护信号灯亮。

(3) 当母线没设专用母线保护时，母线故障由主变压器后备保护动作跳闸，此时主变压器后备保护动作掉牌或保护信号灯亮。两绕组变压器切两侧断路器，三绕组变压器切故障母线侧主断路器。母线所连电源线路对侧跳开。

(4) 故障母线电压表无指示为零、故障母线送出线路的表计指示为零。

(5) 母差保护或主变压器后备保护动作跳闸的断路器红灯灭、绿灯闪光，相应表计指示为零。

(6) 有故障发出的声光、冒烟或起火等。

二、母线事故的一般原因

(1) 母线上设备引线接头松动造成短路或接地、所连接的电压互感器、避雷器故障以及连接在母线上的隔离开关支持绝缘子损坏或发生闪络。

(2) 母线绝缘子及断路器套管绝缘损坏或发生闪络。

(3) 母线保护用电流互感器发生故障。

(4) 由于外力破坏或者异物搭挂造成母线设备短路或接地。

(5) 误操作。如带负荷拉、合母线侧隔离开关、带地线合母线侧隔离开关或带电挂接地线引起的母线故障。

(6) 母线差动保护或失灵保护误动、误整定。

(7) 线路发生故障，线路保护拒动或断路器拒动，造成越级跳闸。

(8) 上一级电源故障造成本级母线失电压。

三、母线事故处理基本原则

(1) 母线故障不允许未经检查即强行送电。

(2) 如母线失电压造成站用电失电，应先倒站用电，并立即上报调度，同时将失电压母线上的断路器全部拉开。

(3) 如有明显的故障点，应用隔离开关将其隔离，恢复母线送电。

(4) 经检查若确系母差或失灵保护误动作，应停用母差或失灵保护，立即对母线恢复送电。

(5) 如故障点不能隔离，对于双母线接线，一条母线故障停电时，采用冷倒母线方法将无故障元件倒至运行母线上，恢复送电；对于单母线或 3/2 接线，母线转检修。

(6) 找不到明显故障点的，可试送电一次，应优先用外部电源，其次是选择变压器或母联断路器；试送断路器必须完好，并有完备的继电保护。如用线路对侧给母线充电，应将本侧高频保护的收发信机、线路对侧的重合闸停用。

(7) 双母线接线同时停电时，如母联断路器无异常且未断开应立即将其拉开，经检查排除故障后再送电。要尽快恢复一条母线运行，另一条母线不能恢复则将所有负荷倒至运行母线。

(8) 对 3/2 接线方式的母线故障跳闸，正常情况下不影响线路及变压器设备（主变压器进串方式）正常负荷，若故障前其中某一串中间断路器在备用或检修方式，母线故障跳闸将引起线路或变压器高压侧断路器跳闸，应考虑中断路器是否具备恢复条件。

(9) 对母线为 3/2 接线方式的，一组母线跳闸失电后，试送前应将试送电源线路本侧的断路器关拉开后，用边断路器试送。若因母差保护误动所致，应停用母差保护检查，待处理结束，投入母差保护后，再恢复母线送电。

(10) 母线故障跳闸若是某一出线断路器拒动（包括失灵保护动作）越级所致，对拒动断路器首先隔离（拉开断路器两侧隔离开关），对失电母线进行外部检查（包括出线断路器及其保护），尽快恢复送电。拒动断路器故障如不能很快消除，有条件时应采用旁路断路器代替运行。

四、母线事故处理步骤

(1) 母线保护动作跳闸后，运行值班人员首先应记录事故发生时间、设备名称、断路器变位情况、主要保护及自动装置动作信号等事故信息。

(2) 将以上信息、天气情况、停电范围和当时的负荷情况及时汇报调度和有关部门，便于调度及有关人员及时、全面地掌握事故情况，进行分析判断。

(3) 检查运行变压器的负荷情况，考虑变压器中性点接地方式。

(4) 如有工作现场或操作现场，应立即停止工作并对现场进行检查。

(5) 记录保护及自动装置屏上的所有信号，打印故障录波报告及微机保护报告。

(6) 现场检查跳闸母线上所有设备，是否有放电、闪络痕迹或其他故障点。

(7) 将详细检查结果汇报调度和有关部门，按照母线事故处理原则进行事故处理。

(8) 事故处理完毕后，值班人员填写运行日志、断路器分合闸等记录，并根据断路器跳闸情况、保护及自动装置的动作情况、故障录波报告以及处理过程，整理详细的事故处理经过。

[故障举例] 220kV仿真变220kV东母线故障。

1. 故障设置

220kV东母线故障设置，如图7-16所示。

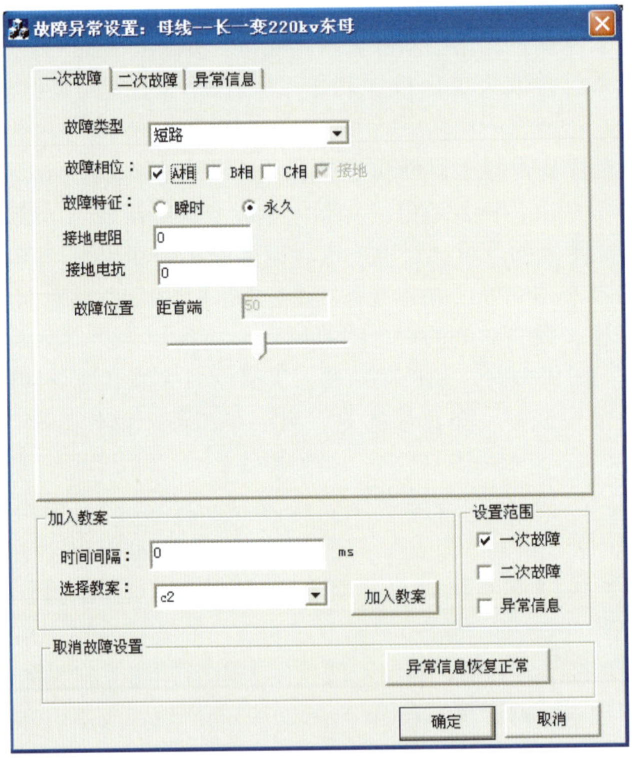

图7-16 母线故障设置

2. 现象

(1) 警报响，中央信号屏“掉牌未复归”、“220kV东母电压回路断线”、“故障录波器动作”、“装置异常”光字牌亮，1号主变压器“220kV出口跳闸”、“TV失压”；2号主变压器“过负荷”、220kV母联“母差动作”、“母联出口跳闸”光字牌亮。母线故障跳闸后系统图如图7-17所示。

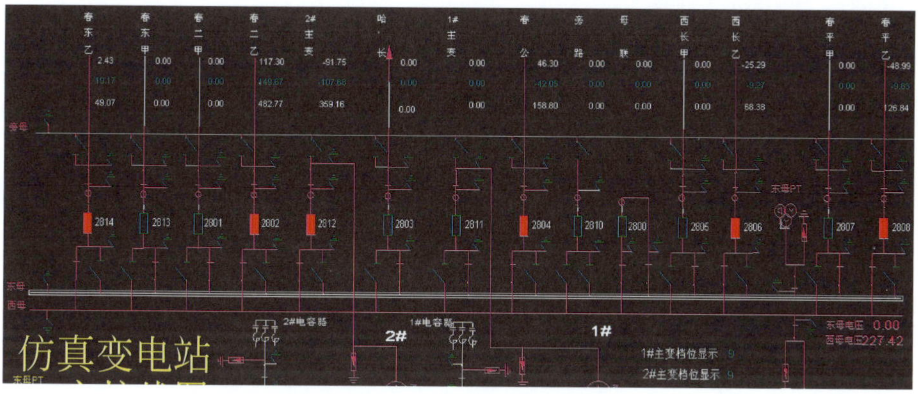

图 7－17 母线故障跳闸后系统图

（2）1 号主变压器 220kV 2811 断路器、220kV 母联 2800 断路器、春东甲线 2813 断路器、春二甲线 2801 断路器、哈长线 2803 断路器、西长甲线 2805 断路器、春平甲线 2807 断路器跳闸，各断路器控制屏断路器操作把手红灯灭，绿灯闪光，如图 7－18 所示。

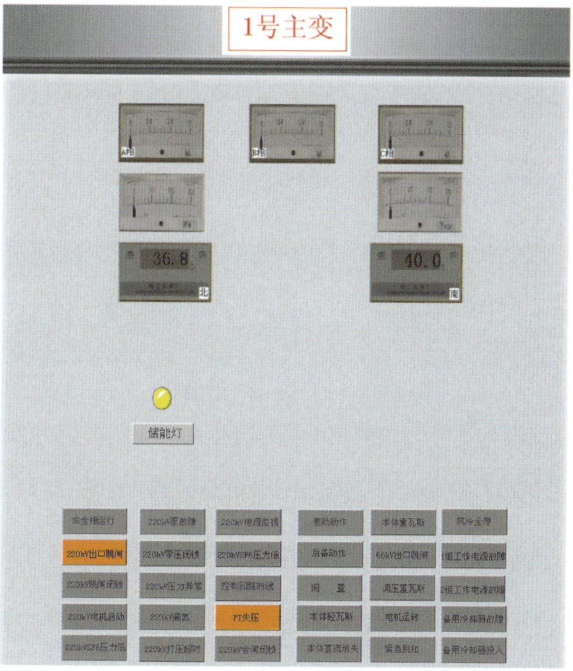

图 7－18 1 号主变压器光字牌

（3）220kV 东母线所带负荷表计指示为零，220kV 西母线所带负荷表计指示正常，如图 7－19 所示。

（4）220kV 母线保护屏“东母母差保护动作”。

3. 处理步骤

（1）复归音响，记录时间。

（2）检查表计、光字牌及保护动作情况。单击“保护盘台”，进入“保护室 1”，出现如图 7－20 界面，进入 220kV 母线微机保护屏Ⅰ和 220kV 母线微机保护屏Ⅱ，如图 7－21、图 7－22 所示。

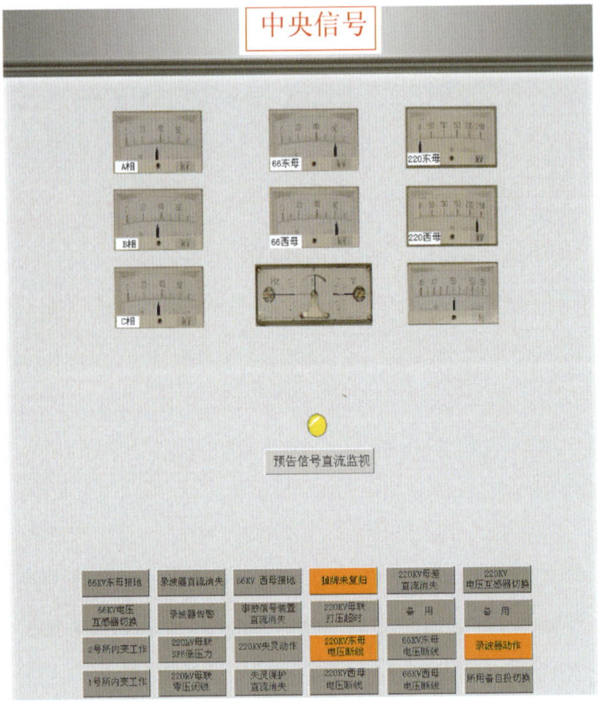

图 7 - 19 中央信号屏光字牌

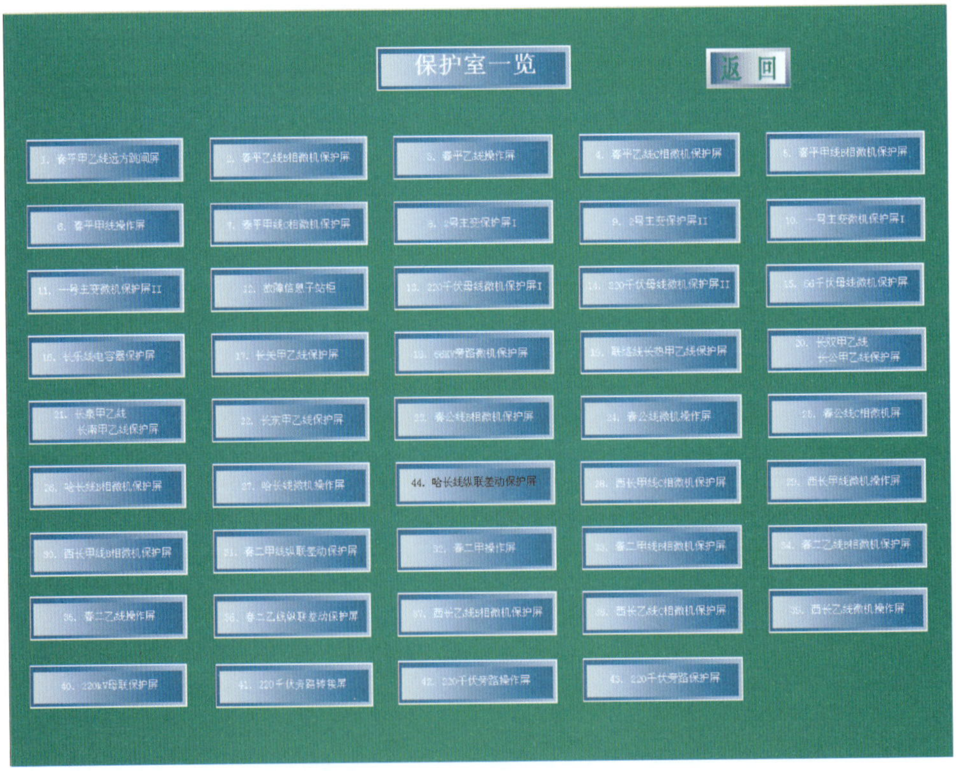

图 7 - 20 保护室 1

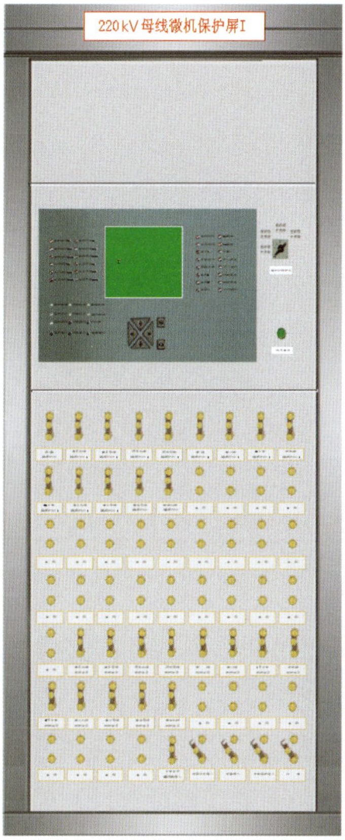

图 7－21　220kV 母线微机保护屏 I

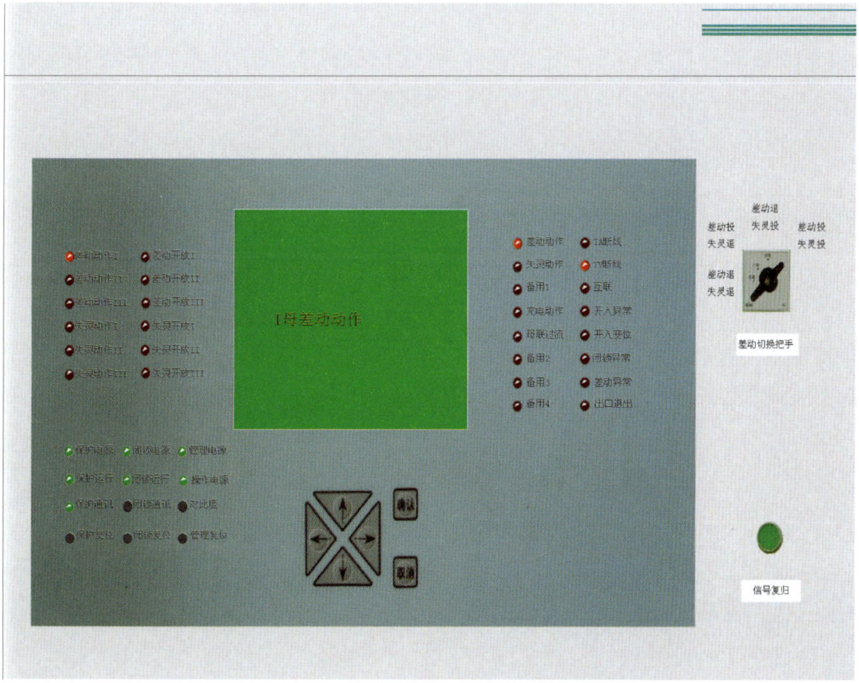

图 7－22　220kV 母线微机保护屏显示报文

(3) 复归保护屏信号。复归1号主变压器220kV侧2811断路器、220kV母联2800断路器、春东甲线2813断路器、春二甲线2801断路器、哈长线2803断路器、西长甲线2805断路器、春平甲线2807断路器把手。复归把手时动作不要太快，按照“预分”→“分”的顺序，如图7-23所示。打印微机保护报警信息。

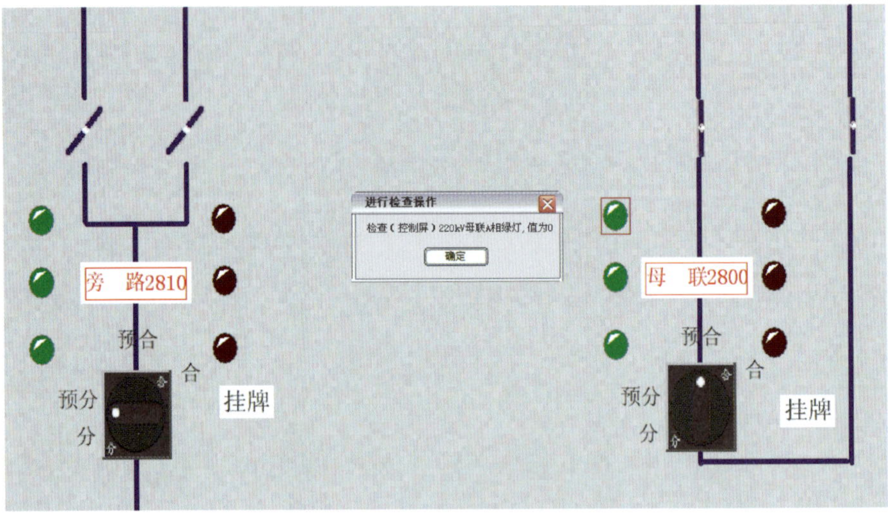

图7-23 220kV母联断路器操作把手

2012-05-21 17：12：49.125 2号主变压器过负荷 动作

2012-05-21 17：12：34.000 220kV母线保护屏Ⅱ BP2B差动动作Ⅰ 复归

2012-05-21 17：12：34.000 220kV母线保护屏Ⅱ BP2B差动动作 复归

2012-05-21 17：12：34.000 220kV母线保护屏Ⅰ BP2B差动动作Ⅰ 复归

2012-05-21 17：12：34.000 220kV母线保护屏Ⅰ BP2B差动动作 复归

2012-05-21 17：12：33.625 220kV母线东母TV失电压 动作

2012-05-21 17：12：33.625 220kV母线保护Ⅰ母差动作 动作

2012-05-21 17：12：33.625 220kV母线保护屏Ⅱ BP2B差动动作Ⅰ 动作

2012-05-21 17：12：33.625 220kV母线保护屏Ⅱ BP2B差动动作 动作

2012-05-21 17：12：33.625 220kV母线保护屏Ⅰ BP2B差动动作Ⅰ 动作

2012-05-21 17：12：33.625 220kV母线保护屏Ⅰ BP2B差动动作 动作

2012-05-21 17：12：49.125 2号主变保护屏Ⅰ PRS778低压侧过负荷告警 动作

2012-05-21 17：12：49.125 2号主变保护屏Ⅰ PRS778高压侧过负荷告警 动作

2012-05-21 17：12：49.125 2号主变保护屏Ⅱ PRS778低压侧过负荷告警 动作

2012-05-21 17：12：34.500 春二甲纵联差动保护屏CSL103B TV断线 复归

2012-05-21 17：12：34.375 220kV母线保护屏Ⅱ TV断线 动作

2012-05-21 17：12：34.375 220kV母线保护屏Ⅰ TV断线 动作

2012-05-21 17：12：34.375 春二甲纵联差动保护屏CSL103B TV断线 动作

2012-05-21 17：12：34.250 长春变220kV 1号主变压器2811断路器 分闸

2012-05-21 17：12：34.250 长春变220kV西长甲线2805断路器 分闸

2012－05－21 17：12：34.250　长春变 220kV 春东甲线 2813 断路器　分闸
2012－05－21 17：12：34.250　长春变 220kV 春二甲线 2801 断路器　分闸
2012－05－21 17：12：34.250　长春变 220kV 哈长线 2803 断路器　分闸
2012－05－21 17：12：34.250　长春变 220kV 春平甲线 2807 断路器　分闸
2012－05－21 17：12：34.000　220kV 母线保护屏Ⅱ 差动开放 1　复归
2012－05－21 17：12：34.000　220kV 母线保护屏Ⅰ 差动开放 1　复归
2012－05－21 17：12：34.000　长春变 220kV 母联 2800 断路器　分闸
2012－05－21 17：12：33.750　220kV 母线保护屏Ⅱ 差动动作　动作
2012－05－21 17：12：33.750　220kV 母线保护屏Ⅱ 差动动作 1　动作
2012－05－21 17：12：33.750　220kV 母线保护屏Ⅰ 差动动作　动作
2012－05－21 17：12：33.750　220kV 母线保护屏Ⅰ 差动动作 1　动作
2012－05－21 17：12：33.625　220kV 母线保护屏Ⅱ 差动开放 1　动作
2012－05－21 17：12：33.625　220kV 母线保护屏Ⅰ 差动开放 1　动作

（4）检查 220kV 东母线设备（如图 7－24 所示），发现东母线绝缘子闪络无法运行，将上述情况报告调度。

图 7－24　220kV 东母线及隔离开关

（5）合上 2 号主变压器 220kV 中性点隔离开关，如图 7－25、图 7－26 所示。

（6）隔离 220kV 东母线，即拉开 1 号主变压器 220kV 侧、春东甲线、春二甲线、哈长线、西长甲线和春平甲线东隔离开关；拉开 220kV 母联 2800 东、西隔离开关；拉开东母 TV 一次隔离开关，如图 7－27～图 7－29 所示。

图7-25　2号主变压器220kV中性点隔离开关操作把手

图7-26　2号主变压器220kV中性点隔离开关

图 7-27 220kV 东母 TV 隔离开关

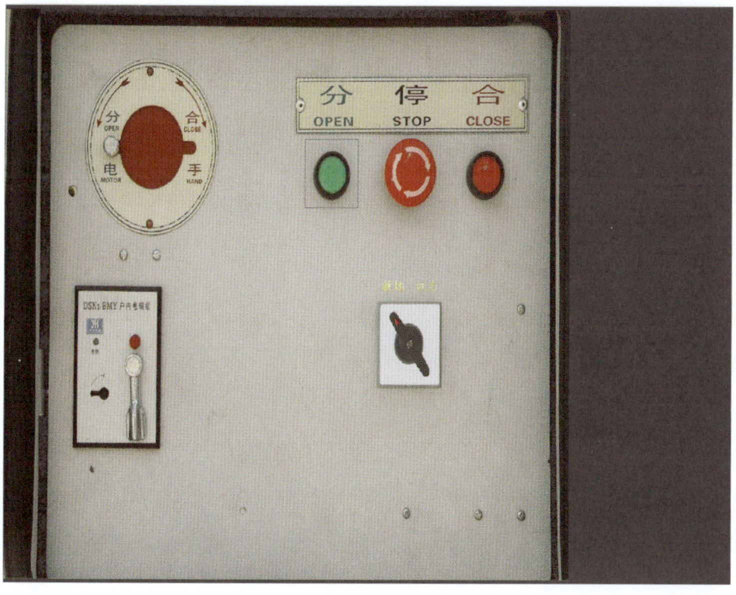

图 7-28 220kV 东母 TV 隔离开关机构箱

图 7－29　220kV 东母 TV 隔离开关分闸后状态

（7）按调令用 1 号主变压器 220kV 侧 2811 断路器经西母线送电。先合上 1 号主变压器 220kV 侧 2811 西隔离开关，再在控制屏上合 2811 断路器，合断路器的时候动作不要太快，按照“预合”→“合”的顺序，如图 7－30 所示。

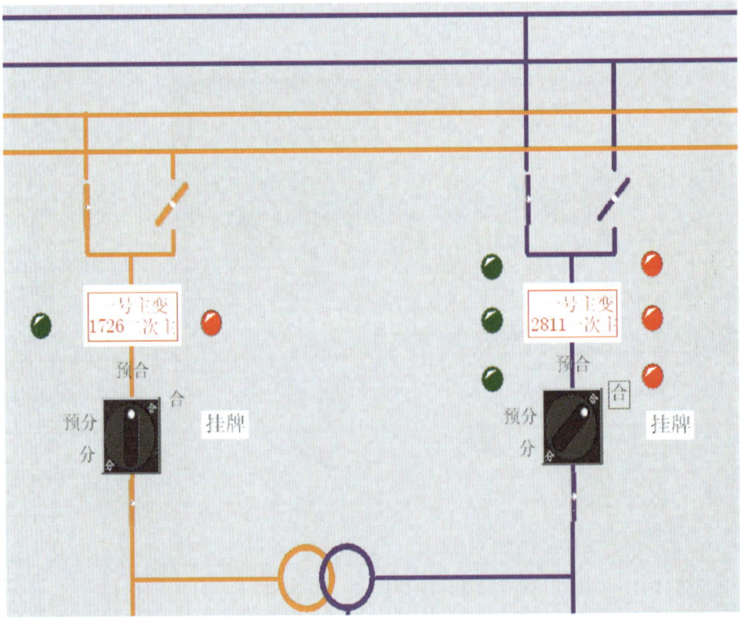

图 7－30　1 号主变压器 220kV 侧 2811 断路器合闸送电

(8) 按调令拉开 2 号主变压器 220kV 中性点隔离开关。

(9) 按调令给春东甲线、春二甲线、哈长线、西长甲线和春平甲线经西母线送电。合的时候先合各线路的西隔离开关，再到控制屏合断路器。先合对侧有电源的线路，防止 2 号主变压器过负荷。

(10) 做好检修 220kV 东母线安全措施。

4. 处理故障要点

(1) 因 220kV 东母线停电后，220kV 的中性点已切除，此时应将 2 号主变压器 220kV 中性点投入运行。当给 1 号主变压器 220kV 侧 2811 断路器送完电后，再拉开 2 号主变 220kV 中性点隔离开关。

(2) 隔离 220kV 东母线后，才能进行事故处理的恢复送电操作，停电线路经西母线送电，先送对侧有电源的线路，防止 2 号主变压器过负荷。

(3) 若启用 220kV 旁路断路器代送某条线路负荷，需经 220kV 西母线代送。

第四节 变压器事故处理

变压器是电网中非常重要的设备，它的故障将对供电的可靠性和系统的正常运行带来严重的影响。一般变压器的故障都发生在绕组、铁芯、套管、分接开关和油箱等部件上。变压器事故对电网的影响巨大，正确、快速地处理事故，防止事故的扩大，减小事故的损失，显得尤为重要。

一、变压器故障类型

变压器与其他设备相比发生事故的概率较小，因为它没有象电机那样的转动部分，而且元件都浸在油中，但由于操作或维护不当也会发生事故。

1. 变压器的故障分类

(1) 内部故障，包括绕组故障（绕组的匝间短路、层间短路、接地短路、相间短路等）、铁芯故障（铁芯多点接地、相间短路等）。

(2) 外部故障，包括变压器引出线和套管上发生故障或系统短路和接地故障引起的变压器过电流。

2. 变压器的常见故障元件

(1) 线圈故障，主要有线圈匝间短路、线圈接地、相间短路、线圈断线及接头开焊等。

(2) 套管故障，常见的是炸毁、闪络放电及严重漏油等。

(3) 分接开关故障，主要有分接头绝缘不良、弹簧压力不足、分接开关接触不良或腐蚀、有载分接开关装置不良或调整不当等。

(4) 铁芯故障，主要有铁芯柱的穿心螺杆及夹紧螺杆绝缘损坏。铁芯有两点接地产生局部发热，产生涡流造成过热。

(5) 变压器内部故障引起油质分解劣化引起的故障。

二、变压器跳闸的主要原因

(1) 变压器绕组发生匝间短路、层间短路、接地短路、相间短路。

(2) 变压器铁芯发生多点接地和相间短路。

(3) 套管故障爆炸、闪络放电及严重漏油。

(4) 有载调压装置故障。

(5) 变压器出线套管至各侧电流互感器之间发生相间短路和接地短路故障。

(6) 变压器保护误动、误整定、误碰造成主变压器跳闸。

三、变压器事故处理的基本原则

(1) 变压器的断路器跳闸时，应首先根据继电保护的动作情况和跳闸时的外部现象，判明故障原因后再进行处理。

(2) 当并列运行中的一台变压器跳闸后，应密切关注运行中的变压器有无过负荷现象，并考虑中性点接地情况。

(3) 变压器跳闸后应密切关注站用电的供电，确保站用电、直流系统的安全稳定运行。

(4) 变压器的重瓦斯、差动保护同时动作跳闸，未经查明原因和消除故障之前不得进行强送。

(5) 如果只是过电流保护（或低压过电流保护）动作，在检查主变压器无问题后可以送电。

(6) 重瓦斯或差动保护之一动作跳闸，在检查变压器外部无明显故障，检查瓦斯气体，证明变压器内部无明显故障者，在系统急需用电时可以试送一次，有条件时应尽量进行零起升压。

(7) 若变压器后备保护动作跳闸，一般经外部检查、初步分析（必要时经电气试验），无明显故障，可以试送一次。

(8) 若主变压器重瓦斯保护误动作，两套差动保护中一套误动作或者后备保护误动作造成变压器跳闸，应根据调度命令，停用误动作保护，将主变压器送电。

(9) 变压器故障跳闸造成电网解列时，在试送变压器或投入备用变压器时，要防止非同期并列。

(10) 如因线路或母线故障，保护越级动作引起变压器跳闸，则在故障线路断路器断开后，可立即恢复变压器运行。

(11) 变压器主保护动作，在未查明故障原因前，值班人员不要复归保护屏信号，做好相关记录以便专业人员进一步分析和检查。

(12) 对于不同的接线方式，应及时调整运行方式，本着无故障变压器尽快恢复送电的原则。

(13) 变压器跳闸后应首先确保站用电的供电。

(14) 主变压器保护动作，若220kV侧断路器拒动，则启动失灵；若在110kV侧、35kV侧（10kV侧）断路器拒动，则由电源对侧或主变压器后备保护动作跳闸，切除故障。运行值班人员根据越级情况，尽快隔离拒动断路器设备，恢复送电。

(15) 有备用变压器或备用电源自动投入的变电站，当运行变压器跳闸时应先考虑投入备用变压器或备用电源，然后再检查跳闸的变压器。

(16) 若无备用变压器，当运行变压器跳闸时，则应尽快转移负荷、改变运行方式，同时查明故障是何种保护动作。在检查变压器跳闸原因时，应查明变压器有无明显的异常现象，有无外部短路、线路故障、过负荷，有无明显的火光、怪声、喷油等现象。如确实证明变压器各侧断路器跳闸不是由于内部故障引起，而是由于过负荷、外部短路或保护装置二次回路误动造成的，则可申请试送一次。

(17) 变压器遇有以下情况时应立即将变压器停运，若有备用变压器应尽可能将备用变压器投入运行。

1) 变压器内部声响异常或声响明显增大，并伴随有爆裂声。

2) 在正常负荷和冷却条件下，变压器温度不正常并不断上升超过允许运行值。

3) 压力释放装置动作，同时伴有其他保护动作。

4) 严重漏油，使液面减低到油位计的指示限度。

5) 油色变化过大，油中出现大量杂质等。

6) 套管有严重的破损和放电现象。

7) 冷却系统故障，断水、断电、断油的时间超过了变压器的运行时间。

8) 变压器有冒烟、着火、喷油现象。

9) 变压器已出现故障，而保护装置拒动或动作不明确。

10) 变压器附近着火、爆炸，对变压器构成严重威胁。

四、变压器跳闸后的检查

(1) 根据断路器的跳闸情况、保护的动作掉牌或信号、事件记录器（监控系统）及其从监测装置来的显示或打印记录，判断是否是变压器故障跳闸，并向调度汇报。

(2) 检查变压器跳闸前的负荷、油位、油温、油色，变压器有无喷油、冒烟，瓷套有否闪络、破裂，压力释放阀是否动作或其他明显的故障迹象，作用于信号的气体继电器内有无气体等。

(3) 检查站用电的切换是否正常，直流系统是否正常。

(4) 若本站有两组（台）变压器，应检查另一组（台）变压器冷却器运行是否正常，并严格监视其负荷情况。

(5) 分析故障录波的波形和微机保护打印报告。

(6) 了解系统情况，如保护区内外有无短路故障及其他故障等。

五、引起变压器跳闸的故障

若检查发现下列情况之一者，应认为跳闸由变压器故障引起，则在排除故障后，并经电气试验、色谱分析以及其他针对性的试验证明故障确已排除后，方可重新投入运行。

(1) 从气体继电器中抽取的气体经分析判断为可燃性气体。

(2) 变压器有明显的内部故障特征，如外壳变形、油位异常、强烈喷油等。

(3) 变压器套管有明显的闪络痕迹或破损、断裂等。

(4) 差动保护、瓦斯保护、压力保护等继电保护装置有两套或两套以上动作。

六、变压器差动保护动作的原因及处理方法

变压器差动保护动作时，在查明原因消除故障之前不得将变压器投入运行。

1. 变压器差动保护动作的原因

(1) 变压器及其套管引出线，各侧差动保护用电流互感器以内的一次设备故障。

(2) 保护二次回路问题引起保护误动作。

(3) 差动保护用电流互感器二次开路或短路。

(4) 变压器内部故障。

2. 变压器差动保护动作后的检查

(1) 检查变压器各侧断路器是否跳闸。

(2) 变压器套管有无损伤，有无闪络放电痕迹，变压器本体有无着火、爆炸、喷油、放电痕迹，导线是否断线、短路、有无小动物爬入引起短路等情况。

(3) 差动保护范围内所有一次设备、瓷质部分是否完整，有无闪络放电痕迹。变压器及各侧断路器、隔离开关、避雷器、瓷绝缘子等有无接地短路现象，有无异物落在设备上。

(4) 差动保护用电流互感器本身有无异常，瓷质部分是否完整、有无闪络放电痕迹，回路有无断线接地。

(5) 差动保护范围外有无短路故障。

(6) 检查保护动作情况，做好记录。

(7) 检查气体继电器和压力释放装置的动作情况。

(8) 检查气体继电器有无气体、压力释放阀是否动作、喷油。

(9) 查看故障录波器录波情况。

(10) 查看微机保护打印报告。

(11) 检查其他运行变压器及各线路的负荷情况。

3. 变压器差动保护动作后的处理方法

(1) 查明变压器两侧断路器及继电保护动作情况，作好记录。并及时向值班调度及生产调度汇报。

(2) 对变压器两侧断路器及其范围内的全部一次设备进行检查，有无闪络、放电等异常现象，检查变压器油面、温度是否正常，继电保护装置本身有无不正常现象。

(3) 差动保护动作后，经检查证实不是变压器本体故障，则在故障消除后主变压器可投入运行。

(4) 差动保护跳闸后，若变压器外部及差动保护范围内的一次设备未查出故障，根据调度令将主变压器两侧断路器转为冷备用后，调整运行方式，恢复线路供电。主变压器则需进行试验鉴定，合格后经总工程师批准方可投入运行。

七、变压器重瓦斯保护动作原因及处理方法

1. 变压器重瓦斯保护动作的原因

(1) 变压器内部发生严重故障。

(2) 检修、补油或滤油后，油中空气分离太快。

(3) 气体继电器或二次回路故障。

(4) 气体继电器受剧烈的振动。

2. 变压器重瓦斯保护动作的处理方法

(1) 立即停止音响信号，复归故障变压器各侧主断路器的操作把手，拧向分闸位置，并断开重瓦斯保护的跳闸连接片，断开已停线路的断路器。

(2) 检查气体继电器内部气体性质，如无气体，则应检查二次回路和瓦斯保护装置。

(3) 若气体为可燃的气体，则应拉开各侧隔离开关，布置安全措施，对变压器进行检查测定和联系试验。

(4) 若经检查确认是保护装置二次回路故障，则变压器可以不经检查，继续投入运行。

八、变压器后备保护动作跳闸的处理方法

(1) 查明变压器两侧断路器和全所各出线、断路器继电保护动作情况作好记录，汇报调

度部门。

（2）检查变压器外部及两侧断路器和其他一次设备有无不正常现象。检查主变压器保护及二次回路有无不正常情况。

（3）调整运行方式，并监视运行主变压器过负荷情况。

（4）经检查确定后备保护动作是变压器差动保护范围外引起，则变压器可不经试验即投入运行。

（5）如检查未发现任何不正常现象，则变压器及其继电保护应经试验合格，经总工程师同意后方可投入运行。

［故障举例］ 220kV 仿真变 1 号主变压器故障。

1．故障设置

220kV 仿真变 1 号主变压器故障设置，如图 7－31 所示。

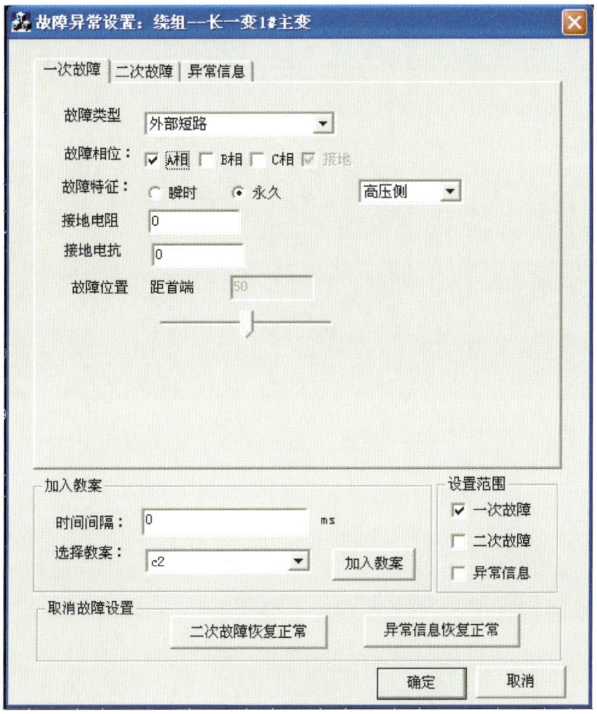

图 7－31　变压器故障设置

2．现象

（1）警报响、中央信号屏“信号未复归”牌亮，“1 号主变压器变差动动作”、“1 号主变压器 220kV 出口跳闸”、“1 号主变压器 66kV 出口跳闸”、“2 号主变压器过负荷”光字牌亮、1 号主变压器微机保护屏显示“差动 A 相动作”。主变压器跳闸后系统图如图 7－32 所示。

（2）1 号主变压器 220kV 侧 2811 断路器和 1 号主变压器 66kV 侧 1726 断路器跳闸，表计无指示，操作把手红灯灭，绿灯闪光，如图 7－33、图 7－34 所示。

3．处理步骤

（1）记录时间，复归音响。

（2）检查表计、光字牌及保护动作情况。

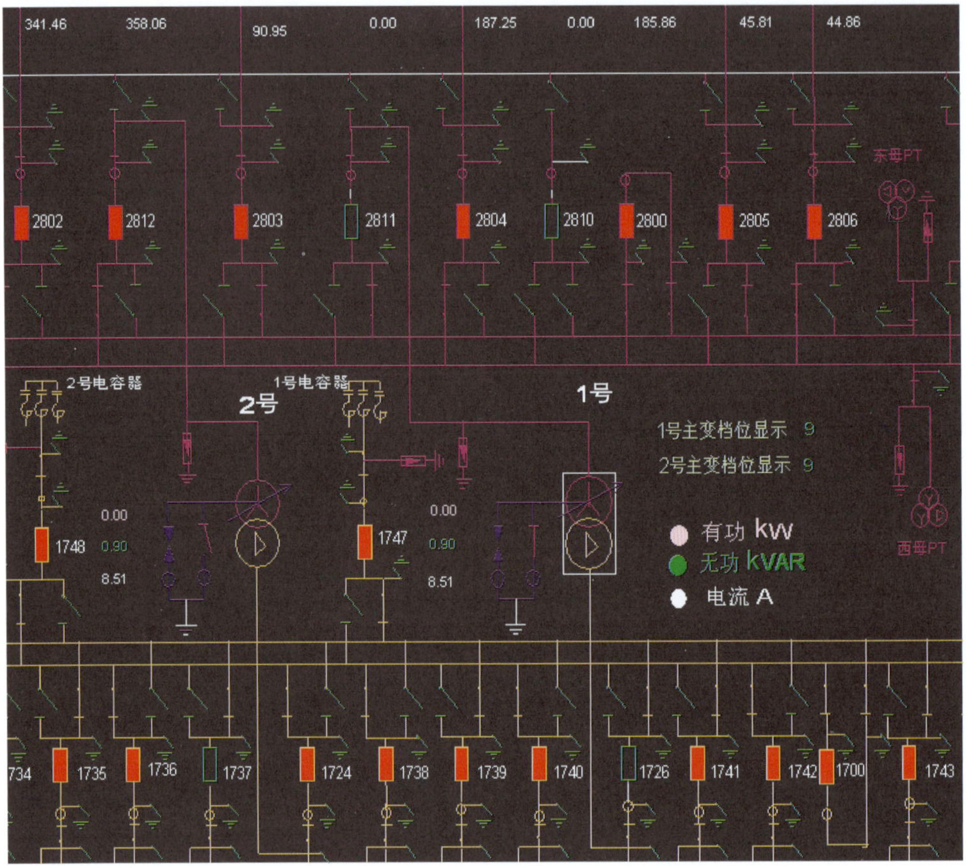

图 7-32　主变压器故障跳闸后系统图

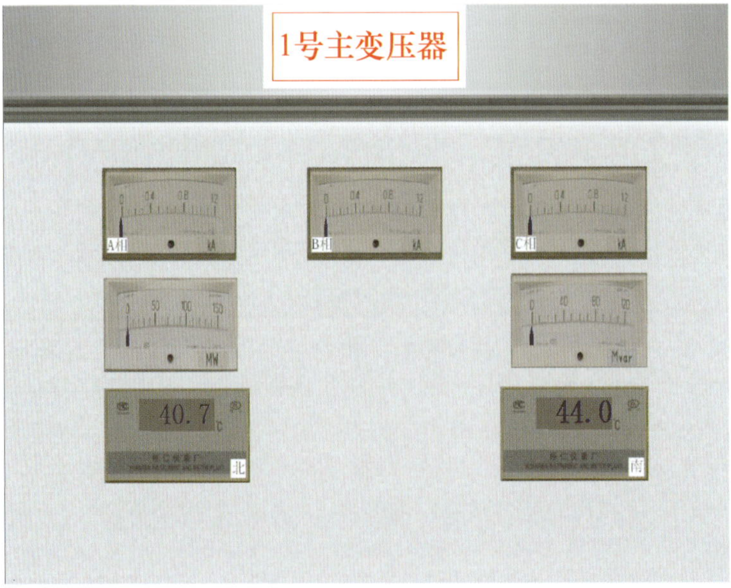

图 7-33　1 号主变压器表计

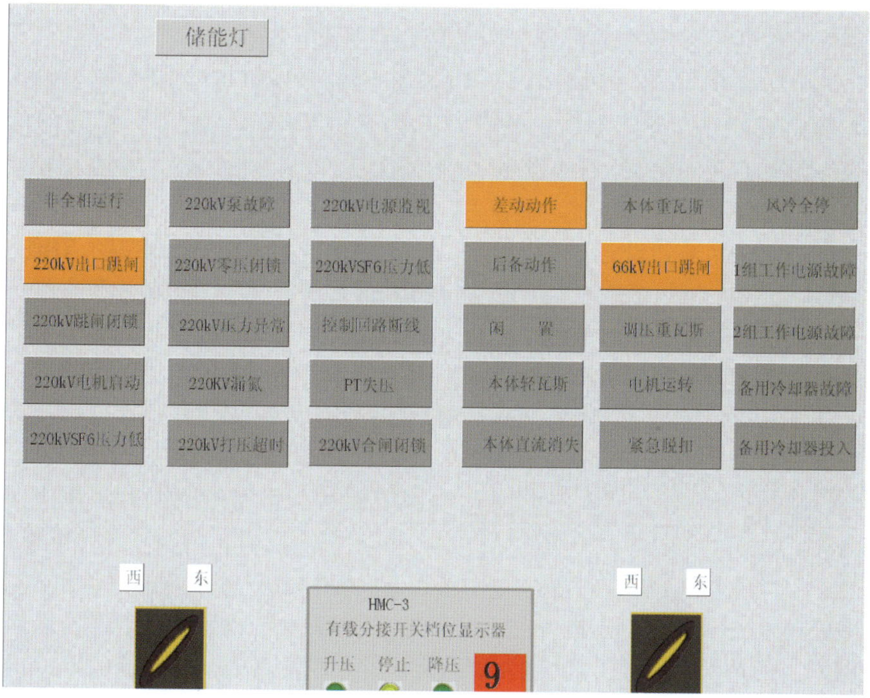

图 7-34 1号主变压器光子牌

(3) 复归保护屏信号，复归1号主变压器220kV侧2811断路器和1号主变压器66kV侧1726断路器操作把手。1号主变压器微机保护屏显示报文如图7-35所示。

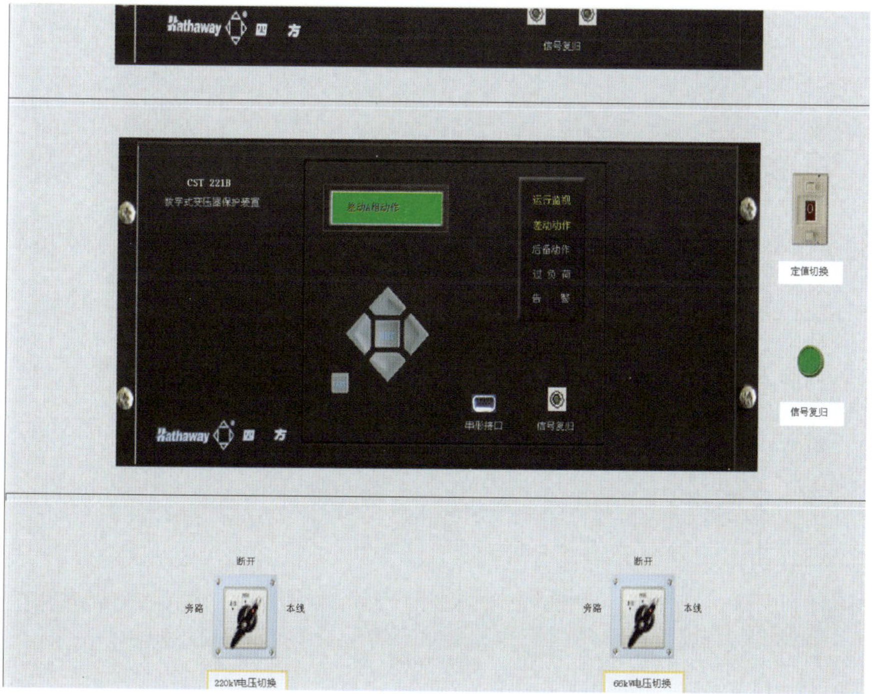

图 7-35 1号主变压器微机保护屏显示报文

(4) 打印故障信息报告。

2012－05－21 17：18：5.375　2号主变压器过负荷　动作

2012－05－21 17：17：50.375　1号主变压器保护屏Ⅱ CST223B差动A相出口　复归

2012－05－21 17：17：50.250　1号主变压器保护Ⅱ差动　动作

2012－05－21 17：17：50.250　1号主变压器保护屏Ⅰ CST221B差动A相出口　复归

2012－05－21 17：17：50.125　1号主变压器保护Ⅰ差动　动作

2012－05－21 17：17：50.125　1号主变压器保护屏Ⅱ CST223B差动A相出口　动作

2012－05－21 17：17：50.125　1号主变压器保护屏Ⅱ CST223B差动动作　动作

2012－05－21 17：17：50.000　1号主变压器保护屏Ⅰ CST221B差动A相出口　动作

2012－05－21 17：17：50.000　1号主变压器保护屏Ⅰ CST221B差动动作　动作

2012－05－21 17：18：5.375　2号主变压器保护屏Ⅰ PRS778低压侧过负荷告警动作

2012－05－21 17：18：5.375　2号主变压器保护屏Ⅰ PRS778高压侧过负荷告警动作

2012－05－21 17：18：5.375　2号主变压器保护屏Ⅱ PRS778低压侧过负荷告警　动作

2012－05－21 17：17：50.250　220kV母线保护屏Ⅱ 开入变位　动作

2012－05－21 17：17：50.250　220kV母线保护屏Ⅰ 开入变位　动作

2012－05－21 17：17：50.250　长春变66kV 1号主变压器1724断路器分闸

2012－05－21 17：17：50.250　长春变220kV 1号主变压器2811断路器分闸

(5) 合上2号主变压器220kV中性点隔离开关。

(6) 检查1号主变压器设备（如图7－36～图7－39所示），将上述情况报告调度。

图7－36　1号主变压器检查

图 7-37 1号主变压器油枕、冷却器和潜油泵检查

图 7-38 1号主变压器高压侧套管及避雷器

图 7-39　1 号主变压器避雷器及导线

(7) 取气鉴别。

(8) 隔离 1 号主变压器，即拉开 1 号主变压器 220kV 侧 2811 乙隔离开关、东母隔离开关和 66kV 侧 1726 东母隔离开关。

(9) 在 1 号主变压器高低压侧三相分别验电，合接地开关，或装设接地线。做好检修 1 号主变压器安全措施。在主变压器周围装设安全围栏，并悬挂标示牌。

4. 注意事项

(1) 尽快将 2 号主变压器 220kV 的中性点隔离开关合上。

(2) 主变压器故障没查明原因前不许合闸送电。

第五节　越级跳闸事故处理

电气设备发生短路故障或其他各种故障时，由于断路器拒跳、保护拒动或保护整定不当而造成的本级断路器不跳闸，引起上级断路器跳闸的现象，称为越级跳闸。越级跳闸使停电范围扩大，故障的影响扩大，会造成更大的经济损失。

一、越级跳闸的主要类型

越级跳闸从一次接线上可分为线路故障越级跳闸、母线故障越级跳闸、主变压器故障越级跳闸。

(1) 线路故障越级跳闸，本线路断路器拒跳，本线保护动作，若装有失灵保护，则启动失灵保护，切除该线路所接母线上的所有断路器；若本线路保护未动作，失灵不能启动跳闸，失灵不动作或未装设失灵保护时，将由本站电源对侧或主变压器后备保护切除电源，此时故障切除时间加长，主变压器后备保护一般由零序（方向）过电流或复合电压闭锁过电流动作，而对侧一般由零序Ⅱ、Ⅲ段或距离Ⅱ、Ⅲ段动作跳闸。

(2) 母线故障越级跳闸，若装有母线保护，母差保护拒动或断路器拒动，将引起上级断路器跳闸，一般也是由电源线对侧或变压器后备保护动作跳闸。若母线上未装设母线保护如终端变母线，在母线故障时，由电源线对侧跳闸，则不属于越级，为正确动作。

(3) 变压器故障越级，若是由断路器拒动引起，应由上级保护动作或由电源线对侧保护动作跳闸。

二、越级跳闸主要现象

1. 线路故障越级跳闸的现象

(1) 警铃、喇叭响，中央信号盘发出“掉牌未复归”信号，有断路器跳闸。

(2) 失灵保护启动跳闸。

(3) 未装设失灵保护或装有失灵保护而保护拒动，由主变压器一侧断路器跳闸（若为双绕组变压器，两侧均跳开）；若为双母线接线形式，母联断路器和变压器断路器跳闸（即主变压器后备保护 A 段时限跳母联断路器，Ⅱ段时限跳本侧断路器）；通过母线所接电源对侧保护动作跳闸。

(4) 跳闸母线失压，母线上所接回路负荷为 0，录波器启动。

2. 母线故障越级跳闸的现象

(1) 警铃、喇叭响，有断路器动作跳闸，中央信号盘发出“掉牌未复归”信号。

(2) 母线保护未动作或未装设母线保护，接于故障母线的主变压器后备启动跳本侧断路器；若为双母线接线方式，主变压器后备保护先跳母联断路器，再跳主变压器一侧断路器，故障母线上所接电源线由电源对侧保护动作切除。

3. 主变压器越级跳闸的现象

变电站全站停电，各母线、各馈线负荷为 0，故障录波器动作，变电站电源对侧断路器跳闸。

三、越级跳闸的原因

越级跳闸原因有很多，其主要可归纳为如下几种。

(1) 断路器拒动：由于断路器本身电气回路和机械故障的原因，如断路器电气回路故障、机械故障、分间线圈烧损、直流两点接地、断路器辅助触点不通、液压机构压力闭锁等原因引起断路器拒跳。

(2) 保护拒动：由于保护的交流电流或电压回路故障、直流回路故障以及连接片漏投等造成越级跳闸。

(3) 保护整定失误：由于上级保护的定值或时间小于本级保护的定值或时间引起保护动作不正常而造成越级跳闸。

(4) 控制熔断器熔断：由于控制回路失去工作电源，保护和断路器均不能动作造成的越级跳闸。

四、越级跳闸的处理方法

1. 线路故障越级跳闸的处理方法

(1) 复归音响、记录时间，查看光字牌、表计指示、断路器指示灯。若某一线路断路器红绿灯均不亮，应立即瞬间拉合一下该断路器操作熔断器。若出现红灯指示，则说明该断路器拒跳，若指示灯仍不亮，则应更换其操作熔断器。

(2) 检查保护动作情况，记录并复归动作信号，复归跳闸断路器操作把手。作出事故的初步判断，将事故现象和初步判断结论报告调度。

(3) 检查跳闸母线供电设备，重点检查跳闸断路器油色、油位、有无喷油、拒跳断路器至线路出口有无故障。拉开拒跳断路器两侧隔离开关隔离故障设备，根据事故的全面现象作出定性判断，并将检查结果及判断结论报告调度。

(4) 根据调度命令送出跳闸母线和其他正常线路负荷。

(5) 若越级跳闸系保护拒动或保护整定不当造成的。不知道是哪条线路拒跳，应预先拉开各线路断路器，送出母线后逐一试送各线路。若送至某一线路时又出现越级跳闸，则说明此断路器保护有问题，应切开该断路器后再重送母线和其他线路，然后拉开拒跳开关两侧隔离开关，通知继电人员处理。

(6) 必要时故障越级线路可用旁路断路器经旁路试送电一次。

(7) 将情况报告有关领导，由其组织对断路器拒跳越级故障的检查。若线路急需送电，而又不能用旁路带送时，值班员应迅速检查越级断路器的电气回路，先检查直流母线电压是否过低，再看红灯是否亮（断路器还在合闸后位置）。红灯亮说明跳闸回路没有断线和开路，若红灯不亮，则说明跳闸回路已断。应检查该断路器是否出现“压力闭锁”光字牌、断路器转换接点是否接通、跳闸线圈和防跳继电器有无开路、回路接线端子有无松动等，220kV 还应检查合闸位置继电器是否正常。发现迅速排除故障，然后给线路送电。若故障不能排除，应报告有关领导，由其组织检查和处理。

2. 母线故障越级跳闸的处理方法

(1) 复归音响、记录时间，查看光字牌、表计指示、断路器指示灯。若某一线路断路器红绿灯均不亮，应立即瞬间拉合一下该断路器操作熔断器。若出现红灯指示，则说明该断路器拒跳，若指示灯仍不亮，则应更换其操作熔断器。

(2) 检查保护动作情况，记录并复归动作信号，复归跳闸断路器操作把手。作出事故的初步判断，将事故现象和初步判断结论报告调度。

(3) 检查跳闸母线设备，重点检查跳闸断路器油色、油位、有无喷油。将连接于故障母线或断路器各侧断路器和隔离开关拉开，隔离故障设备根据事故的全面现象作出定性判断，并将检查结果及判断结论报告调度。

(4) 根据调度命令送出无故障母线、主变压器和其他正常线路，并将故障母线所带的主变压器或线路移至正常母线运行。

(5) 若越级跳闸系保护拒动或保护整定不当造成的，并及时通知继电人员处理，应预先拉开各线路断路器。保护恢复正常的，对无故障母线试充电，然后再逐一试送各线路。

(6) 将情况报告所领导和生产调度，对于自己不能排除的故障，应由领导和生产调度组织检查和处理。

3. 主变压器越级跳闸处理的步骤

(1) 复归音响，记录时间。查看光字牌、表计指示、断路器指示灯。若某一线路断路器红、绿灯均不亮，应立即瞬间拉合一下该断路器操作熔断器，此时，若红灯亮，则说明该断路器拒跳，若指示灯仍不亮，则应更换其操作熔断器。

（2）检查保护动作情况，记录并复归动作信号，复归跳闸断路器操作把手。作出事故的初步判断，将事故现象和初步判断结论报告调度。

（3）检查跳闸设备，重点检查主变压器外部设备有无短路，内部有无油分解现象。拉开故障主变压器及拒动断路器各侧隔离开关将其隔离，根据事故的各种现象作出定性判断并将检查结果及判断结论报告调度。

（4）根据调度命令送出无故障母线、主变压器和其他正常线路。在保证非故障主变压器不过负荷的情况下，尽可能带出全部负荷。

（5）若越级跳闸系保护拒动或保护整定不当造成的，应及时通知继电人员处理。隔离故障主变压器后再对无故障母线主变压器试送电，逐一送出各线路。

（6）将情况报告所领导和生产调度，对于自己不能排除的故障，应由领导和生产调度组织检查和处理。

［故障举例］ 220kV 仿真变 220kV 春东乙线线路故障，断路器拒跳。

1. 故障设置

220kV 仿真变春东乙线 2814 断路器故障，断路器拒跳故障设置。先建立一个教案，在“二次故障设置”中选入“春东乙线 2814 断路器控制回路断线”，加到所建立的教案中，再回到主接线图中设置一次系统故障，设置春东乙线线路 A、B 相短路，放入同一教案中，调入“标准工况”后，运行此教案即可实现此故障的模拟。

2. 现象

（1）警报响，中央信号屏“掉牌未复归”、“220kV 失灵动作”、“220kV 西母电压断线”、“录波器动作”光字牌亮，1 号主变压器控制屏“备用冷却器投入”光字牌亮，2 号主变压器控制屏“TV 失压”和“1DL 分闸”光字牌亮，220kV 母联控制屏“母联保护动作”和“母联出口跳闸”光字牌亮，春东乙线控制屏“Ⅰ组控制回路断线”、“跳闸闭锁”和“合闸闭锁”光字牌亮。越级跳闸后的系统图如图 7－40 所示。

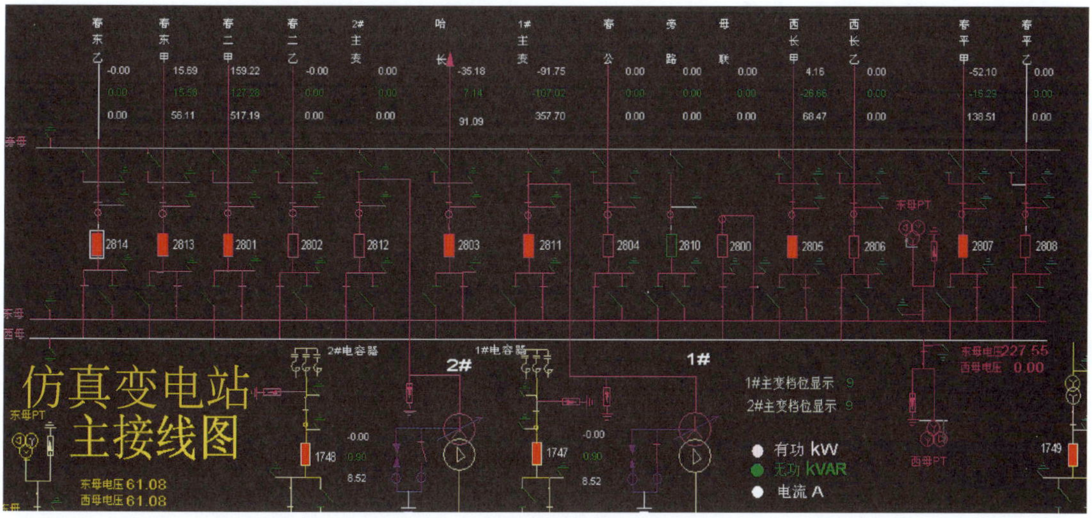

图 7－40 越级跳闸后系统图

(2) 2号主变压器220kV侧2812断路器、春二乙线2802断路器、春公线2804断路器、220kV母联2800断路器、西长甲线2806断路器和春平乙线2808断路器跳闸，跳闸断路器的操作把手红灯熄灭，绿灯闪光；春东乙线2814断路器把手红绿灯熄灭，如图7-41所示。

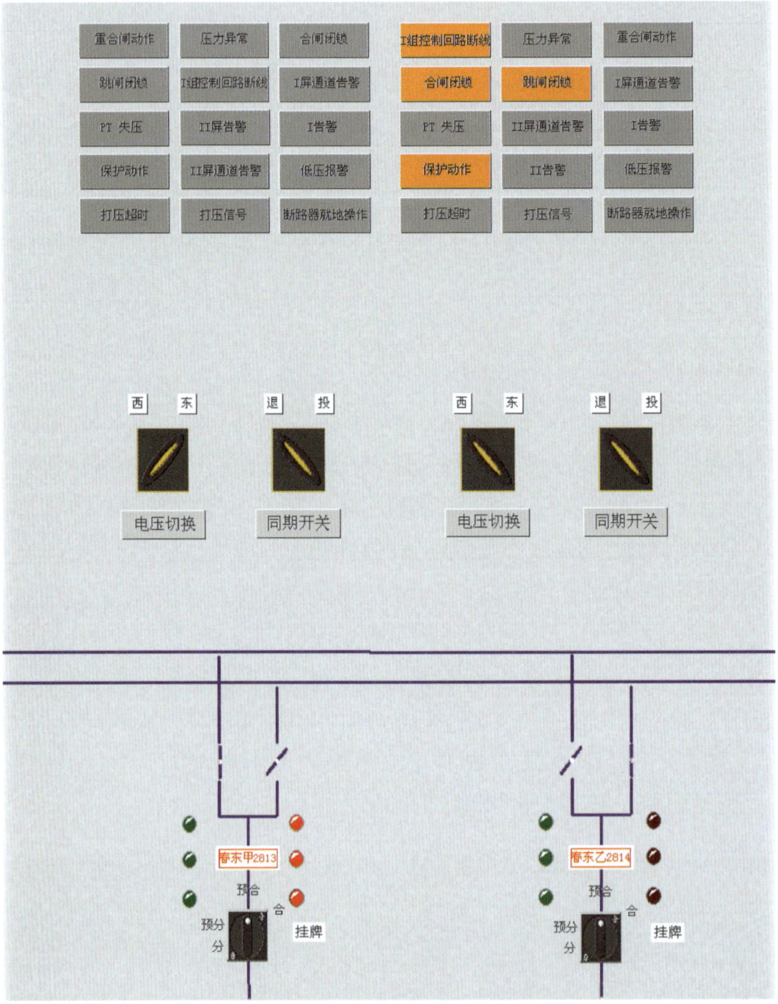

图7-41 春东乙线光字牌和指示灯

(3) 220kV西母线所连线路断路器表计指示为零，220kV东母线所带表计指示正常。

(4) 220kV母线微机保护屏显示“失灵跳Ⅱ母”，如图7-42所示；春东乙线纵联差动屏“AB相 分相差动动作”、“零序Ⅰ、Ⅱ、Ⅲ段动作”、“Ⅰ段阻抗动作”，如图7-43所示；春东乙线纵联差动屏“跳A、跳B、跳C”红灯亮；220kV的母联保护屏“失灵保护动作”及断路器A、B、C跳闸指示灯亮。

3. 处理步骤

(1) 复归音响，记录时间。

(2) 检查表计、光字牌及保护动作情况。

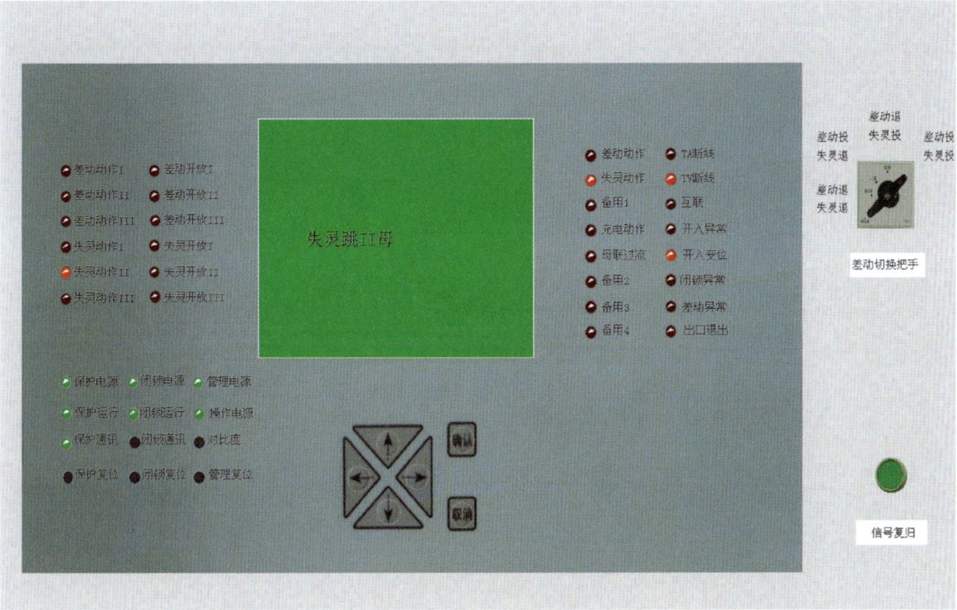

图 7－42 220kV 母线微机保护屏

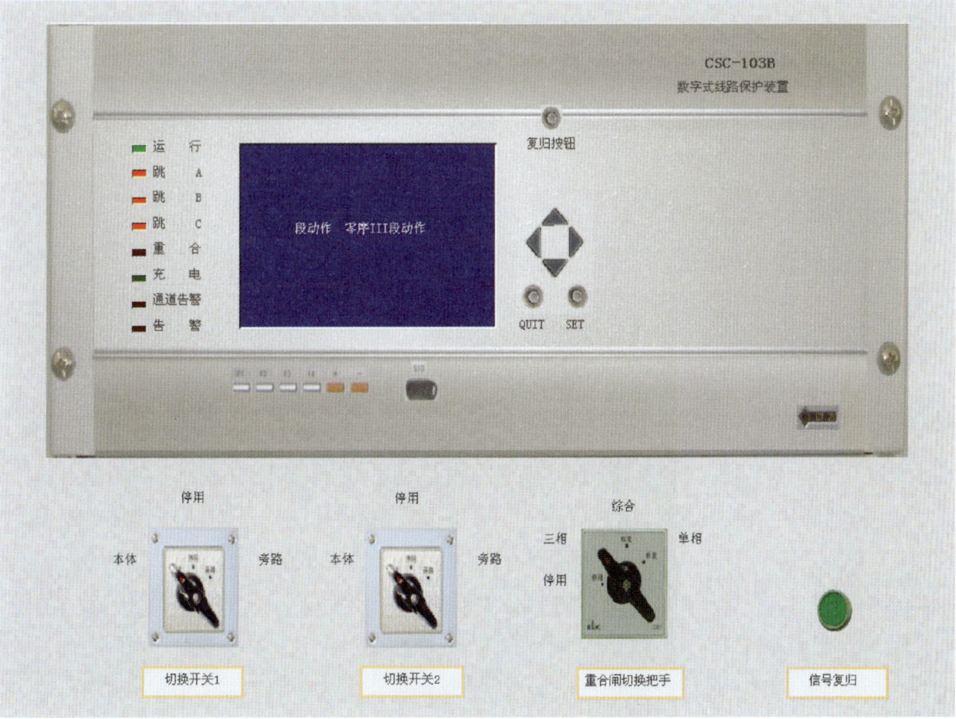

图 7－43 春东乙线纵联差动屏报文

（3）复归保护屏信号，复归 2 号主变压器 220kV 侧 2812 断路器、春二乙线 2802 断路器、春公线 2804 断路器、220kV 母联 2800 断路器、西长甲线 2806 断路器和春平乙线 2808 断路器控制把手。

(4) 打印春东乙线事故报告。

2012-06-01 12：17：5.250 1号主变压器过负荷 动作

2012-06-01 12：16：50.625 220kV母线保护屏ⅠBP2B 失灵动作Ⅱ 复归

2012-06-01 12：16：50.500 春东乙纵联差动Ⅱ屏CSC103B 零序Ⅱ段出口 复归

2012-06-01 12：16：50.500 春东乙纵联差动Ⅱ屏CSC103B Ⅲ段阻抗出口 复归

2012-06-01 12：16：50.500 春东乙纵联差动Ⅱ屏CSC103B Ⅰ段阻抗出口 复归

2012-06-01 12：16：50.500 春东乙纵联差动Ⅰ屏CSC103B 零序Ⅱ段出口 复归

2012-06-01 12：16：50.500 春东乙纵联差动Ⅰ屏CSC103B Ⅲ段阻抗出口 复归

2012-06-01 12：16：50.500 春东乙纵联差动Ⅰ屏CSC103B Ⅰ段阻抗出口 复归

2012-06-01 12：16：50.375 春二乙线2802保护动作 动作

2012-06-01 12：16：50.375 春东乙纵联差动Ⅱ屏CSC103B 零序Ⅲ段出口 复归

2012-06-01 12：16：50.375 春东乙纵联差动Ⅱ屏CSC103B Ⅱ段阻抗出口 复归

2012-06-01 12：16：50.375 春东乙纵联差动Ⅰ屏CSC103B 零序Ⅲ段出口 复归

2012-06-01 12：16：50.375 春东乙纵联差动Ⅰ屏CSC103B Ⅱ段阻抗出口 复归

2012-06-01 12：16：50.250 春东乙纵联差动Ⅱ屏CSC103B 零序Ⅰ段出口 复归

2012-06-01 12：16：50.250 春东乙纵联差动Ⅱ屏CSC103B 分相差动出口 复归

2012-06-01 12：16：50.250 春东乙纵联差动Ⅰ屏CSC103B 零序Ⅰ段出口 复归

2012-06-01 12：16：50.250 春东乙纵联差动Ⅰ屏CSC103B 分相差动出口 复归

2012-06-01 12：16：50.250 春二乙线纵联差动保护屏CSL103B 零序电流Ⅰ段出口 复归

2012-06-01 12：16：50.125 春二乙线纵联差动保护屏CSL103B 零序电流Ⅰ段出口 动作

2012-06-01 12：16：50.000 春东乙纵联差动Ⅱ屏CSC103B Ⅲ段阻抗出口 动作

2012-06-01 12：16：50.000 春东乙纵联差动Ⅰ屏CSC103B Ⅲ段阻抗出口 动作

2012-06-01 12：16：49.750 春东乙纵联差动Ⅱ屏CSC103B 零序Ⅲ段出口 动作

2012-06-01 12：16：49.750 春东乙纵联差动Ⅰ屏CSC103B 零序Ⅲ段出口 动作

2012-06-01 12：16：49.625 220kV母线保护Ⅱ失灵动作 动作

2012-06-01 12：16：49.625 220kV母线保护屏Ⅰ BP2B 失灵动作Ⅱ 动作

2012-06-01 12：16：47.875 春东乙纵联差动Ⅱ屏CSC103B 零序Ⅱ段出口 动作

2012-06-01 12：16：47.875 春东乙纵联差动Ⅱ屏CSC103B Ⅱ段阻抗出口 动作

2012-06-01 12：16：47.875 春东乙纵联差动Ⅰ屏CSC103B 零序Ⅱ段出口 动作

2012-06-01 12：16：47.875 春东乙纵联差动Ⅰ屏CSC103B Ⅱ段阻抗出口 动作

2012-06-01 12：16：45.750 春东乙线2814保护动作 动作

2012-06-01 12：16：45.500 春东乙纵联差动Ⅱ屏CSC103B 分相差动出口 动作

2012-06-01 12：16：45.500 春东乙纵联差动Ⅰ屏CSC103B 分相差动出口 动作

2012-06-01 12：16：45.375 春东乙纵联差动Ⅱ屏CSC103B 零序Ⅰ段出口 动作

2012-06-01 12：16：45.375 春东乙纵联差动Ⅱ屏CSC103B Ⅰ段阻抗出口 动作

2012-06-01 12：16：45.375 春东乙纵联差动Ⅰ屏CSC103B 零序Ⅰ段出口 动作

2012-06-01 12：16：45.375 春东乙纵联差动Ⅰ屏CSC103B Ⅰ段阻抗出口 动作

2012－06－01 12：16：45.125 春东乙线 2814 控制回路断线 动作

(5) 检查 220kV 西母线，母线设备无异常，将上述情况报告调度。

(6) 检查 220kV 春东乙线断路器、隔离开关至线路站外部分等出口设备，发现春东乙线断路器在合位。

(7) 检查春东乙线控制回路，若能恢复正常，可按调令给停电线路送电。

(8) 若短时间无法找到故障点，隔离春东乙线断路器，拉开春东乙线 2814 乙隔离开关和西母隔离开关。

(9) 按调令投入 220kV 母联断路器充电保护连接片（零序、相电流保护），用 220kV 母联断路器给 220kV 西母线充电；母线充电良好后，停用 220kV 母联断路器充电保护连接片。

(10) 按调令依次给停电线路送电。

(11) 按调令用 220kV 旁路 2810 断路器经旁路母线给春东乙线送电，旁路断路器保护定值改为代春东乙线定值。

(12) 做好安全措施。

4. 注意事项

(1) 隔离 220kV 春东乙线 2814 断路器后，才能进行事故处理的恢复送电操作。

(2) 用 220kV 的母联断路器给西母线充电前，应投入母线充电保护，母线充电良好后将充电保护停用。

附录一 变电站（发电厂）倒闸操作票格式

变电站（发电厂）倒闸操作票

单位__________ 编号__________

<table>
<tr><td>发令人</td><td></td><td>受令人</td><td></td><td>发令时间</td><td>年 月 日 时 分</td></tr>
<tr><td colspan="4">操作开始时间：
年 月 日 时 分</td><td colspan="2">操作结束时间：
年 月 日 时 分</td></tr>
<tr><td colspan="6">（ ）监护下操作 （ ）单人操作 （ ）检修人员操作</td></tr>
<tr><td colspan="6">操作任务：</td></tr>
<tr><td>顺序</td><td colspan="4">操 作 项 目</td><td>√</td></tr>
<tr><td></td><td colspan="4"></td><td></td></tr>
<tr><td></td><td colspan="4"></td><td></td></tr>
<tr><td></td><td colspan="4"></td><td></td></tr>
<tr><td></td><td colspan="4"></td><td></td></tr>
<tr><td></td><td colspan="4"></td><td></td></tr>
<tr><td></td><td colspan="4"></td><td></td></tr>
<tr><td></td><td colspan="4"></td><td></td></tr>
<tr><td></td><td colspan="4"></td><td></td></tr>
<tr><td></td><td colspan="4"></td><td></td></tr>
<tr><td></td><td colspan="4"></td><td></td></tr>
<tr><td></td><td colspan="4"></td><td></td></tr>
<tr><td></td><td colspan="4"></td><td></td></tr>
<tr><td></td><td colspan="4"></td><td></td></tr>
<tr><td></td><td colspan="4"></td><td></td></tr>
<tr><td></td><td colspan="4"></td><td></td></tr>
<tr><td></td><td colspan="4"></td><td></td></tr>
<tr><td colspan="6">备注：</td></tr>
<tr><td colspan="2">操作人：</td><td colspan="2">监护人：</td><td colspan="2">值班负责人（值长）：</td></tr>
</table>

附录二 变电站典型操作票

为节省篇幅，本书中典型操作票没有套用倒闸操作票格式。

66kV 长东甲线 1733 线路由运行转检修

1. 拉开长东甲线 1733 断路器
2. 检查长东甲线 1733 断路器在开位
3. 检查长东甲线 1733 丙隔离开关在开位
4. 拉开长东甲线 1733 乙隔离开关
5. 检查长东甲线 1733 西隔离开关在开位
6. 拉开长东甲线 1733 东隔离开关
7. 在长东甲线 1733 乙丙隔离开关至线路侧三相验电确无电压
8. 在长东甲线 1733 乙丙隔离开关至线路侧装设__号接地线
9. 退出 66kV 母线微机保护屏跳长东甲连接片
10. 取下长东甲线 1733 断路器的控制直流熔断器正极
11. 取下长东甲线 1733 断路器的控制直流熔断器负极
12. 拉开长东甲线 1733 断路器的信号隔离开关

66kV 长东甲线 1733 线路由检修转运行

1. 合上长东甲线 1733 断路器的信号隔离开关
2. 装上长东甲线 1733 断路器的控制直流熔断器负极
3. 装上长东甲线 1733 断路器的控制直流熔断器正极
4. 投入 66kV 母线微机保护屏跳长东甲连接片
5. 拆除长东甲线 1733 乙丙隔离开关至线路侧__号接地线
6. 检查长东甲线 1733 乙丙隔离开关至线路侧__号接地线确已拆除
7. 检查长东甲线 1733 断路器在开位
8. 检查长东甲线 1733 西隔离开关在开位
9. 合上长东甲线 1733 东隔离开关
10. 检查长东甲线 1733 丙隔离开关在开位
11. 合上长东甲线 1733 乙隔离开关
12. 合上长东甲线 1733 断路器
13. 检查长东甲线 1733 断路器在合位
14. 检查长东甲线 1733 断路器的电流表计指示正确__ A

220kV 春二甲线 2801 线路停电，断路器由运行转检修

1. 拉开春二甲线 2801 断路器
2. 检查春二甲线 2801 断路器在开位

3. 检查春二甲线 2801 丙隔离开关在开位
4. 合上春二甲线 2801 乙隔离开关操作电源
5. 拉开春二甲线 2801 乙隔离开关
6. 拉开春二甲线 2801 乙隔离开关操作电源
7. 检查春二甲线 2801 西隔离开关在开位
8. 合上春二甲线 2801 东隔离开关操作电源
9. 拉开春二甲线 2801 东隔离开关
10. 拉开春二甲线 2801 东隔离开关操作电源
11. 在春二甲线 2801 断路器至电流互感器间三相验电确无电压
12. 在春二甲线 2801 断路器至电流互感器间装设__号接地线
13. 在春二甲线 2801 断路器至 2801 西母隔离开关间三相验电确无电压
14. 合上春二甲线 2801 母线侧接地开关
15. 退出 220kV 母线微机保护Ⅰ屏春二甲线跳闸出口连接片
16. 退出 220kV 母线微机保护Ⅰ屏春二甲线启动失灵连接片
17. 退出 220kV 母线微机保护Ⅱ屏春二甲线跳闸出口连接片
18. 取下春二甲线 2801 断路器的控制直流熔断器正极
19. 取下春二甲线 2801 断路器的控制直流熔断器负极
20. 拉开春二甲线 2801 断路器的信号隔离开关

220kV 春二甲线 2801 断路器由检修转运行

1. 合上春二甲线 2801 断路器的信号隔离开关
2. 装上春二甲线 2801 断路器的控制直流熔断器负极
3. 装上春二甲线 2801 断路器的控制直流熔断器正极
4. 投入 220kV 母线微机保护Ⅰ屏春二甲线跳闸出口连接片
5. 投入 220kV 母线微机保护Ⅰ屏春二甲线启动失灵连接片
6. 投入 220kV 母线微机保护Ⅱ屏春二甲线跳闸出口连接片
7. 拉开春二甲线 2801 母线侧接地开关
8. 检查春二甲线 2801 母线侧接地开关确已拉开
9. 拆除春二甲线 2801 断路器至电流互感器间__号接地线
10. 检查春二甲线 2801 断路器至电流互感器间__号接地线确已拆除
11. 检查春二甲线 2801 断路器在开位
12. 检查春二甲线 2801 西隔离开关在开位
13. 合上春二甲线 2801 东隔离开关操作电源
14. 合上春二甲线 2801 东隔离开关
15. 拉开春二甲线 2801 东隔离开关操作电源
16. 检查春二甲线 2801 丙隔离开关在开位
17. 合上春二甲线 2801 乙隔离开关操作电源
18. 合上春二甲线 2801 乙隔离开关
19. 拉开春二甲线 2801 乙隔离开关操作电源

20. 合上春二甲线 2801 控制屏同期开关
21. 合上中央信号屏预备同期开关
22. 合上中央信号屏同期检查解除断路器
23. 合上春二甲线 2801 断路器
24. 检查春二甲线 2801 断路器在合位
25. 检查春二甲线 2801 断路器的三相电流表计指示正确 A 相__A、B 相__A、C 相__A
26. 拉开春二甲线 2801 控制屏同期开关
27. 拉开中央信号屏预备同期开关
28. 中央信号屏同期检查解除断路器

220kV 东母线停电

1. 投入 220kV 母线微机保护Ⅰ屏互联投入连接片
2. 投入 220kV 母线微机保护Ⅱ屏互联投入连接片
3. 将 1 号主变压器一次侧主 2811 控制屏电压转换把手切至西母线位置
4. 按 220kV 母线微机保护Ⅰ屏复归按钮
5. 按 220kV 母线微机保护Ⅱ屏复归按钮
6. 将春二甲线 2801 控制屏电压转换把手切至西母线位置
7. 按 220kV 母线微机保护Ⅰ屏复归按钮
8. 按 220kV 母线微机保护Ⅱ屏复归按钮
9. 将哈长线 2803 控制屏电压转换把手切至西母线位置
10. 按 220kV 母线微机保护Ⅰ屏复归按钮
11. 按 220kV 母线微机保护Ⅱ屏复归按钮
12. 将西长甲线 2805 控制屏电压转换把手切至西母线位置
13. 按 220kV 母线微机保护Ⅰ屏复归按钮
14. 按 220kV 母线微机保护Ⅱ屏复归按钮
15. 将春平甲线 2807 控制屏电压转换把手切至西母线位置
16. 按 220kV 母线微机保护Ⅰ屏复归按钮
17. 按 220kV 母线微机保护Ⅱ屏复归按钮
18. 将春东甲线 2813 控制屏电压转换把手切至西母线位置
19. 按 220kV 母线微机保护Ⅰ屏复归按钮
20. 按 220kV 母线微机保护Ⅱ屏复归按钮
21. 检查 220kV 所有电压转换把手均在西母线位置
22. 检查 220kV 母联 2800 断路器在合位
23. 取下 220kV 母联 2800 断路器的控制直流熔断器正极
24. 取下 220kV 母联 2800 断路器的控制直流熔断器负极
25. 检查春东甲线 2813 东隔离开关在合位
26. 合上春东甲线 2813 西隔离开关
27. 拉开春东甲线 2813 东隔离开关
28. 检查春二甲线 2801 东隔离开关在合位

29. 合上春二甲线2801西隔离开关
30. 拉开春二甲线2801东隔离开关
31. 检查哈长线2803东隔离开关在合位
32. 合上哈长线2803西隔离开关
33. 拉开哈长线2803东隔离开关
34. 检查1号主变压器一次侧主2811东隔离开关在合位
35. 合上1号主变压器一次侧主2811西隔离开关
36. 拉开1号主变压器一次侧主2811东隔离开关
37. 检查西长甲线2805东隔离开关在合位
38. 合上西长甲线2805西隔离开关
39. 拉开西长甲线2805东隔离开关
40. 检查春平甲线2807东隔离开关在合位
41. 合上春平甲线2807西隔离开关
42. 拉开春平甲线2807东隔离开关
43. 检查220kV东母线春平乙线2808、春平甲线2807、西长乙线2806、西长甲线2805、220kV旁路2810、春公线2804、1号主变压器一次侧主2811、哈长线2803、2号主变压器一次侧主2812、春二乙线2802、春二甲线2801、春东甲线2813、春东乙线2814东隔离开关均在开位
44. 装上220kV母联2800断路器的控制直流熔断器负极
45. 装上220kV母联2800断路器的控制直流熔断器正极
46. 退出220kV母线微机保护屏Ⅰ互联投入连接片
47. 退出220kV母线微机保护屏Ⅱ互联投入连接片
48. 拉开220kV东电压互感器二次侧隔离开关
49. 拉开220kV东电压互感器一次侧隔离开关
50. 检查220kV母联2800断路器的三相电流表计指示正确A相__A、B相__A、C相__A
51. 拉开220kV母联2800断路器
52. 检查220kV母联2800断路器在开位
53. 拉开220kV母联2800东隔离开关
54. 拉开220kV母联2800西隔离开关
55. 取下220kV母联2800断路器的控制直流熔断器正极
56. 取下220kV母联2800断路器的控制直流熔断器负极
57. 拉开220kV母联2800断路器的信号隔离开关

220kV东母线恢复送电

1. 合上220kV母联2800断路器的信号隔离开关
2. 装上220kV母联2800断路器的控制直流熔断器负极
3. 装上220kV母联2800断路器的控制直流熔断器正极
4. 检查220kV母联2800断路器在开位
5. 检查220kV母联2800东隔离开关在开位

6. 合上 220kV 母联 2800 西隔离开关操作电源
7. 合上 220kV 母联 2800 西隔离开关
8. 拉开 220kV 母联 2800 西隔离开关操作电源
9. 合上 220kV 母联 2800 东隔离开关操作电源
10. 合上 220kV 母联 2800 东隔离开关
11. 拉开 220kV 母联 2800 东隔离开关操作电源
12. 投入 220kV 母线微机保护Ⅰ屏充电保护连接片
13. 投入 220kV 母线微机保护Ⅱ屏充电保护连接片
14. 合上中央信号屏预备同期开关
15. 合上中央信号屏同期检查解除断路器
16. 合上 220kV 母联 2800 控制屏同期开关
17. 合上 220kV 母联 2800 断路器
18. 检查 220kV 母联 2800 断路器在合位
19. 检查 220kV 母联 2800 断路器的三相电流表计指示正确 A 相__ A、B 相__ A、C 相__ A
20. 拉开 220kV 母联 2800 控制屏同期开关
21. 拉开中央信号屏预备同期开关
22. 拉开中央信号屏同期检查解除断路器
23. 合上 220kV 东电压互感器一次侧隔离开关操作电源
24. 合上 220kV 东电压互感器一次侧隔离开关
25. 拉开 220kV 东电压互感器一次侧隔离开关操作电源
26. 合上 220kV 东电压互感器二次侧隔离开关
27. 检查 220kV 东母线电压表计指示正确 AB 相__ kV、BC 相__ kV、CA 相__ kV
28. 退出 220kV 母线微机保护Ⅰ屏充电保护连接片
29. 退出 220kV 母线微机保护Ⅱ屏充电保护连接片
30. 投入 220kV 母线微机保护Ⅰ屏互联投入连接片
31. 投入 220kV 母线微机保护Ⅱ屏互联投入连接片
32. 将 1 号主变压器一次主 2811 断路器控制屏电压转换把手切至东母线位置
33. 按 220kV 母线微机保护Ⅰ屏复归按钮
34. 按 220kV 母线微机保护Ⅱ屏复归按钮
35. 将春二甲线 2801 断路器控制屏电压转换把手切至东母线位置
36. 按 220kV 母线微机保护Ⅰ屏复归按钮
37. 按 220kV 母线微机保护Ⅱ屏复归按钮
38. 将哈长线 2803 断路器控制屏电压转换把手切至东母线位置
39. 按 220kV 母线微机保护Ⅰ屏复归按钮
40. 按 220kV 母线微机保护Ⅱ屏复归按钮
41. 将西长甲线 2805 断路器控制屏电压转换把手切至东母线位置
42. 按 220kV 母线微机保护Ⅰ屏复归按钮
43. 按 220kV 母线微机保护Ⅱ屏复归按钮
44. 将春平甲线 2807 断路器控制屏电压转换把手切至东母线位置

45. 按220kV母线微机保护Ⅰ屏复归按钮
46. 按220kV母线微机保护Ⅱ屏复归按钮
47. 将春东甲线2813断路器控制屏电压转换把手切至东母线位置
48. 按220kV母线微机保护Ⅰ屏复归按钮
49. 按220kV母线微机保护Ⅱ屏复归按钮
50. 检查220kV母联2800断路器在合位
51. 取下220kV母联2800断路器的控制直流熔断器正极
52. 取下220kV母联2800断路器的控制直流熔断器负极
53. 检查春东甲线2813西隔离开关在合位
54. 合上春东甲线2813东隔离开关操作电源
55. 合上春东甲线2813东隔离开关
56. 拉开春东甲线2813东隔离开关操作电源
57. 合上春东甲线2813西隔离开关操作电源
58. 拉开春东甲线2813西隔离开关
59. 拉开春东甲线2813西隔离开关操作电源
60. 检查春二甲线2801西隔离开关在合位
61. 合上春二甲线2801东隔离开关操作电源
62. 合上春二甲线2801东隔离开关
63. 拉开春二甲线2801东隔离开关操作电源
64. 合上春二甲线2801西隔离开关操作电源
65. 拉开春二甲线2801西隔离开关
66. 拉开春二甲线2801西隔离开关操作电源
67. 检查哈长线2803西隔离开关在合位
68. 合上哈长线2803东隔离开关操作电源
69. 合上哈长线2803东隔离开关
70. 拉开哈长线2803东隔离开关操作电源
71. 合上哈长线2803西隔离开关操作电源
72. 拉开哈长线2803西隔离开关
73. 拉开哈长线2803西隔离开关操作电源
74. 检查1号主变压器一次侧主2811西隔离开关在合位
75. 合上1号主变压器一次侧主2811东隔离开关操作电源
76. 合上1号主变压器一次侧主2811东隔离开关
77. 拉开1号主变压器一次侧主2811东隔离开关操作电源
78. 合上1号主变压器一次侧主2811西隔离开关操作电源
79. 拉开1号主变压器一次侧主2811西隔离开关
80. 拉开1号主变压器一次侧主2811西隔离开关操作电源
81. 检查西长甲线2805西隔离开关在合位
82. 合上西长甲线2805东隔离开关操作电源
83. 合上西长甲线2805东隔离开关

84. 拉开西长甲线 2805 东隔离开关操作电源
85. 合上西长甲线 2805 西隔离开关操作电源
86. 拉开西长甲线 2805 西隔离开关
87. 拉开西长甲线 2805 西隔离开关操作电源
88. 检查春平甲线 2807 西隔离开关在合位
89. 合上春平甲线 2807 东隔离开关操作电源
90. 合上春平甲线 2807 东隔离开关
91. 拉开春平甲线 2807 东隔离开关操作电源
92. 合上春平甲线 2807 西隔离开关操作电源
93. 拉开春平甲线 2807 西隔离开关
94. 拉开春平甲线 2807 西隔离开关操作电源
95. 装上 220kV 母联 2800 断路器的控制直流熔断器负极
96. 装上 220kV 母联 2800 断路器的控制直流熔断器正极
97. 退出 220kV 母线微机保护Ⅰ屏互联投入连接片
98. 退出 220kV 母线微机保护Ⅱ屏互联投入连接片

1 号主变压器停电

1. 退出 66kV 备自投屏备自投投入 1 连接片
2. 投入 66kV 备自投屏备自投闭锁 1 连接片
3. 退出 66kV 备自投屏备自投投入 2 连接片
4. 投入 66kV 备自投屏备自投闭锁 2 连接片
5. 退出主变压器过负荷联切屏过负荷联切投入连接片
6. 退出 1 号主变压器微机保护Ⅰ屏低后备保护闭锁备自投连接片
7. 退出 1 号主变压器微机保护Ⅱ屏低后备保护闭锁备自投连接片
8. 拉开 1 号主变压器二次主 1726 断路器
9. 检查 1 号主变压器二次主 1726 断路器在开位
10. 投入 66kV 备自投屏备自投投入 1 连接片
11. 退出 66kV 备自投屏备自投闭锁 1 连接片
12. 投入 66kV 备自投屏备自投投入 2 连接片
13. 退出 66kV 备自投屏备自投闭锁 2 连接片
14. 投入 1 号主变压器微机保护Ⅰ屏低后备保护闭锁备自投连接片
15. 投入 1 号主变压器微机保护Ⅱ屏低后备保护闭锁备自投连接片
16. 合上 2 号主变中性点 22 隔离开关
17. 拉开 1 号主变压器一次侧主 2811 断路器
18. 检查 1 号主变压器一次侧主 2811 断路器在开位
19. 检查 1 号主变压器一次侧主 2811 丙隔离开关在开位
20. 合上 1 号主变压器一次侧主 2811 乙隔离开关操作电源
21. 拉开 1 号主变压器一次侧主 2811 乙隔离开关
22. 拉开 1 号主变压器一次侧主 2811 乙隔离开关操作电源

23. 检查1号主变压器一次侧主2811西隔离开关在开位
24. 合上1号主变压器一次侧主2811东隔离开关操作电源
25. 拉开1号主变压器一次侧主2811东隔离开关
26. 拉开1号主变压器一次侧主2811东隔离开关操作电源
27. 检查1号主变压器二次侧主1726断路器在开位
28. 检查1号主变压器二次侧主1726西隔离开关在开位
29. 拉开1号主变压器二次侧主1726东隔离开关
30. 退出220kV母线微机保护Ⅰ屏1号主变压器跳闸出口连接片
31. 退出220kV母线微机保护Ⅰ屏1号主变压器启动失灵连接片
32. 退出220kV母线微机保护Ⅱ屏1号主变压器跳闸出口连接片
33. 退出66kV母线微机保护屏跳1号主变压器二次连接片
34. 退出1号主变压器微机保护Ⅰ屏启动高压失灵连接片
35. 退出1号主变压器微机保护Ⅰ屏失灵总连接片
36. 退出1号主变压器微机保护Ⅰ屏跳66kV母联连接片
37. 退出1号主变压器微机保护Ⅱ屏启动失灵连接片
38. 退出1号主变压器微机保护Ⅱ屏跳66kV侧母联连接片
39. 取下1号主变压器一次侧主2811断路器的控制直流熔断器正极
40. 取下1号主变压器一次侧主2811断路器的控制直流熔断器负极
41. 拉开1号主变压器一次侧主2811断路器的信号隔离开关
42. 取下1号主变压器二次侧主1726断路器的控制直流熔断器正极
43. 取下1号主变压器二次侧主1726断路器的控制直流熔断器负极
44. 拉开1号主变压器二次侧主1726断路器的信号隔离开关

1号主变压器恢复送电

1. 合上1号主变压器一次侧主2811断路器的信号隔离开关
2. 装上1号主变压器一次侧主2811断路器的控制直流熔断器负极
3. 装上1号主变压器一次侧主2811断路器的控制直流熔断器正极
4. 合上1号主变压器二次侧主1726断路器的信号隔离开关
5. 装上1号主变压器二次侧主1726断路器的控制直流熔断器负极
6. 装上1号主变压器二次侧主1726断路器的控制直流熔断器正极
7. 投入220kV母线微机保护Ⅰ屏1号主变压器跳闸出口连接片
8. 投入220kV母线微机保护Ⅰ屏1号主变压器启动失灵连接片
9. 投入220kV母线微机保护Ⅱ屏1号主变压器跳闸出口连接片
10. 投入1号主变压器微机保护Ⅰ屏启动高压失灵连接片
11. 投入1号主变压器微机保护Ⅰ屏失灵总连接片
12. 投入1号主变压器微机保护Ⅰ屏跳66kV母联连接片
13. 投入1号主变压器微机保护Ⅱ屏启动失灵连接片
14. 投入1号主变压器微机保护Ⅱ屏跳低压侧母联连接片
15. 检查1号主变压器一次侧主2811断路器在开位
16. 检查1号主变压器一次侧主2811西隔离开关在开位

17. 合上1号主变压器一次侧主2811东隔离开关操作电源
18. 合上1号主变压器一次侧主2811东隔离开关
19. 拉开1号主变压器一次侧主2811东隔离开关操作电源
20. 检查1号主变压器一次侧主2811丙隔离开关在开位
21. 合上1号主变压器一次侧主2811乙隔离开关操作电源
22. 合上1号主变压器一次侧主2811乙隔离开关
23. 拉开1号主变压器一次侧主2811乙隔离开关操作电源
24. 检查1号主变压器二次侧主1726断路器在开位
25. 检查1号主变压器二次侧主1726西隔离开关在开位
26. 合上1号主变压器二次侧主1726乙隔离开关
27. 合上1号主变压器二次侧主1726东隔离开关
28. 退出2号主变压器微机保护屏Ⅰ高压侧零序过电流Ⅱ段连接片
29. 退出2号主变压器微机保护屏Ⅱ高压侧零序过电流Ⅱ段连接片
30. 合上1号主变压器一次侧主2811断路器
31. 检查1号主变压器一次侧主2811断路器在合位
32. 检查1号主变压器一次侧主2811断路器的电流表计指示正确
33. 投入2号主变压器微机保护屏Ⅱ高压侧零序过电流Ⅱ段连接片
34. 投入2号主变压器微机保护屏Ⅰ高压侧零序过电流Ⅱ段连接片
35. 检查1号主变压器中性点21隔离开关在合位
36. 拉开2号主变压器中性点22隔离开关
37. 合上1号主变压器二次侧主1726断路器
38. 检查1号主变压器二次侧主1726断路器在合位
39. 检查1号主变压器二次侧主1726断路器的电流表计指示正确

220kV春东乙线2814断路器停电，负荷由220kV旁路2810断路器代出

1. 将220kV旁路2810断路器控制屏电压转换把手切至西母线位置
2. 按220kV母线微机保护Ⅰ屏复归按钮
3. 按220kV母线微机保护Ⅱ屏复归按钮
4. 投入220kV母线微机保护Ⅰ屏220kV旁路跳闸出口连接片
5. 投入220kV母线微机保护Ⅰ屏220kV旁路启动失灵连接片
6. 投入220kV母线微机保护Ⅱ屏220kV旁路跳闸出口连接片
7. 检查220kV旁路2810保护屏重合闸启动连接片在退出位置
8. 检查220kV旁路2810保护屏重合闸出口连接片在退出位置
9. 将220kV旁路2810保护屏重合闸切换把手切至三重位置
10. 投入220kV旁路2810保护屏距离Ⅰ段连接片
11. 投入220kV旁路2810保护屏距离Ⅱ、Ⅲ段连接片
12. 投入220kV旁路2810保护屏零序Ⅰ段连接片
13. 投入220kV旁路2810保护屏零序其他段连接片
14. 投入220kV旁路2810保护屏启动失灵保护连接片
15. 检查220kV旁路2810保护屏重合闸时间连接片在长延时位置

16. 将 220kV 旁路 2810 保护屏定值拨轮拨至 8 区
17. 打印 220kV 旁路 2810 保护屏 8 区定值，并核对正确
18. 投入 220kV 旁路 2810 保护屏 A 相跳闸出口连接片
19. 投入 220kV 旁路 2810 保护屏 B 相跳闸出口连接片
20. 投入 220kV 旁路 2810 保护屏 C 相跳闸出口连接片
21. 投入 220kV 旁路 2810 保护屏三相相跳闸出口连接片
22. 投入 220kV 旁路 2810 保护屏永跳出口连接片
23. 投入 220kV 旁路 2810 操作屏三相启动失灵连接片
24. 投入 220kV 旁路 2810 操作屏失灵正电源连接片
25. 检查 220kV 旁路 2810 断路器在开位
26. 检查 220kV 旁路 2810 东隔离开关在开位
27. 合上 220kV 旁路 2810 西隔离开关
28. 检查 220kV 旁路母线完好无异物
29. 检查 220kV 旁路母线春东乙线 2814、春东甲线 2813、春二甲线 2801、春二乙线 2802、2 号主变压器一次主 2812、哈长线 2803、1 号主变压器一次主 2811、春公线 2804、220kV 旁路 2810、西长甲线 2805、西长乙线 2806、春平甲线 2807、春平乙线 2808 丙隔离开关均在开位
30. 合上 220kV 旁路 2810 乙隔离开关
31. 合上中央信号屏预备同期开关
32. 合上中央信号屏同期检查解除断路器
33. 合上 220kV 旁路 2810 控制屏同期开关
34. 合上 220kV 旁路 2810 断路器
35. 检查 220kV 旁路 2810 断路器在合位
36. 检查 220kV 旁路 2810 断路器的三相电流表计指示正确 A 相__ A、B 相__ A、C 相__ A
37. 拉开 220kV 旁路 2810 断路器
38. 检查 220kV 旁路 2810 断路器在开位
39. 检查春东乙线 2814 乙隔离开关在合位
40. 合上春东乙线 2814 丙隔离开关
41. 投入 220kV 旁路 2810 保护屏重合闸出口连接片
42. 投入 220kV 旁路 2810 保护屏重合闸启动连接片
43. 退出春东乙线 2814 纵联差动Ⅰ屏差动保护连接片
44. 退出春东乙线 2814 纵联差动Ⅱ屏差动保护连接片
45. 将春东乙线 2814 纵联差动Ⅱ屏重合闸时间连接片投至长延时位置
46. 将春东乙线 2814 纵联差动Ⅱ屏保护定值轮拨至 1 区
47. 打印春东乙线 2814 纵联差动Ⅱ屏保护定值轮 1 区，核对正确
48. 将春东乙线 2814 纵联差动Ⅰ屏重合闸时间连接片投至长延时位置
49. 将春东乙线 2814 纵联差动Ⅰ屏保护定值轮拨至 1 区
50. 打印春东乙线 2814 纵联差动Ⅰ屏保护定值轮 1 区，核对正确
51. 合上 220kV 旁路 2810 断路器

52. 检查 220kV 旁路 2810 断路器在合位
53. 检查 220kV 旁路 2810 断路器的三相电流表计指示正确 A 相__ A、B 相__ A、C 相__ A
54. 拉开春东乙线 2814 断路器
55. 检查春东乙线 2814 断路器在开位
56. 拉开 220kV 旁路 2810 控制屏同期开关
57. 拉开中央信号屏预备同期开关
58. 拉开中央信号屏同期检查解除断路器
59. 退出春东乙线 2814 纵联差动Ⅰ屏启动线路失灵连接片
60. 将春东乙线 2814 纵联差动Ⅰ屏电压切换把手 1 切至旁路位置
61. 将春东乙线 2814 纵联差动Ⅰ屏电压切换把手 2 切至旁路位置
62. 将春东乙线 2814 纵联差动Ⅰ屏线路 TA 来电流端子连接片投至短路位置
63. 将春东乙线 2814 纵联差动Ⅰ屏旁路 TA 来电流端子连接片投至投入位置
64. 将 220kV 旁路 2810 保护屏旁路 TA 来电流端子连接片投至投入位置
65. 检查春东乙线 2814 纵联差动Ⅰ屏保护无异常
66. 投入春东乙线 2814 纵联差动Ⅰ屏启动旁路失灵连接片
67. 将春东乙线 2814 纵联差动Ⅰ屏跳闸出口公共端 2 连接片投至旁路位置
68. 将春东乙线 2814 纵联差动Ⅰ屏 A 相跳闸出口 2 连接片投至旁路位置
69. 将春东乙线 2814 纵联差动Ⅰ屏 B 相跳闸出口 2 连接片投至旁路位置
70. 将春东乙线 2814 纵联差动Ⅰ屏 C 相跳闸出口 2 连接片投至旁路位置
71. 将春东乙线 2814 纵联差动Ⅰ屏三相跳闸出口 2 连接片投至旁路位置
72. 将春东乙线 2814 纵联差动Ⅰ屏永跳出口 2 连接片投至旁路位置
73. 将春东乙线 2814 纵联差动Ⅰ屏重合闸公共端连接片投至旁路位置
74. 将春东乙线 2814 纵联差动Ⅰ屏重合闸出口连接片投至旁路位置
75. 退出 220kV 旁路 2810 保护屏重合闸出口连接片
76. 退出 220kV 旁路 2810 保护屏启动重合闸连接片
77. 投入春东乙线 2814 纵联差动Ⅰ屏差动保护连接片
78. 将春东乙线 2814 纵联差动Ⅰ屏重合闸时间连接片投至短延时位置
79. 将春东乙线 2814 纵联差动Ⅰ屏保护定值轮拨至 0 区
80. 打印春东乙线 2814 纵联差动Ⅰ屏保护定值 0 区，并核对正确
81. 将 220kV 旁路 2810 保护屏重合闸时间连接片投至短延时位置
82. 将 220kV 旁路 2810 保护屏定值拨轮拨至 4 区
83. 打印 220kV 旁路 2810 保护屏定值 4 区，并核对正确
84. 检查春东乙线 2814 断路器在开位
85. 检查春东乙线 2814 丙隔离开关在合位
86. 拉开春东乙线 2814 乙隔离开关
87. 检查春东乙线 2814 东隔离开关在开位
88. 拉开春东乙线 2814 西隔离开关
89. 退出 220kV 母线微机保护Ⅰ屏春东乙线跳闸出口Ⅰ连接片
90. 退出 220kV 母线微机保护Ⅰ屏春东乙线启动失灵连接片

91. 退出 220kV 母线微机保护Ⅱ屏春东乙线跳闸出口Ⅱ连接片
92. 退出春东乙线 2814 纵联差动Ⅱ屏 A 相启动失灵连接片
93. 退出春东乙线 2814 纵联差动Ⅱ屏 B 相启动失灵连接片
94. 退出春东乙线 2814 纵联差动Ⅱ屏 C 相启动失灵连接片
95. 退出春东乙线 2814 纵联差动Ⅱ屏三相启动失灵连接片
96. 退出春东乙线 2814 纵联差动Ⅱ屏启动失灵总电源连接片
97. 拉开春东乙线 2814 控制直流 1 低压断路器
98. 拉开春东乙线 2814 控制直流 2 低压断路器
99. 拉开春东乙线 2814 断路器的信号隔离开关

220kV 春东乙线 2814 断路器恢复送电，220kV 旁路 2810 断路器恢复备用

1. 合上东乙线 2814 断路器的控制直流 2 低压断路器
2. 合上东乙线 2814 断路器的控制直流 1 低压断路器
3. 合上春东乙线 2814 断路器的信号隔离开关
4. 投入春东乙线 2814 纵联差动Ⅱ屏 A 相启动失灵连接片
5. 投入春东乙线 2814 纵联差动Ⅱ屏 B 相启动失灵连接片
6. 投入春东乙线 2814 纵联差动Ⅱ屏 C 相启动失灵连接片
7. 投入春东乙线 2814 纵联差动Ⅱ屏三相启动失灵连接片
8. 投入春东乙线 2814 纵联差动Ⅱ屏启动失灵总电源连接片
9. 投入 220kV 母线微机保护Ⅰ屏春东乙线跳闸出口连接片
10. 投入 220kV 母线微机保护Ⅰ屏春东乙线启动失灵连接片
11. 投入 220kV 母线微机保护Ⅱ屏春东乙线跳闸出口连接片
12. 检查春东乙线 2814 断路器在开位
13. 检查春东乙线 2814 东隔离开关在开位
14. 合上春东乙线 2814 西隔离开关操作电源
15. 合上春东乙线 2814 西隔离开关
16. 拉开春东乙线 2814 西隔离开关操作电源
17. 检查春东乙线 2814 丙隔离开关在合位
18. 合上春东乙线 2814 乙隔离开关操作电源
19. 合上春东乙线 2814 乙隔离开关
20. 拉开春东乙线 2814 乙隔离开关操作电源
21. 退出春东乙线 2814 纵联差动Ⅰ屏差动保护连接片
22. 将春东乙线 2814 纵联差动Ⅰ屏保护定值轮拨至 1 区
23. 打印春东乙线 2814 纵联差动Ⅰ屏保护定值 1 区，并核对正确
24. 将春东乙线 2814 纵联差动Ⅰ屏重合闸时间连接片投至长延时位置
25. 检查春东乙线 2814 纵联差动Ⅱ屏重合闸出口连接片在投入位置
26. 将 220kV 旁路 2810 保护屏定值拨轮拨至 8 区
27. 打印 220kV 旁路 2810 保护屏 8 区定值，并核对正确
28. 将 220kV 旁路 2810 保护屏重合闸时间连接片投至长延时位置

29. 合上中央信号屏预备同期开关
30. 合上中央信号屏同期检查解除断路器
31. 合上春东乙线 2814 控制屏同期开关
32. 合上春东乙线 2814 断路器
33. 检查春东乙线 2814 断路器在合位
34. 检查春东乙线 2814 断路器的三相电流表计指示正确 A 相__A、B 相__A、C 相__A
35. 拉开 220kV 旁路 2810 断路器
36. 检查 220kV 旁路 2810 断路器在开位
37. 拉开春东乙线 2814 控制屏同期开关
38. 拉开中央信号屏预备同期开关
39. 拉开中央信号屏同期检查解除断路器
40. 退出春东乙线 2814 纵联差动Ⅰ屏启动旁路失灵连接片
41. 将春东乙线 2814 纵联差动Ⅰ屏电压切换把手 1 切至线路位置
42. 将春东乙线 2814 纵联差动Ⅰ屏电压切换把手 2 切至线路位置
43. 将 220kV 旁路 2810 操作屏旁路 TA 来电流端子连接片投至短路位置
44. 将春东乙线 2814 纵联差动Ⅰ屏旁路 TA 来电流端子连接片打开
45. 将春东乙线 2814 纵联差动Ⅰ屏线路 TA 来电流端子连接片投至投入位置
46. 检查春东乙线 2814 纵联差动Ⅰ屏保护无异常
47. 投入春东乙线 2814 纵联差动Ⅰ屏启动线路失灵连接片
48. 将春东乙线 2814 纵联差动Ⅰ屏跳闸出口公共端 2 连接片投至本线位置
49. 将春东乙线 2814 纵联差动Ⅰ屏 A 相跳闸出口 2 连接片投至本线位置
50. 将春东乙线 2814 纵联差动Ⅰ屏 B 相跳闸出口 2 连接片投至本线位置
51. 将春东乙线 2814 纵联差动Ⅰ屏 C 相跳闸出口 2 连接片投至本线位置
52. 将春东乙线 2814 纵联差动Ⅰ屏三相跳闸出口 2 连接片投至本线位置
53. 将春东乙线 2814 纵联差动Ⅰ屏永跳出口 2 连接片投至本线位置
54. 将春东乙线 2814 纵联差动Ⅰ屏重合闸出口公共端连接片切至停用位置
55. 将春东乙线 2814 纵联差动Ⅰ屏重合闸出口连接片切至停用位置
56. 投入春东乙线 2814 纵联差动Ⅰ屏差动保护连接片
57. 投入春东乙线 2814 纵联差动Ⅱ屏差动保护连接片
58. 将春东乙线 2814 纵联差动Ⅱ屏重合闸时间连接片投至短延时位置
59. 将春东乙线 2814 纵联差动Ⅱ屏保护定值轮拨至 0 区
60. 打印春东乙线 2814 纵联差动Ⅱ屏保护定值 0 区，并核对正确
61. 将春东乙线 2814 纵联差动Ⅰ屏重合闸时间连接片投至短延时位置
62. 将春东乙线 2814 纵联差动Ⅰ屏保护定值轮拨至 0 区
63. 打印春东乙线 2814 纵联差动Ⅰ屏保护定值 0 区，并核对正确
64. 检查 220kV 旁路 2810 断路器在开位
65. 合上 220kV 旁路 2810 乙隔离开关操作电源
66. 拉开 220kV 旁路 2810 乙隔离开关
67. 拉开 220kV 旁路 2810 乙隔离开关操作电源

68. 检查220kV旁路2810东隔离开关在开位
69. 合上220kV旁路2810西隔离开关操作电源
70. 拉开220kV旁路2810西隔离开关
71. 拉开220kV旁路2810西隔离开关操作电源
72. 检查春东乙线2814乙隔离开关在合位
73. 上春东乙线2814丙隔离开关操作电源
74. 拉开春东乙线2814丙隔离开关
75. 拉开春东乙线2814丙隔离开关操作电源
76. 退出220kV母线微机保护Ⅰ屏220kV旁路跳闸出口连接片
77. 退出220kV母线微机保护Ⅰ屏220kV旁路启动失灵连接片
78. 退出220kV母线微机保护Ⅱ屏220kV旁路跳闸出口连接片
79. 退出220kV旁路2810保护屏启动失灵保护连接片
80. 退出220kV旁路2810操作屏三相启动失灵连接片
81. 退出220kV旁路2810操作屏失灵正电源连接片

1号主变压器一次主2811断路器停电，负荷由220kV旁路2810断路器代出

1. 将220kV旁路2810断路器控制屏电压转换把手切至东母线位置
2. 按220kV母线微机保护Ⅰ屏复归按钮
3. 按220kV母线微机保护Ⅱ屏复归按钮
4. 投入220kV母线微机保护Ⅰ屏220kV旁路跳闸出口连接片
5. 投入220kV母线微机保护Ⅰ屏220kV旁路启动失灵连接片
6. 投入220kV母线微机保护Ⅱ屏220kV旁路跳闸出口连接片
7. 将220kV旁路2810保护屏重合闸切换把手切至停用位置
8. 检查220kV旁路2810保护屏重合闸出口连接片在停用位置
9. 检查220kV旁路2810保护屏重合闸启动连接片在停用位置
10. 投入220kV旁路2810保护屏启动失灵保护连接片
11. 投入220kV旁路2810保护屏距离Ⅰ段连接片
12. 投入220kV旁路2810保护屏距离Ⅱ、Ⅲ段连接片
13. 投入220kV旁路2810保护屏零序Ⅰ段连接片
14. 投入220kV旁路2810保护屏零序其他段连接片
15. 投入220kV旁路2810保护屏A相跳闸出口连接片
16. 投入220kV旁路2810保护屏B相跳闸出口连接片
17. 投入220kV旁路2810保护屏C相跳闸出口连接片
18. 投入220kV旁路2810保护屏三相跳闸出口连接片
19. 投入220kV旁路2810保护屏永跳出口连接片
20. 投入220kV旁路2810操作屏失灵正电源连接片
21. 投入220kV旁路2810操作屏三相启动失灵连接片
22. 检查220kV旁路2810断路器在开位
23. 检查220kV旁路2810西隔离开关在开位

24. 合上 220kV 旁路 2810 东隔离开关

25. 检查 220kV 旁路母线完好无异物

26. 检查 220kV 旁路母线春东乙线 2814、春东甲线 2813、春二甲线 2801、春二乙线 2802、2 号主变压器一次主 2812、哈长线 2803、1 号主变压器一次侧主 2811、春公线 2804、西长甲线 2805、西长乙线 2806、春平甲线 2807、春平乙线 2808 丙隔离开关均在开位

27. 合上 220kV 旁路 2810 乙隔离开关

28. 合上中央信号屏预备同期开关

29. 合上中央信号屏同期检查解除断路器

30. 合上 220kV 旁路 2810 控制屏同期开关

31. 合上 220kV 旁路 2810 断路器

32. 检查 220kV 旁路 2810 断路器在合位

33. 检查 220kV 旁路 2810 断路器的三相电流表计指示正确 A 相__ A、B 相__ A、C 相__ A

34. 拉开 220kV 旁路 2810 断路器

35. 检查 220kV 旁路 2810 断路器在开位

36. 检查 1 号主变压器一次主 2811 乙隔离开关在合位

37. 合上 1 号主变压器一次主 2811 丙隔离开关

38. 退出 220kV 旁路 2810 保护屏 A 相跳闸出口连接片

39. 退出 220kV 旁路 2810 保护屏 B 相跳闸出口连接片

40. 退出 220kV 旁路 2810 保护屏 C 相跳闸出口连接片

41. 退出 220kV 旁路 2810 保护屏三相跳闸出口连接片

42. 退出 220kV 旁路 2810 保护屏永跳出口连接片

43. 退出 220kV 旁路 2810 保护屏启动失灵保护连接片

44. 退出 220kV 旁路 2810 保护屏距离Ⅰ段连接片

45. 退出 220kV 旁路 2810 保护屏距离Ⅱ、Ⅲ段连接片

46. 退出 220kV 旁路 2810 保护屏零序Ⅰ段连接片

47. 退出 220kV 旁路 2810 保护屏零序其他段连接片

48. 退出 220kV 旁路 2810 操作屏三相启动失灵连接片

49. 退出 220kV 旁路 2810 操作屏失灵正电源连接片

50. 退出 1 号主变压器微机保护Ⅰ屏差动保护投入连接片

51. 按 1 号主变压器微机保护Ⅰ屏信号复归按钮液晶显示 ON-OFF 正确，核对打印结果正确

52. 退出 1 号主变压器微机保护Ⅱ屏差动投入连接片

53. 按 1 号主变压器微机保护Ⅱ屏信号复归按钮液晶显示 ON-OFF 正确，核对打印结果正确

54. 将 1 号主变压器微机保护Ⅱ屏 220kV 电压切换把手切至旁路位置

55. 将 1 号主变压器微机保护Ⅱ屏 1 号主变压器一次侧主电流互感器来电流端子连接片投至短路位置

56. 将 1 号主变压器微机保护Ⅱ屏 220kV 旁路侧电流端子连接片投至投入位置

57. 将 1 号主变压器微机保护Ⅰ屏 1 号主变压器二次侧主电流互感器来电流端子连接片投至短路位置
58. 将 220kV 旁路 2810 保护屏旁路 TA 来电流端子连接片投至投入位置
59. 将 1 号主变压器微机保护Ⅱ屏差动、后备跳高压侧正电源连接片投至旁路位置
60. 将 1 号主变压器微机保护Ⅱ屏差动后备跳高压侧断路器连接片投至旁路位置
61. 将 1 号主变压器微机保护Ⅱ屏瓦斯跳高压侧正电源连接片投至旁路位置
62. 将 1 号主变压器微机保护Ⅱ屏瓦斯跳高压侧断路器连接片投至旁路位置
63. 合上 220kV 旁路 2810 断路器
64. 检查 220kV 旁路 2810 断路器在合位
65. 检查 220kV 旁路 2810 断路器的三相电流表计指示正确 A 相__ A、B 相__ A、C 相__ A
66. 拉开 1 号主变压器一次侧主 2811 断路器
67. 检查 1 号主变压器一次侧主 2811 断路器在开位
68. 拉开中央信号屏预备同期开关
69. 拉开中央信号屏同期检查解除断路器
70. 拉开 220kV 旁路 2810 控制屏同期开关
71. 检查 1 号主变压器微机保护Ⅱ屏保护无异常
72. 投入 1 号主变压器微机保护Ⅱ屏差动投入连接片
73. 按 1 号主变压器微机保护Ⅱ屏信号复归按钮液晶显示 OFF-ON 正确，核对打印结果正确
74. 检查 1 号主变压器一次侧主 2811 断路器在开位
75. 检查 1 号主变压器一次侧主 2811 丙隔离开关在合位
76. 拉开 1 号主变压器一次侧主 2811 乙隔离开关
77. 检查 1 号主变压器一次侧主 2811 西隔离开关在开位
78. 拉开 1 号主变压器一次侧主 2811 东隔离开关
79. 在 1 号主变压器一次侧主 2811 东西隔离开关至开关间三相验电确无电压
80. 在 1 号主变压器一次侧主 2811 东西隔离开关至开关间装设__号接地线
81. 在 1 号主变压器一次侧主 2811 乙隔离开关至电流互感器侧三相验电确无电压
82. 在 1 号主变压器一次侧主 2811 乙隔离开关至电流互感器侧装设__号接地线
83. 退出 220kV 母线微机保护Ⅰ屏 1 号主变压器跳闸出口Ⅰ连接片
84. 退出 220kV 母线微机保护Ⅰ屏 1 号主变压器启动失灵连接片
85. 退出 220kV 母线微机保护Ⅱ屏 1 号主变压器跳闸出口Ⅱ连接片
86. 退出 1 号主变压器微机保护Ⅰ屏启动高压失灵连接片
87. 退出 1 号主变压器微机保护Ⅰ屏失灵总连接片
88. 取下 1 号主变压器一次侧主 2811 断路器的控制直流熔断器正极
89. 取下 1 号主变压器一次侧主 2811 断路器的控制直流熔断器负极
90. 拉开 1 号主变压器一次侧主 2811 断路器的信号隔离开关

1 号主变压器一次侧主 2811 断路器恢复送电，220kV 旁路 2810 断路器恢复备用

1. 合上 1 号主变压器一次侧主 2811 断路器的信号隔离开关

2. 装上 1 号主变压器一次侧主 2811 断路器的控制直流熔断器负极
3. 装上 1 号主变压器一次侧主 2811 断路器的控制直流熔断器正极
4. 投入 220kV 母线微机保护Ⅰ屏 1 号主变压器跳闸出口连接片
5. 投入 220kV 母线微机保护Ⅰ屏 1 号主变压器启动失灵连接片
6. 投入 220kV 母线微机保护Ⅱ屏 1 号主变压器跳闸出口连接片
7. 投入 1 号主变压器微机保护Ⅰ屏启动高压失灵连接片
8. 投入 1 号主变压器微机保护Ⅰ屏失灵总连接片
9. 投入 1 号主变压器微机保护Ⅰ屏差动后备跳高压侧正电源连接片
10. 投入 1 号主变压器微机保护Ⅰ屏差动跳高压侧断路器连接片
11. 投入 1 号主变压器微机保护Ⅰ屏高压复流一段投入连接片
12. 投入 1 号主变压器微机保护Ⅰ屏跳 66kV 母联连接片
13. 投入 1 号主变压器微机保护Ⅰ屏低压复流一段投入连接片
14. 检查 1 号主变压器一次侧主 2811 断路器在开位
15. 检查 1 号主变压器一次侧主 2811 西隔离开关在开位
16. 合上 1 号主变压器一次侧主 2811 东隔离开关操作电源
17. 合上 1 号主变压器一次侧主 2811 东隔离开关
18. 拉开 1 号主变压器一次侧主 2811 东隔离开关操作电源
19. 检查 1 号主变压器一次侧主 2811 丙隔离开关在合位
20. 合上 1 号主变压器一次侧主 2811 乙隔离开关操作电源
21. 合上 1 号主变压器一次侧主 2811 乙隔离开关
22. 拉开 1 号主变压器一次侧主 2811 乙隔离开关操作电源
23. 退出 1 号主变压器微机保护Ⅱ屏差动投入连接片
24. 按 1 号主变压器微机保护Ⅱ屏信号复归按钮液晶显示 ON-OFF 正确，核对打印结果正确
25. 将 1 号主变压器微机保护Ⅱ屏瓦斯跳高压侧正电源连接片投至本线位置
26. 将 1 号主变压器微机保护Ⅱ屏瓦斯跳高压侧断路器连接片投至本线位置
27. 合上 1 号主变压器一次侧主 2811 断路器
28. 检查 1 号主变压器一次侧主 2811 断路器在合位
29. 拉开 220kV 旁路 2810 断路器
30. 检查 220kV 旁路 2810 断路器在开位
31. 将 1 号主变压器微机保护Ⅱ屏 220kV 电压切换把手切至线路位置
32. 将 2 号主变压器微机保护Ⅱ屏 220kV 旁路来电流端子连接片下层短路
33. 将 1 号主变压器微机保护Ⅱ屏 220kV 旁路来电流端子连接片中下层打开
34. 将 1 号主变压器微机保护Ⅱ屏一次侧主 TV 来电流端子连接片中上层投入
35. 将 1 号主变压器微机保护Ⅰ屏二次侧主电流端子连接片中上层投入
36. 检查 1 号主变压器微机保护Ⅰ屏无异常
37. 投入 1 号主变压器微机保护Ⅰ屏差动投入连接片
38. 按 1 号主变压器微机保护Ⅰ屏信号复归按钮液晶显示 OFF-ON 正确，核对打印结果正确

39. 检查 1 号主变压器微机保护Ⅱ屏无异常
40. 将 1 号主变压器微机保护Ⅱ屏差动后备跳高压侧正电源连接片投至本线位置
41. 将 1 号主变压器微机保护Ⅱ屏差动后备跳高压侧断路器连接片投至本线位置
42. 投入 1 号主变压器微机保护Ⅱ屏差动投入连接片
43. 按 1 号主变压器微机保护Ⅱ屏信号复归按钮液晶显示 OFF-ON 正确，核对打印结果正确
44. 检查 220kV 旁路 2810 断路器在开位
45. 检查 1 号主变压器一次侧主 2811 乙隔离开关在合位
46. 合上 1 号主变压器一次侧主 2811 丙隔离开关操作电源
47. 拉开 1 号主变压器一次侧主 2811 丙隔离开关
48. 拉开 1 号主变压器一次侧主 2811 丙隔离开关操作电源
49. 合上 220kV 旁路 2810 乙隔离开关操作电源
50. 拉开 220kV 旁路 2810 乙隔离开关
51. 拉开 220kV 旁路 2810 乙隔离开关操作电源
52. 检查 220kV 旁路 2810 西隔离开关在开位
53. 合上 220kV 旁路 2810 东隔离开关操作电源
54. 拉开 220kV 旁路 2810 东隔离开关
55. 拉开 220kV 旁路 2810 东隔离开关操作电源
56. 退出 220kV 母线微机保护Ⅰ屏旁路跳闸出口连接片
57. 退出 220kV 母线微机保护Ⅰ屏旁路启动失灵连接片
58. 退出 220kV 母线微机保护Ⅱ屏旁路跳闸出口连接片

附录三　仿真变电站系统图

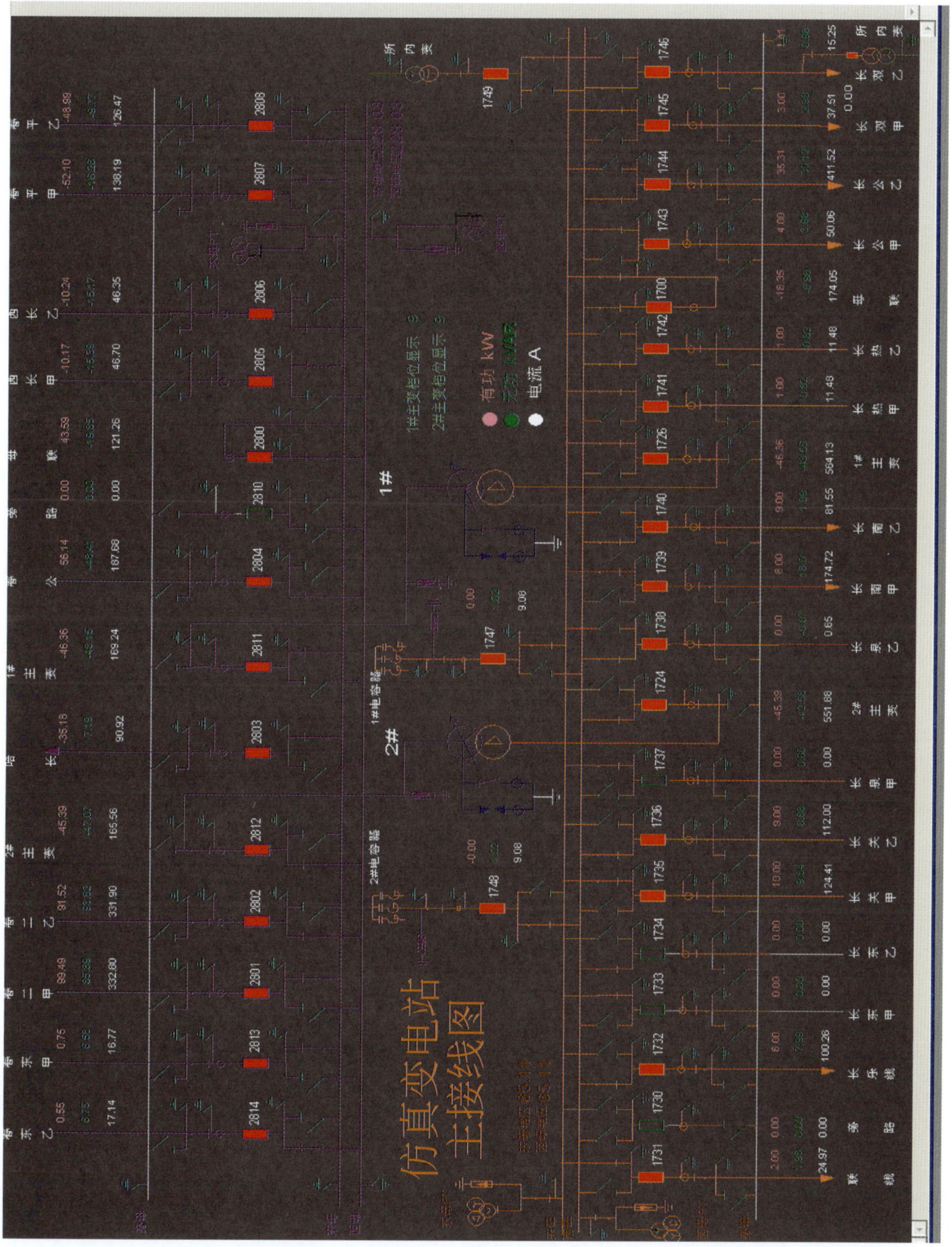

参 考 文 献

［1］ 国家电网公司人力资源部. 变电运行（220kV）. 北京：中国电力出版社，2010.

［2］ 张全元. 变电运行现场技术问答. 北京：中国电力出版社，2003.

［3］ 张全元. 变电站现场事故处理及典型案例分析. 北京：中国电力出版社，2008.

［4］ 220kV长春变电站运行规程. 长春供电公司，2007.